高等职业教育机电类专业系列教材

电子技术基础项目教程

主　编　梁洪洁　李　栋
副主编　王瑜瑜　唐少琴
参　编　刘少军　张桂金

机 械 工 业 出 版 社

本书有较为合理的理论深度，较宽的覆盖面，淡化功能的分析，强化功能的理解和应用，覆盖较广。在确保基本理论的基础上，强化综合应用方面的能力，重点强化应用中的实际问题及解决的思路和措施，以提高学生对集成电路功能的理解和灵活应用集成电路的能力，体现了职业技术教育的特色。

本书是为了配合应用型人才培养的需要而编写的。全书共分两个部分，第一部分为模拟电子电路应用与设计，第二部分为数字电子电路应用与设计。其中模拟电子电路应用与设计主要介绍二极管及其应用电路的分析与测试、放大电路的分析与设计、集成运算放大器的分析与设计、负反馈放大电路的分析与设计、波形发生电路的分析与测试；数字电子电路应用与设计主要介绍逻辑代数的表示与应用、集成门电路的分析与测试、组合逻辑电路的分析与设计、时序逻辑电路的设计与测试、脉冲波形的产生与整形。

本书既可作为高职高专电子技术专业教材，也可作为成人教育使用的教材，或工程技术人员的参考和自学用书。

为方便教学，本书有电子课件、练习与思考题答案、模拟试卷及答案等教学资源，凡选用本书作为授课教材的学校，均可通过电话（010-88379564）或QQ（2314073523）咨询，有任何技术问题也可通过以上方式联系。

图书在版编目（CIP）数据

电子技术基础项目教程/梁洪洁，李栋主编．—北京：机械工业出版社，2014.1（2025.2重印）
高等职业教育机电类专业系列教材
ISBN 978-7-111-45542-4

Ⅰ.①电…　Ⅱ.①梁…②李…　Ⅲ.①电子技术-高等职业教育-教材　Ⅳ.①TN

中国版本图书馆CIP数据核字（2014）第014185号

机械工业出版社（北京市百万庄大街22号　邮政编码100037）
策划编辑：曲世海　责任编辑：曲世海　韩　静
版式设计：霍永明　责任校对：胡艳萍
责任印制：单爱军
北京虎彩文化传播有限公司印刷
2025年2月第1版·第10次印刷
184mm×260mm·12.5印张·306千字
标准书号：ISBN 978-7-111-45542-4
定价：45.00元

电话服务	网络服务
客服电话：010-88361066	机　工　官　网：www.cmpbook.com
010-88379833	机　工　官　博：weibo.com/cmp1952
010-68326294	金　书　网：www.golden-book.com
封底无防伪标均为盗版	机工教育服务网：www.cmpedu.com

前　　言

电子技术是19世纪末、20世纪初开始发展起来的新兴技术，它发展迅速，应用广泛，成为近代科学技术发展的一个重要标志。

自从以电子管为核心的第一代电子产品诞生后，紧接着以小巧、轻便、省电、寿命长等为优点的半导体晶体管也随之问世，并很快被各个国家广泛应用。十年后，世界上出现了第一块把许多晶体管等电子元器件集成在一块硅芯片上的集成电路，它使得电子产品向更小型化发展。伴随着电子技术的发展，电子计算机也飞速发展起来，并已日渐成熟。电子技术的发展已经贯穿到人们的生产和生活中，成为衡量生产水平和生活水平的重要标志之一。

本书是围绕着电子技术的应用而编写的，分上下两部分：模拟电子电路应用与设计和数字电子电路应用与设计。模拟电子电路应用与设计主要介绍二极管及其应用电路的分析与测试、放大电路的分析与设计、集成运算放大器的分析与设计、负反馈放大电路的分析与设计、波形发生电路的分析与测试；数字电子电路应用与设计主要介绍逻辑代数的表示与应用、集成门电路的分析与测试、组合逻辑电路的分析与设计、时序逻辑电路的设计与测试、脉冲波形的产生与整形。

本书是以项目式方式进行编写的，每个项目又分为多个模块，每个模块又有几个任务，每个项目后都有练习与思考题及综合技能训练。

本书在编写过程中始终以“够用、实用”的指导思想为原则，用任务来引领教学内容，以降低理论知识的难度、提高动手操作的能力为宗旨，在充分研究课程标准的基础上，提高学生对知识的理解能力，同时注重对学生的操作技能的培养。突出教学重点、难点，语言通俗易懂，提高了教材的趣味性和实用性。

本书由西安航空职业技术学院梁洪洁和李栋任主编，由西安航空职业技术学院王瑜瑜和唐少琴任副主编，由西安航空职业技术学院刘少军和张桂金参编。

由于时间仓促，编者水平有限，如有疏漏之处，恳请广大读者批评指正。

编　者

目　录

下篇　数字电子电路应用与设计

上篇　模拟电子电路应用与设计

项目1　二极管及其应用电路的分析与测试

知识目标： 掌握二极管的结构及其应用电路；
掌握二极管的应用电路。

能力目标： 绘制电路图和波形图的能力；
分析问题和解决实际问题的能力。

模块1.1　二极管的识别和检测

任务1.1.1　PN结

一、半导体的基础知识

自然界中的物质按其导电能力可分为导体、绝缘体和半导体。半导体的导电能力介于导体和绝缘体之间。

1. 半导体的共价键结构

几乎不含杂质的纯净的半导体称为本征半导体。用来制造半导体的材料主要有硅（Si）和锗（Ge）。在电子器件中，硅和锗都是四价元素，最外层原子轨道上具有4个电子，称为价电子。每个硅或锗原子的价电子都与周围相邻的四个原子的价电子发生联系，使每个硅或锗原子外层有八个电子，形成稳定的共价键结构，如图1-1所示。

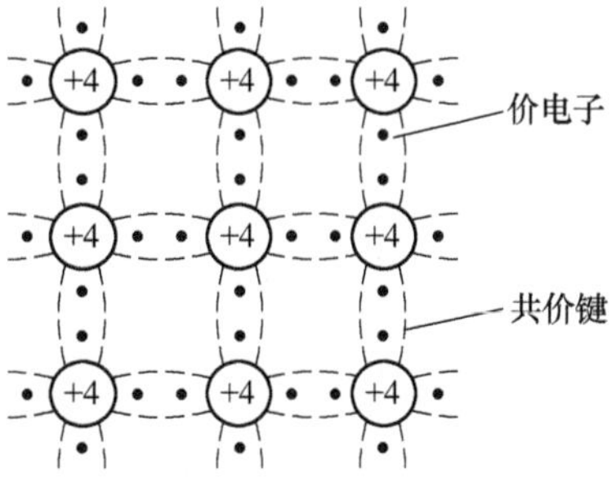

图1-1　硅和锗的共价键结构

在本征半导体中，原子外层价电子受到原子核的束缚力没有绝缘体中价电子的大，因此在室温下，总有少数的价电子因受热而获得能量，摆脱原子核的束缚，从共价键中挣脱出来，成为自由电子。与此同时，失去价电子的硅或锗在该共价键上留下了一个空位，称为空穴。因为，自由电子和空穴是成对出现的，所以称它们为电子空穴对。在本征半导体中，电子与空穴的数量总是相等的。本征半导体中产生电子空穴对的现象，称为本征激发，又称为热激发。

由于共价键中出现了空位，在外电场或其他能源的作用下，邻近的价电子就可填补到这个空穴上，而在这个价电子原来的位置上又留下新的空位，其他价电子又转移到这个新的空位上，如图1-2所示。我们把这一过程称为自由电子与空穴的复合，价电子的填补运动称为空穴运动，认为空穴是一种带正电荷的载流子，它所带电荷和电子相等，符号相反。由此可见，本征半导体中存在两种载流子：电子和空穴。

运载电荷的粒子称为载流子。本征半导体中有空穴和自由电子两种载流子。

2. 掺杂半导体

半导体具有热敏性、光敏性和掺杂性。当温度升高或光照增强时，本征半导体内原子运动加剧，本征激发的电子空穴对增多，同时，又使它们复合的机会增多，最后达到一个新的相对平衡。温度越高或光照越强，本征半导体内载流子的数目就越多，导电性越好，这就是本征半导体的热敏性和光敏性。

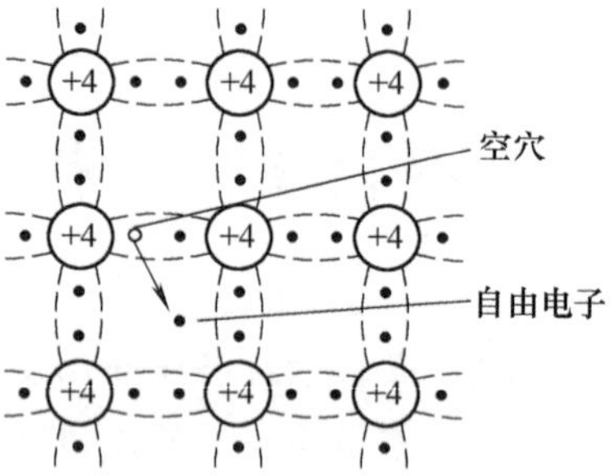

图 1-2　本征硅或锗中电子和空穴的成对出现

杂质半导体是通过扩散工艺，在本征半导体中掺入其他的微量元素（这些微量元素称为杂质）。这样能使半导体的导电性能大为提高，掺入的杂质越多，半导体的导电性能越强，这就是半导体的掺杂性。掺入杂质的半导体为掺杂半导体。

根据掺入杂质的不同，掺杂半导体分为 P 型半导体和 N 型半导体。

（1）P 型半导体　若在本征半导体中掺入三价元素（如硼、铟等元素），就形成 P 型半导体。它与周围硅或锗原子组成共价键时，因缺少一个电子，在晶体中便产生一个空穴。这个空穴与本征激发产生的空穴都是载流子，具有导电性能。P 型半导体共价键结构如图 1-3 所示。

在 P 型半导体中，空穴是多数载流子，简称“多子”，电子是少数载流子，简称“少子”。由此可见，P 型半导体是一种以多子空穴导电为主的半导体，所以又称为空穴型半导体。

（2）N 型半导体　若在本征半导体中掺入五价元素（如磷、砷等元素），就形成 N 型半导体。杂质中的四个原子与硅或锗组成共价键结构，多出的一个电子未被结合，形成自由电子，如图 1-4 所示。在 N 型半导体中，电子是“多子”，空穴是“少子”，导电以电子为主，故这类半导体又称电子型半导体。

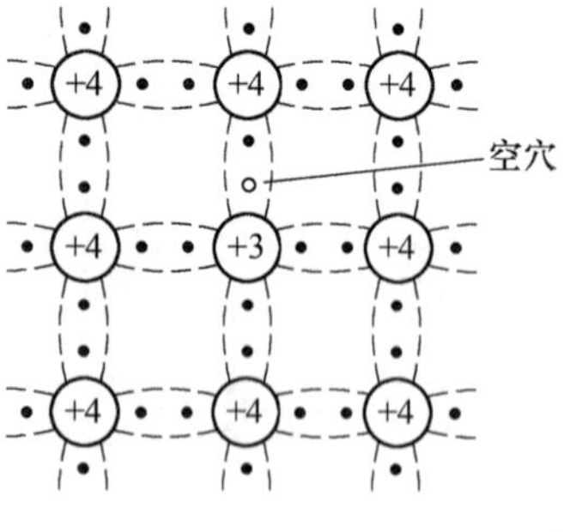

图 1-3　P 型半导体的结构示意图

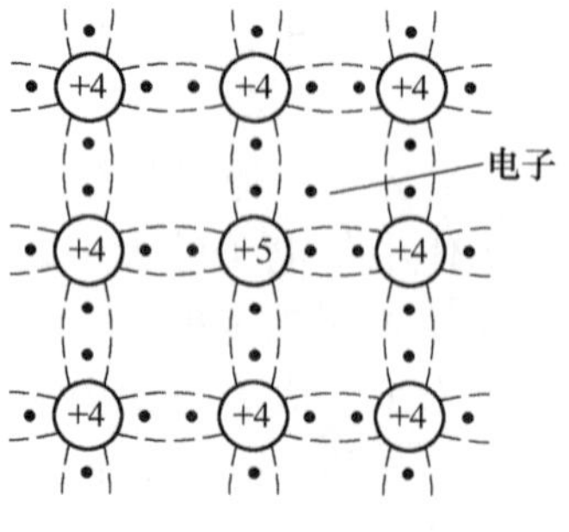

图 1-4　N 型半导体的结构示意图

二、PN 结及其单向导电性

在一块完整的半导体上，用不同的掺杂工艺，一边形成 P 型半导体，另一边形成 N 型半导体，如图 1-5a 所示。由于载流子浓度的差别，在两种半导体交界面处，N 区的电子向 P 区扩散，与 P 区中的空穴复合。同时，P 区的空穴向 N 区扩散，与 N 区中的电子复合，这样就形成一个特殊性质的薄层——PN 结（又称耗尽层、空间电荷区），如图 1-5b 所示。在 PN 结中产生一个由 N 区指向 P 区的内电场，该电场使 P 区多子空穴和 N 区多子电子的扩散运动受到削弱，最后达到相对平衡状态。

在 PN 结两端加入不同的电压极性，PN 结会有不同的导电性能。

（1）PN 结正向偏置　给 PN 结的 P 区接电源的正极，N 区接电源的负极，则称正向偏置（简称正偏）。由于外电场与内电场的方向相反，从而使内电场削弱，PN 结变薄，其电阻值很小，如图 1-6a 所示。正偏时 PN 结表现为正向导通状态。

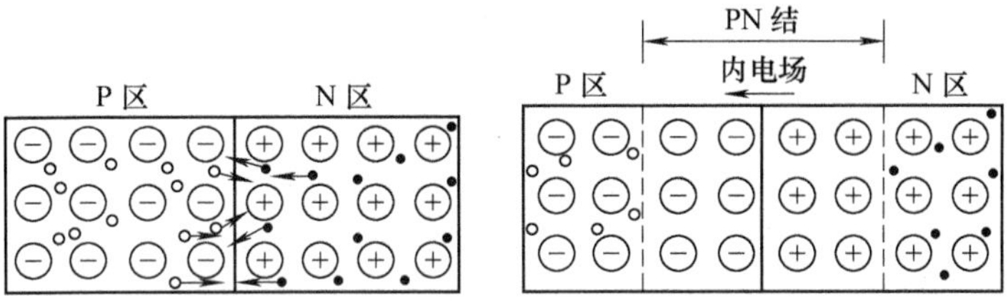

a) 载流子的扩散运动　b) 载流子的扩散运动形成 PN 结

图 1-5　PN 结的形成

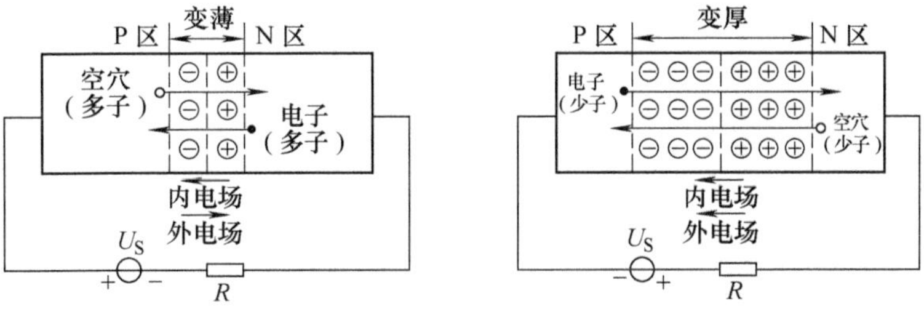

a) PN 结加正向偏置电压　b) PN 结加反向偏置电压

图 1-6　PN 结的单向导电性

（2）PN 结反向偏置　在 PN 结的 P 区接电源的负极，N 区接电源的正极，则称反向偏置（简称反偏）。由于外电场与内电场的方向相同，从而使内电场增强，PN 结变厚，其电阻值很大，如图 1-6b 所示。反偏时 PN 结表现为反向截止状态。

综上所述，PN 结正偏时导通，呈现很小的电阻，形成较大的电流；反偏时截止，呈现很大的电阻，电流近似为零。因此，PN 结具有单向导电性。

任务 1.1.2　半导体二极管的结构、类型及伏安特性

一、二极管的结构与符号

在形成 PN 结的 P 型和 N 型半导体上，分别引出两根电极，并进行封装，就制成了二极管。其中从 P 区引出的电极为正极（或阳极），从 N 区引出的电极为负极（或阴极）。二极管的结构、符号及外形如图 1-7 所示。

二、二极管的类型

1）按材料分：有硅二极管、锗二极管和砷化镓二极管等。

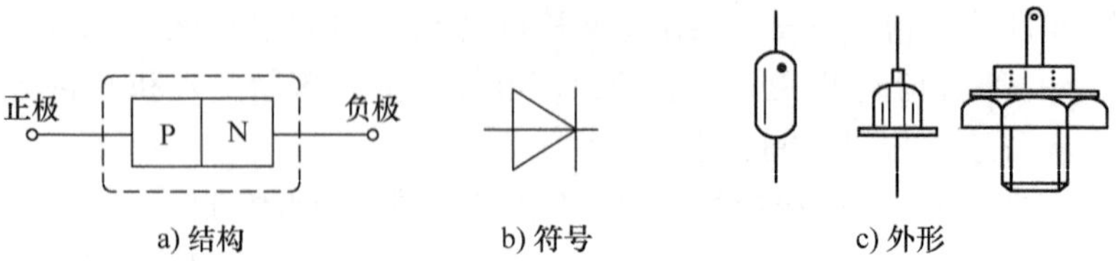

图 1-7　二极管的结构、符号及外形

2）按结构分：根据 PN 结面积的大小，有点接触型二极管、面接触型二极管。

3）按用途分：有整流二极管、稳压二极管、开关二极管、发光二极管、光敏二极管、变容二极管、阻尼二极管、检波二极管等。

4）按封装形式分：有塑封二极管、金属封二极管等。

5）按功率分：有大功率二极管、中功率二极管及小功率二极管等。

三、二极管的伏安特性

二极管的主要特性是单向导电性，其特性可用伏安特性曲线和参数来描述。伏安特性是指二极管两端电压和通过二极管电流的关系。以电压为横坐标，电流为纵坐标，用作图法把电压、电流的值用平滑的曲线连接起来，即可得到二极管的伏安特性，如图 1-8 所示。二极管的伏安特性分为正向特性和反向特性。

1. 正向特性

正向特性是指二极管加正向电压时电流和电压的关系。当正向电压较小时，正向电流极小（理想时为零），这一部分称为死区，对应于图 1-8 中的 *A* 点的电压称为死区电压或阈值电压。硅管的死区电压约为 0.5V，锗管的死区电压约为 0.1V。

当正向电压超过死区电压时，正向电流就会急剧地增大，二极管呈现很小电阻而处于导通状态，这时的正向电压称为导通电压。硅管的导通电压约为 0.7V，锗管的导通电压约为 0.3V。

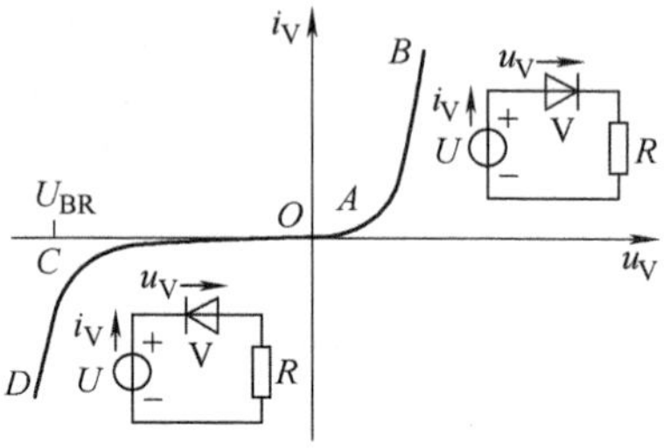

图 1-8　二极管的伏安特性

2. 反向特性

反向特性是指二极管加反向电压时电流和电压的关系。二极管两端加上反向电压时，在开始很大范围内，二极管相当于非常大的电阻，反向电流很小，且不随反向电压而变化，此时的电流称之为反向饱和电流 I_R，如图 1-8 中 *OC* 段。

当反向电压加到一定数值时，反向电流急剧增大，这种现象称为反向击穿。此时的电压称为反向击穿电压 U_{BR}，如图 1-8 中 *CD* 段。

四、二极管的参数

1. 最大整流电流 I_F

最大整流电流 I_F 指二极管允许通过的最大正向平均电流。实际应用时，流过二极管的平均电流不能超过此值。

2. 最大反向工作电压 U_{BM}

最大反向工作电压 U_{BM} 指二极管工作时所允许加的最大反向电压，超过此值容易发生反向击穿，通常取 U_{BR} 的一半作为击穿电压 U_{BM}。

3. 反向电流 I_R

反向电流 I_R 是二极管未击穿时的反向电流。此值越小，二极管的单向导电性越好。

例 1-1　现有同型号的二极管三只，当三只管子上的正向电压和反向电压相同时，测得的数据见表 1-1，试问哪个管子的性能好？

表 1-1　例 1-1

管　号	正向电流/mA	反向电流/μA	反向击穿电压/V
1	30	3	150
2	100	2	200
3	50	6	80

解： 2 号管子的性能最好，因为它的耐压高，反向电流小，在正向电压相同的情况下，2 号管子的正向电阻最小。

任务 1.1.3　半导体二极管的命名

半导体器件的型号由五个部分组成，如图 1-9 所示。半导体器件型号组成部分的符号及其意义见附录 A。

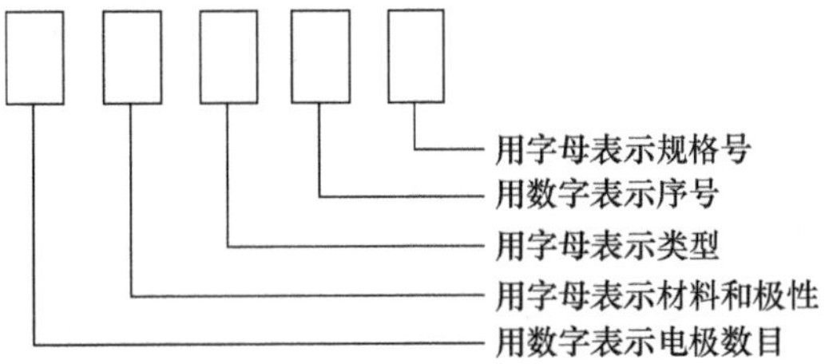

图 1-9　半导体器件型号的组成

任务 1.1.4　半导体二极管的测试

测试二极管的方法很多，这里只介绍用万用表测试的方法。

测试前先把万用表的转换开关拨到欧姆档的“R×k”或“R×100”档位(注意不要使用“R×1”档,以免电流过大烧坏二极管),再将红、黑两根表笔短路,进行欧姆调零。

1. 二极管极性的判别

用万用表的红、黑表笔分别搭接到二极管的两个管脚上，测得两次电阻值一次较大、一次较小，则在测得阻值小的那一次中，与黑表笔相连的管脚为二极管的正极，与红表笔相连的管脚为二极管的负极。

2. 二极管质量的测定

将万用表的黑表笔接二极管的正极，红表笔接二极管的负极。若表针不摆到零值，而是停在标度盘的中间，这时的阻值就是二极管的正向电阻。一般正向电阻越小越好。

将万用表的红表笔接二极管的正极，黑表笔接二极管的负极，这时的电阻值为反向电阻。反向电阻越大越好，一般为无穷大。

若两次测得的阻值都很小，则表明管子内部已经短路；若两次测得的阻值都很大，则表明管子内部已经断路。出现短路和断路时，说明管子已损坏。

正向电阻和反向电阻的差值越大，则二极管的单向导电性越好。

任务 1.1.5　特殊二极管

一、稳压二极管

稳压二极管（简称稳压管）是一种用特殊工艺制作的面接触型硅半导体二极管。使用时，它的阴极接电源的正端，阳极接电源的负端，二极管处于反偏，工作在反向偏置状态，其反向击穿时的电压基本上不随电流的变化而变化，从而达到稳压的目的。

1. 稳压二极管的伏安特性和符号

图 1-10 所示为稳压二极管的伏安特性曲线和符号。它通常工作在反向特性的 A 点与 B 点之间。反向击穿电压变化较小，具有恒压作用。但要对反向电流加以限制，否则就会发生“热击穿”。当去掉反向电压后，稳压二极管又恢复正常。稳压二极管在电路中起稳压作用时应工作在反向击穿区。

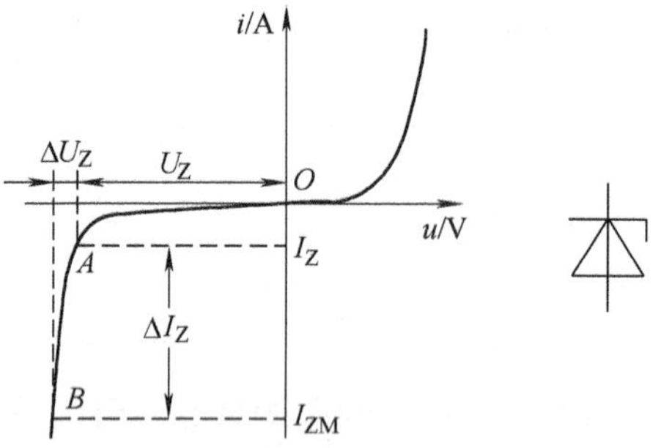

a) 伏安特性曲线　　b) 符号

图 1-10　稳压二极管的伏安特性曲线和符号

2. 稳压二极管的主要参数

1）稳定电压 U_Z：指当流过稳压管中的电流为规定电流时，稳压管两端的反向电压值。不同型号的稳压二极管，其稳定电压值不同。由于制造工艺的分散性，即使是同一型号的管子，其稳定电压也有差别。

2）稳定电流 I_Z：指稳压二极管工作在稳压状态时，稳压管中流过的电流。当工作电流低于稳定电流 I_Z 时，稳压效果变差，若低于最小稳定电流 I_{Zmin} 时，稳压管将失去稳压作用；当大于最大稳定电流 I_{Zmax} 时，管子将会因电流过大而损坏。

3）最大耗散功率 P_{ZM}：指稳压二极管正常工作时，管子上允许的最大耗散功率。其值为允许的最大工作电流与稳定电压的乘积，即 $P_{ZM}=U_ZI_Z$。

4）动态电阻 r_Z：是稳压管两端电压变化量与通过稳压管电流变化量之比，即 $r_Z=\dfrac{\Delta U_Z}{\Delta I_Z}$，$r_Z$ 越小，稳压性能越好。

5）电压温度系数 α：指稳压管温度变化 1℃ 时，所引起的稳定电压的变化量，即 $\alpha=\dfrac{\Delta U_Z}{\Delta I_Z}\Big/\Delta T$。$\alpha$ 越小，稳定性能受温度影响越小。一般情况下，稳定电压 U_Z 在 4 ~ 7V 之间时 α 很小，当稳定电压 U_Z 大于 7V 时有正的电压温度系数，当稳定电压 U_Z 小于 4V 时有负的电压温度系数。为使电压温度系数相互补偿，通常把具有正温度系数和负温度系数的两个稳压管串联使用。

稳压二极管的参数见附录 C。

稳压二极管极性的判定和质量检测的方法与普通二极管相同。

二、发光二极管

发光二极管（简称 LED）是一种光发射器件，主要应用在手机背光灯、液晶显示器背光灯和照明等领域。管子加正向电压，当导通电流足够大时，能将电能直接转换成光能，从而发光。

发光二极管通常由镓（Ga）、砷（As）、磷（P）等元素的化合物制成，目前发光二极管的颜色有红、黄、橙、绿、白和蓝六种，所发光的颜色主要取决于制作二极管的材料，例如用砷化镓可发出红光，而用磷化镓则发出绿光。

发光二极管的工作电流一般在 2 ~ 25mA 之间。工作电压随材料的不同而不同，一般为

1.7～2.4V。普通发绿、黄、红、橙色光的发光二极管工作电压约为2V；发白色光的发光二极管的工作电压通常高于2.4V；发蓝色光的发光二极管的工作电压一般高于3.3V。

普通发光二极管的符号如图1-11所示。

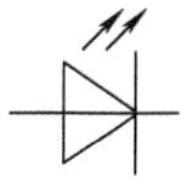

图1-11　发光二极管的符号

三、光敏二极管

光敏二极管是一种光接收器件，它的管壳上有一个玻璃窗口用于接收光源。光敏二极管工作在反向偏置状态，其反向电流随光照强度的增加而上升。当光线辐射其PN结时，提高了半导体中的少子密度，在反偏电压作用下产生漂移电流（即反向电流），其主要特点是反向电流与照度成正比。光敏二极管的符号如图1-12所示。

光敏二极管具有光电转换的功能，也可用于光的测量。当制成大面积光敏二极管时，可当作一种能源，称为光电池。

四、变容二极管

变容二极管是利用PN结的结电容可变原理制成的半导体器件，它工作在反向偏置状态，当外加的反向偏置电压变化时，其电容也随着改变，其符号如图1-13所示。

变容二极管可作为可变电容使用，主要用于高频技术中。

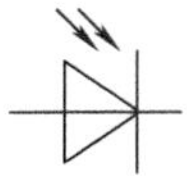

图1-12　光敏二极管的符号

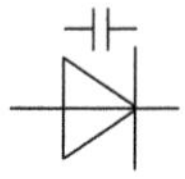

图1-13　变容二极管的符号

模块1.2　二极管的应用

利用二极管的单向导电性及导通时正向压降很小等特点，可实现对电路的钳位、限幅、整流、检波、开关、续流、变容及电路元件保护等。

任务1.2.1　钳位电路

钳位电路是指能把一直流电压加于某信号电压上，使信号升高或下降的电路。提高直流电平的电路称为正钳位电路；降低直流电平的电路称为负钳位电路。在钳位电路中，电容是不可缺少的元件。

例1-2　负钳位电路的电路图和输入波形如图1-14a所示，试画出波形。

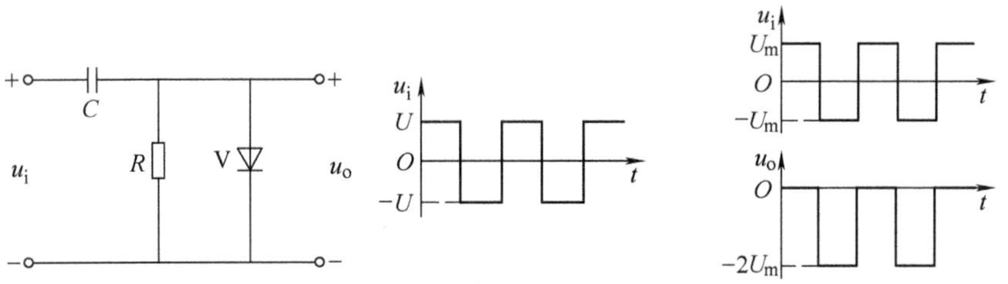

a) 负钳位电路　　b) 输入输出波形

图1-14　例1-2图

解： 当 u_i 为正半周时二极管导通，电容充电，直至电压达到最大电压 U_m，输出电压 $u_o=0$；当 u_i 为负半周时二极管截止，电阻上的电压为电源电压和电容上电压之和，所以输出电压 $u_o=u_R=-2U_m$。输出波形如图 1-14b 所示。

钳位电路的种类很多，表 1-2 列出了几种常见的钳位电路。

表 1-2　几种常见的钳位电路

<table>
<tr><th colspan="3">名　称</th><th>基本电路</th><th>输入输出波形</th></tr>
<tr><td rowspan="4">负钳位电路</td><td rowspan="2">简单型</td><td>u_i 为方波</td><td rowspan="2">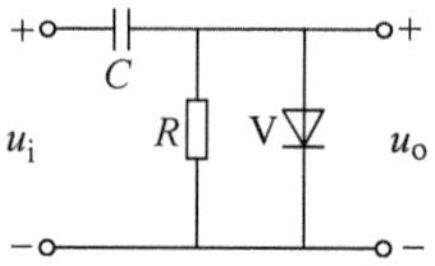</td><td>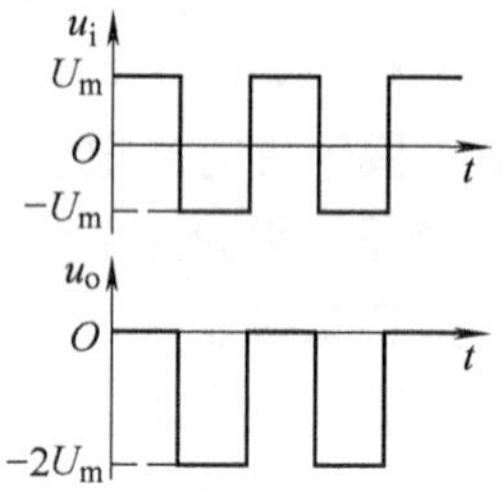</td></tr>
<tr><td>u_i 为正弦波</td><td>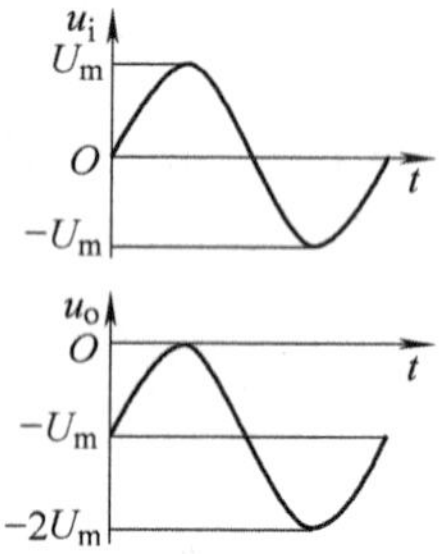</td></tr>
<tr><td rowspan="2">加偏压型</td><td>正向偏压</td><td>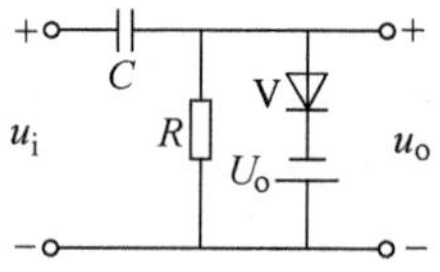</td><td>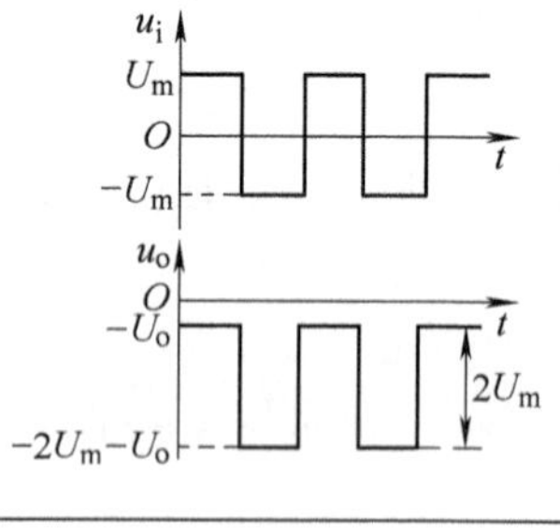</td></tr>
<tr><td>反向偏压</td><td>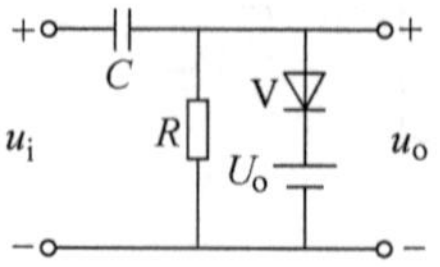</td><td>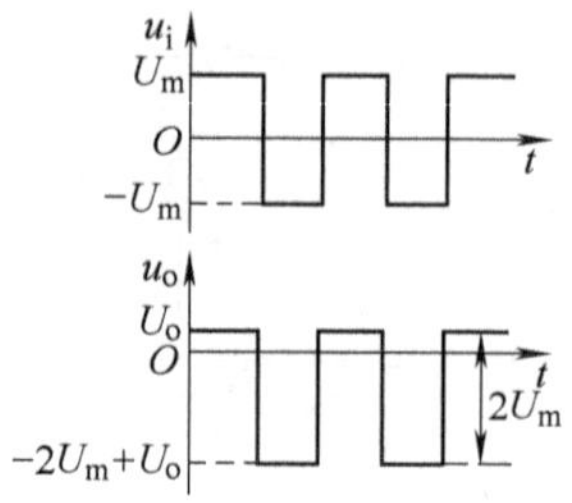</td></tr>
</table>

（续）

名　称			基本电路	输入输出波形
正钳位电路	简单型	u_i 为方波	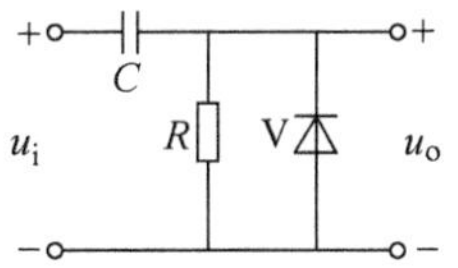	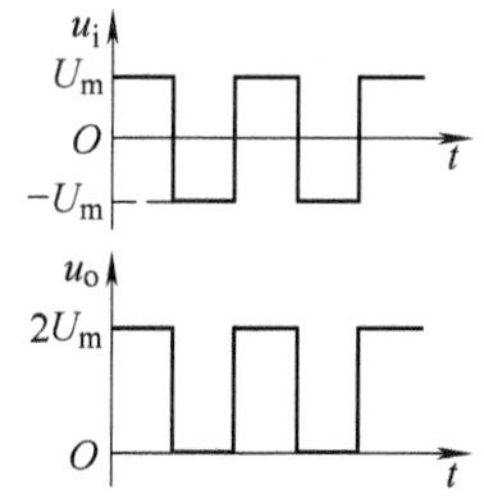
		u_i 为正弦波		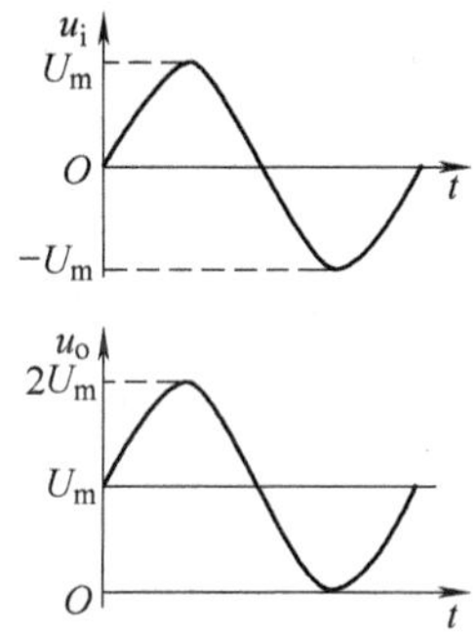
	加偏压型	正向偏压	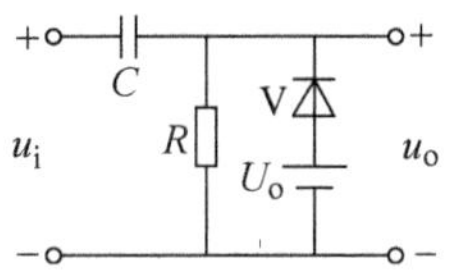	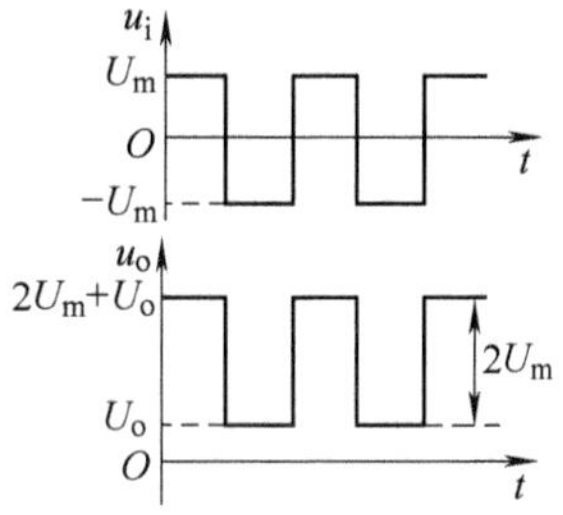
		反向偏压	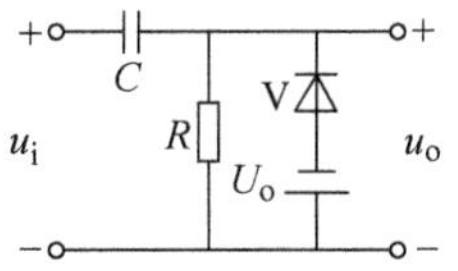	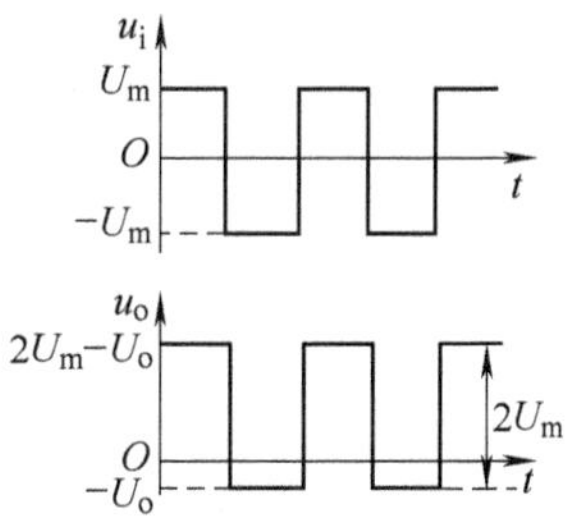

任务 1.2.2　限幅电路

所谓限幅就是将信号的幅值限制在所需要的范围之内。是用来限制信号电压范围的电路，又称限幅器或削波器，常用于电路的整形、波形变换、过电压保护等。

根据二极管在电路中的位置不同，限幅电路有串联限幅电路和并联限幅电路两种基本形式；根据限幅的波形不同又可分为上限幅电路、下限幅电路和双向限幅电路三种形式。

串联限幅电路是指二极管串联在输入、输出信号之间的电路；并联限幅电路是指二极管并联在输入、输出信号之间的电路。上限幅电路是在输入电压高于某一上限电平时产生限幅作用；下限幅电路是在输入电压低于某一上限电平时产生限幅作用；双向限幅电路则是在输入电压过高和过低的两个方向上均产生限幅作用。

例 1-3　图 1-15a 是一个并联上限幅电路。已知 $u_i = 10\sin\omega t$V，试画出输出电压的波形（设二极管为理想二极管）。

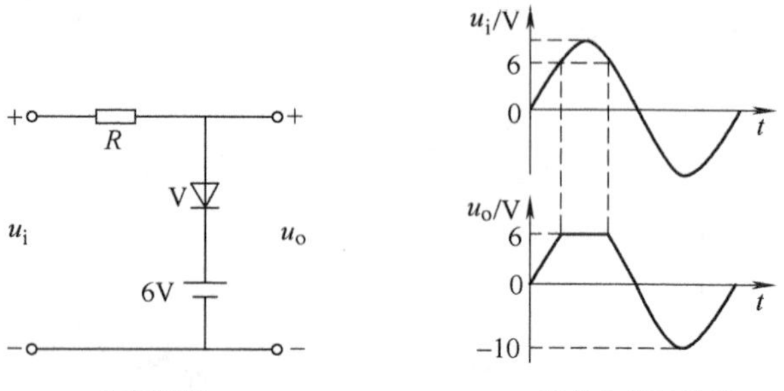

a) 电路图　　b) 输入输出波形

图 1-15　例 1-3 图

解： 当 u_i 为正半周且大于 6V 时，二极管导通，输出电压 $u_o = 6$V。当输入电压 u_i 为正半周且小于 6V 时，二极管截止，输出电压 $u_o = u_i$。当 u_i 为负半周时，二极管截止，输出电压 $u_o = u_i$。其输出波形如图 1-15b 所示。

任务 1.2.3　单相整流电路

所谓整流电路，就是将交流电变成直流电的电路。整流电路按组成器件的不同可分为不可控电路、半控电路、全控电路；按电路结构可分为半波整流电路、全波整流电路和桥式整流电路；按电网交流输入相数可分为单相电路和三相电路。

一、单相半波整流电路

1. 电路的组成及工作原理

单相半波整流电路如图 1-16a 所示。它由变压器 T 和整流二极管 V 组成。变压器的一次侧输入正弦电压 u_1，则在二次侧可得同频率的交流电压 $u_2 = \sqrt{2}U_2\sin\omega t$。

当 u_2 为正半周，即 A 端为高电位，B 端为低电位时，二极管 V 因正向偏置而导通，电流的流向为 A 端→V→R_L→B 端，负载 R_L 上的电流 i_o 从上到下，电压 u_o 的方向为上正下负。若忽略二极管正向压降，负载上的电压 $u_o = u_i$。波形如图 1-16b 所示。

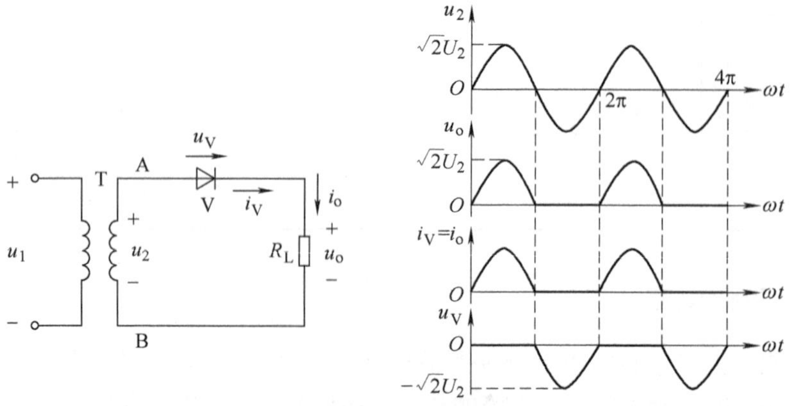

a) 电路　　b) 波形

图 1-16　单相半波整流电路及波形

当 u_2 为负半周，即 A 端为低电位，B 端为高电位时，二极管 V 因反向偏置而截止，电路中无电流流过，负载电压 u_o 为零。

由此可见，在单相半波整流电路中，负载 R_L 上将得到一个单方向的脉动直流电压（大小变化，方向不变）。

2. 负载上的直流电压 U_o 和直流电流 I_o 计算

直流电压 U_o 是指一个周期内电压的平均值，即

$$U_o = \frac{1}{2\pi}\int_0^{2\pi} u_o \mathrm{d}(\omega t) = \frac{1}{2\pi}\int_0^{\pi} \sqrt{2}U_2 \sin\omega t \mathrm{d}(\omega t) = 0.45U_2 \tag{1-1}$$

直流电流 I_o 为

$$I_o = \frac{U_o}{R_L} = \frac{0.45U_2}{R_L} \tag{1-2}$$

3. 二极管参数的计算

由图 1-16 可知，二极管的平均电流 I_V 与负载电流相等，即

$$I_V = I_o = \frac{0.45U_2}{R_L} \tag{1-3}$$

二极管的反向峰值电压 U_{RM} 是变压器二次电压的最大值，即

$$U_{RM} = \sqrt{2}U_2 \tag{1-4}$$

为保证整流二极管可靠地工作，在选择二极管参数时应留有一定的余量。部分二极管参数见附录 B。

二、单相桥式整流电路

1. 电路的组成及工作原理

单相桥式整流电路如图 1-17 所示。图 a 是由变压器 T 和四个整流二极管 $V_1 \sim V_4$ 组成。变压器的一次侧输入正弦电压 u_1，则在二次侧可得同频率的交流电压 $u_2 = \sqrt{2}U_2 \sin\omega t$。

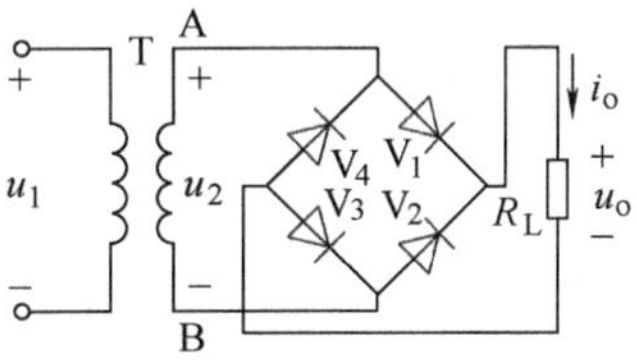

a) 电路画法一

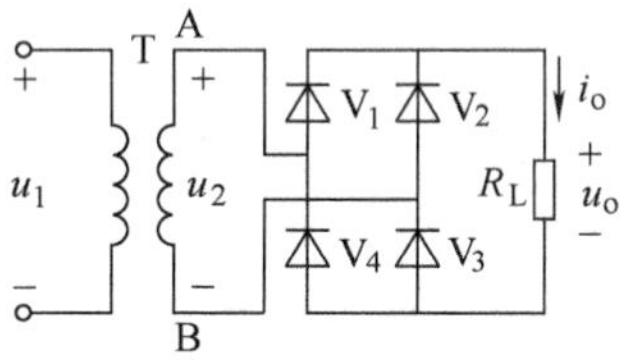

b) 电路画法二

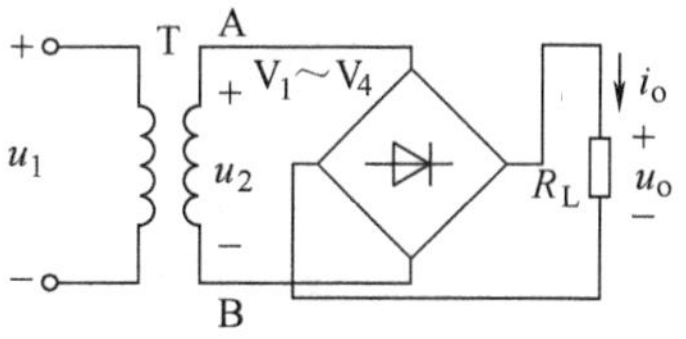

c) 电路画法三

图 1-17　单相桥式整流电路

当 u_2 为正半周，即 A 端为高电位，B 端为低电位时，V_1、V_3 因加正偏电压而导通；V_2、V_4 因加反向电压而截止，所以电流的流向为 A 端→V_1→R_L→V_3→B 端，负载 R_L 上的电流 i_o 从上到下，电压 u_o 的方向为上正下负。若忽略二极管正向压降，负载上的电压 $u_o = u_i$。波形如图 1-18 所示。

当 u_2 为负半周，即 A 端为低电位，B 端为高电位时，V_2、V_4 因加正偏电压而导通；V_1、V_3 因加反向电压而截止，电流的流向为 B 端→V_2→R_L→V_4→A 端，负载 R_L 上的电流 i_o 的方向仍从上到下，电压 u_o 的方向仍为上正下负。

所以，在桥式整流电路中，负载 R_L 上得到的仍是一个脉动直流电。

2. 负载上的直流电压 U_o 和直流电流 I_o 的计算

$$U_o = \frac{1}{\pi}\int_0^{\pi} u_o \mathrm{d}(\omega t) = \frac{1}{2\pi}\int_0^{2\pi} \sqrt{2}U_2 \sin\omega t \mathrm{d}(\omega t) = 0.9U_2 \tag{1-5}$$

直流电流 I_o 为

$$I_o = \frac{U_o}{R_L} = \frac{0.9U_2}{R_L} \tag{1-6}$$

3. 二极管参数的计算

由图 1-17 可知，二极管 V_1、V_2、V_3、V_4 在电源变化一周内轮流导通，所以二极管的平均电流 I_V 为负载电流的一半，即

$$I_V = \frac{1}{2}I_o = \frac{0.45U_2}{R_L} \tag{1-7}$$

二极管的反向峰值电压 U_{RM} 仍为变压器二次电压的最大值，即

$$U_{RM} = \sqrt{2}U_2 \tag{1-8}$$

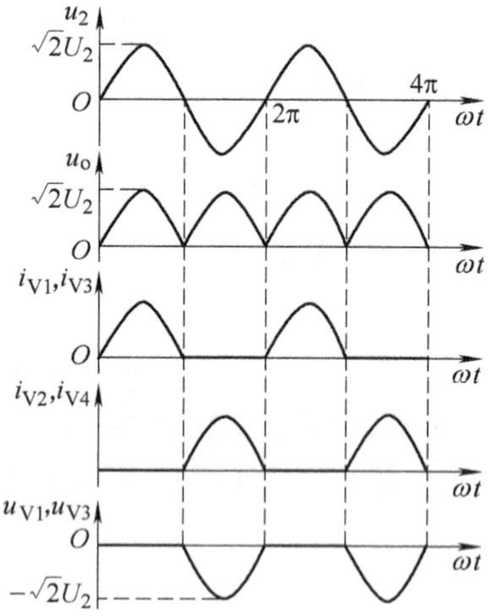

图 1-18　单相桥式整流电路的波形

桥式整流电路输出脉动小，交流分量小，所以纹波小，变压器得到充分利用，因此桥式整流电路得到了广泛的应用。但电路二极管较多，电路连接复杂，为此推出了将二极管集成在一起的桥堆，其外形如图 1-19 所示。

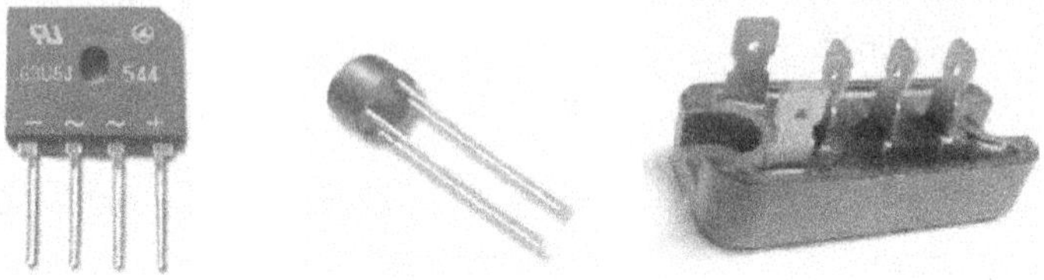

图 1-19　桥堆的外形

整流桥堆一般用在全波整流电路中，它又分为全桥与半桥。全桥是由 4 只整流二极管按桥式全波整流电路的形式连接并封装为一体构成的。

全桥桥堆的正向电流有 0.5A、1A、1.5A、2A、2.5A、3A、5A、10A、20A、35A、50A 等多种规格，耐压值（最高反向电压）有 25V、50V、100V、200V、300V、400V、500V、600V、800V、1000V 等多种规格。

例 1-4　有一个电阻性负载，它需要直流电压为 110V、直流电流为 3A 的直流供电电源，现采用桥式整流电路，试求变压器二次电压的有效值 U_2，并选择二极管的型号。

解：

$$U_2 = \frac{U_o}{0.9} = \frac{110}{0.9}\text{V} = 122\text{V}$$

$$I_V = \frac{1}{2}I_o = \frac{1}{2} \times 3\text{A} = 1.5\text{A}$$

$$U_{RM}=\sqrt{2}U_2=\sqrt{2}\times122\text{V}\approx172\text{V}$$

根据计算结果查阅附录B，选择2CZ56D型二极管。

任务1.2.4　单相整流滤波电路

交流电经过二极管整流之后，方向单一了，但是大小还是处在不断变化之中。这种脉动直流一般是不能直接用来给无线电供电的，这就需要利用滤波电路把脉动直流变成波形平滑的直流。

常用的滤波电路有无源滤波电路和有源滤波电路两大类。无源滤波电路是指电路中的滤波元器件仅由无源元件（电阻、电容、电感）组成；有源滤波电路是指电路中的滤波元器件不仅有无源元件，还有有源元器件（双极型管、单极型管、集成运放）。构成无源滤波的主要元件是电容或电感，利用它们对不同频率具有不同电抗的特性，使负载上的电压（或电流）直流分量尽可能大，交流分量尽可能小，以减小输出电压纹波。几种常见的滤波电路形式如图1-20所示。

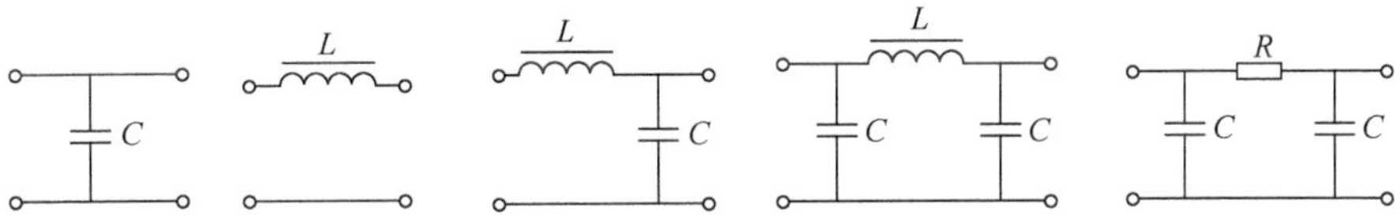

a) 电容滤波器　b) 电感滤波器　c) 倒L形滤波器　d) π形滤波器　e) 电阻π形滤波器

图1-20　几种常见的滤波器

一、单相半波整流滤波电路

1. 电路组成及工作原理

单相半波整流电容滤波电路如图1-21a所示。电容C与负载电阻并联，接在整流器后面。在二极管导通期间，u_2向负载电阻R_L提供电流，同时也向电容C充电，直至最大值U_C。当u_2达到最大值后逐渐下降，而电容两端电压不能突然变化，仍然保持较高电压。这时，二极管V受反向电压，不能导通，于是电容电压U_C便通过负载电阻R_L放电。由于C和R_L较大，放电速度很慢，在u_2下降期间，电容C上的电压降得不多。当u_2下一个周期来到并升高到大于U_C时，又再次对电容充电。如此重复，电容C两端（即负载电阻R_L两端）便保持了一个较平稳的电压，在波形图上呈现出比较平滑的波形，如图1-21b所示。

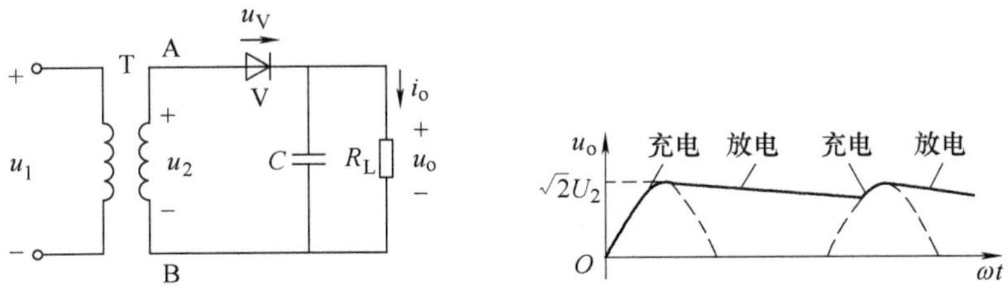

a) 电路　b) 波形

图1-21　单相半波整流滤波电路及波形

显然，电容量越大，滤波效果越好，输出波形越趋于平滑，输出电压也越高。但是，电容量达到一定值以后，再加大电容量对提高滤波效果已无明显作用。通常应根据负载电流和输出电压的大小选择最佳电容量。

2. 负载上的直流电压 U_o 的计算

半波整流滤波电路的平均直流输出电压可按下式估算：

$$U_o \approx (1 \sim 1.1) U_2 \tag{1-9}$$

3. 二极管参数的计算

$$I_V \geqslant I_o = \frac{U_o}{R_L} = \frac{(1 \sim 1.1) U_2}{R_L} \tag{1-10}$$

$$U_{RM} \geqslant 2\sqrt{2} U_2 \tag{1-11}$$

4. 滤波电容的容量和耐压值的确定

为获得较好的滤波效果，一般使放电时间常数 $\tau = R_L C >$ （3 ~5） T，T 为电网电压周期。滤波电容容量为

$$C > (3 \sim 5) \frac{T}{R_L} \tag{1-12}$$

电容耐压值为

$$U_C \geqslant 2\sqrt{2} U_2 \tag{1-13}$$

二、单相桥式整流滤波电路

1. 电路组成及工作原理

单相桥式整流滤波电路如图 1-22a 所示。其工作过程与半波整流滤波电路类似，这里不再赘述。波形如图 1-22b 所示。

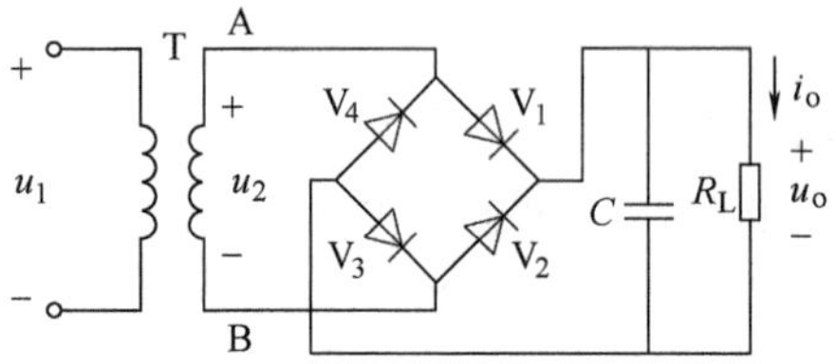

a) 电路

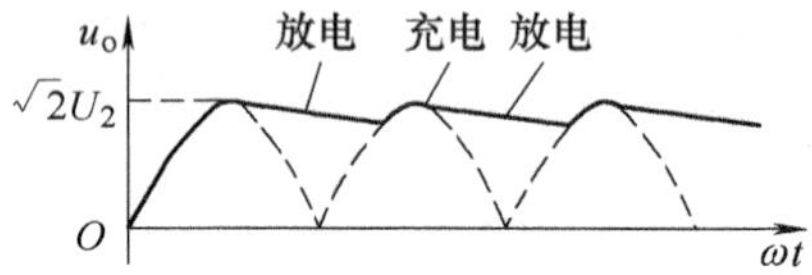

b) 波形

图 1-22　单相桥式整流滤波电路及波形

2. 负载上的直流电压 U_o 的计算

$$U_o \approx 1.2 U_2 \tag{1-14}$$

3. 二极管参数的计算

$$I_V \geqslant \frac{1}{2} I_o \tag{1-15}$$

$$U_{RM} \geqslant \sqrt{2} U_2 \tag{1-16}$$

4. 滤波电容的容量和耐压值的确定

由 $R_L C >$ （3 ~5） $\frac{T}{2}$得

$$C > (3 \sim 5)\frac{T}{2R_L} \tag{1-17}$$

电容耐压值为

$$U_C > 2\sqrt{2}U_2 \tag{1-18}$$

例 1-5　桥式整流滤波电路如图 1-22a 所示，若 $u_2 = 10\sqrt{2}\sin 314t\text{V}$，$R_L = 100\Omega$，试求：(1) 负载上的直流电压 U_o 和直流电流 I_o 的大小；(2) 确定二极管的型号；(3) 选择滤波电容。

解：(1) $U_o = 1.2U_2 = 1.2 \times 10\text{V} = 12\text{V}$

$$I_o = \frac{U_o}{R_L} = \frac{12}{100}\text{A} = 0.12\text{A}$$

(2) $I_V \geqslant \frac{1}{2}I_o = \frac{1}{2} \times 0.12\text{A} = 0.06\text{A}$

$$U_{RM} \geqslant \sqrt{2}U_2 = 10\sqrt{2}\text{V} = 14.14\text{V}$$

根据计算结果查阅附录 B，选择 2CZ53C 型硅整流二极管。

(3) $C > (3 \sim 5)\frac{T}{2R_L} = (3 \sim 5) \times \frac{0.02}{2 \times 100}\mu\text{F} = (300 \sim 500)\mu\text{F}$

$$U_C > 2\sqrt{2}U_2 = 2\sqrt{2} \times 10\text{V} = 28.28\text{V}$$

选用 330μF/35V 的电容。

几种常见整流电路与整流滤波电路的比较见表 1-3。

表 1-3　几种常见整流电路与整流滤波电路

电路类型		电路图	计算公式		
			负载上的电压和电流	二极管上的电压和电流	电容上的电压和电流
整流电路	半波	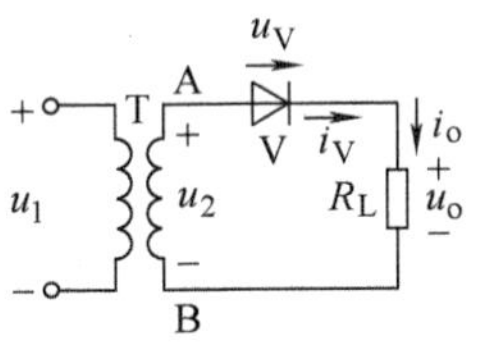	$U_o = 0.45U_2$ $I_o = \frac{U_o}{R_L} = \frac{0.45U_2}{R_L}$	$I_V = I_o = \frac{0.45U_2}{R_L}$ $U_{RM} = \sqrt{2}U_2$	
整流电路	桥式	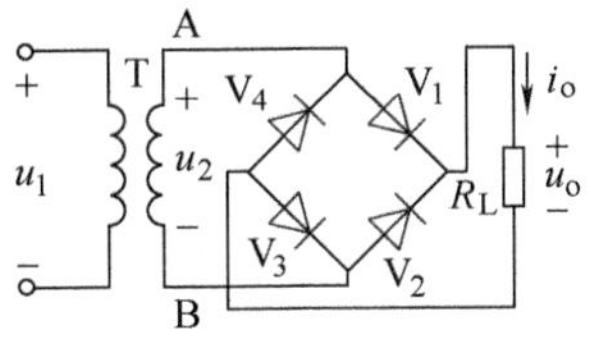	$U_o = 0.9U_2$ $I_o = \frac{U_o}{R_L} = \frac{0.9U_2}{R_L}$	$I_V = \frac{1}{2}I_o = \frac{0.45U_2}{R_L}$ $U_{RM} = \sqrt{2}U_2$	
整流滤波电路	半波	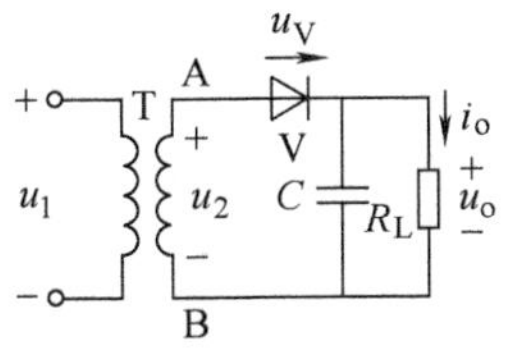	$U_o \approx (1 \sim 1.1)U_2$ $I_o = \frac{U_o}{R_L} = \frac{(1 \sim 1.1)U_2}{R_L}$	$I_V \geqslant I_o$ $U_{RM} \geqslant 2\sqrt{2}U_2$	$C > (3 \sim 5)\frac{T}{R_L}$ $U_C \geqslant 2\sqrt{2}U_2$

（续）

电路类型		电路图	计算公式		
			负载上的电压和电流	二极管上的电压和电流	电容上的电压和电流
整流滤波电路	桥式	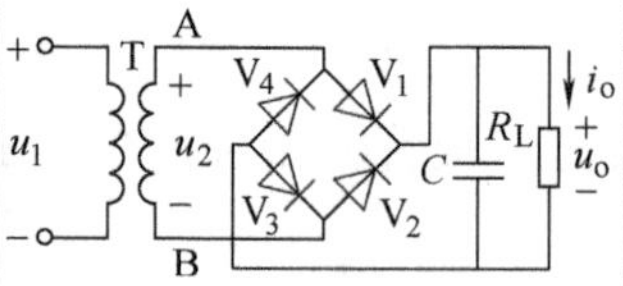	$U_o \approx 1.2U_2$ $I_o = \frac{U_o}{R_L} = \frac{1.2U_2}{R_L}$	$I_V \geq \frac{1}{2}I_o$ $U_{RM} \geq \sqrt{2}U_2$	$C > (3 \sim 5)\frac{T}{2R_L}$ $U_C > 2\sqrt{2}U_2$

模块 1.3　综合技能训练

任务 1.3.1　示波器的使用

一、训练目的

1）学习示波器、函数信号发生器的基本使用方法。

2）掌握用示波器观察波形和读取波形参数的方法。

二、训练仪器及设备

示波器、函数信号发生器。

三、训练原理

示波器可用于观察电路中各点的波形，以监视电路是否正常工作，同时还用于测量波形的周期、幅度、相位差及观察电路的特性曲线等。

1. 正弦信号的测量

正弦波的主要参数为幅值、周期或频率，测量正弦波的峰-峰值时，读出波形峰-峰值在垂直方向所占的格数 m 和垂直刻度数 n，则正弦波的峰-峰值 $U_{p-p} = mn$，幅值 $U_m = \frac{U_{p-p}}{2}$，有效值 $U = \frac{U_m}{\sqrt{2}}$。

测量周期时，读出正弦波一个周期在水平方向所占格数 a，以及水平分度值 b，则正弦波周期 $T = ab$。

2. 方波信号的测量

方波脉冲信号的主要波形参数为周期 T、脉冲宽度 t_P 及幅值 U_m，测量方法与正弦波信号的测量相同。

四、训练内容和步骤

1. 测量正弦波信号的参数

按照表 1-4 的要求调节信号发生器输出正弦波的电压和频率，并用示波器测量其周期和峰-峰值，记入表格中。同时，将测量值、计算值与显示值进行比较，得出误差。

表1-4　正弦波信号的测量

项目 \ 发生器		10Hz	100Hz	1kHz	10kHz
		1V	2V	4V	8V
测量值	U_{p-p}				
	T				
计算值	U_{p-p}				
	T				
误差	U_{p-p}				
	T				

2. 测量方波信号的参数

按照表1-5的要求调节函数信号发生器输出方波的电压和频率，用示波器测量幅值和周期，将测量值、计算值与显示值比较，得出误差。

表1-5　方波信号的测量

项目 \ 发生器		800Hz	1000Hz	51kHz	10kHz
		0.1V	2V	5V	8V
测量值	U_{p-p}				
	T				
计算值	U_{p-p}				
	T				
误差	U_{p-p}				
	T				

任务1.3.2　半导体二极管的判别

一、训练目的

1）认识二极管。

2）掌握二极管管脚的识别方法。

3）掌握用万用表判别二极管的极性和质量的方法。

二、训练仪器及设备

万用表、几种类型的二极管。

三、训练原理

测试二极管的方法很多，这里只介绍用万用表测试的方法。

测试前先把万用表的转换开关拨到欧姆档的“R×k”或“R×100”档位（注意不要使用“R×1”档，以免电流过大烧坏二极管），再将红、黑两根表笔短路，进行欧姆调零。

二极管极性的判别和质量的判断参看本章的“任务1.1.4　半导体二极管的测试”。

四、训练内容和步骤

1. 二极管极性的判别

1）分别用万用表的两表笔任意搭接到二极管的两个管脚上，测出其电阻值，填入表1-

6 中。

2）交换万用表的两表笔再测量一次，填入表 1-6 中。

表 1-6　二极管极性的判别

	二极管的电阻值		
	二极管 1	二极管 2	二极管 3
第一次测量			
第二次测量			

2. 二极管质量的判断

1）根据表 1-6 中电阻值的数据判断三只二极管的正、负极。

2）根据表 1-6 中电阻值的数据判断三只二极管中质量最好的一只。

任务 1.3.3　二极管伏安特性的测量

一、训练目的

1）掌握测量二极管伏安特性的方法。

2）理解二极管的正、反向伏安特性。

二、训练仪器及设备

直流电源、电压表、毫安表、变阻器、二极管、开关等。

三、训练原理

以加在二极管上的电压为横坐标，通过二极管的电流为纵坐标得到的曲线就是二极管的伏安特性曲线。

二极管为非线性电阻元件，其阻值不仅与外加电压的大小有关，还与方向有关。当二极管正极接电源的正极，负极接电源的负极时，电流从二极管的正极流入，负极流出，二极管呈现正向特性；反之，为反向特性。

测定二极管特性的电路有两种：电流表外接法和电流表内接法（见图 1-23）。电流表外接时，电流表的读数为流过二极管的电流 I_V 与电流表电流 I_U 之和，即得到的电流偏大；电流表内接时，电压表读数为二极管的电压 U_V 与电流表电压 U_A 之和，即得到的电压偏大。

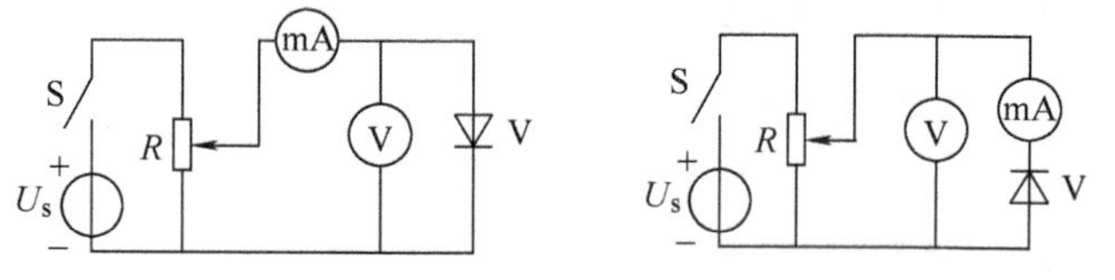

图 1-23　二极管伏安特性测定电路

电流表外接法造成的电流测量误差为

$$\frac{\Delta I_V}{I_V}=\frac{I_U}{I_V}=\frac{R_V}{R_U} \tag{1-19}$$

式中，R_V、R_U 是二极管和电压表的内阻；I_V、I_U 是二极管和电压表上的电流；$\Delta I_V = I - I_V$ 是电流测量产生的系统误差。

显然，电压表内阻 R_U 越大，二极管内阻 R_V 越小，系统误差相对越小。

电流表内接法造成的电压测量误差为

$$\frac{\Delta U_V}{U_V}=\frac{U_A}{U_V}=\frac{R_A}{R_V} \tag{1-20}$$

式中，R_V、R_A 是二极管和电流表的内阻；U_V、U_A 是二极管和电流表上的电压；$\Delta U_V = U - U_V$ 是电压测量产生的系统误差。

显然，电流表内阻 R_A 越小，二极管内阻 R_V 越大，系统误差相对越小。

综上所述，测量二极管正向特性时的 R_V 相对较小，宜采用电流表外接法；而测量反向特性时的 R_V 相对较大，宜采用电流表内接法。

四、训练内容和步骤

1. 正向特性的测量

1）按照图1-23a接好电路，调节 R 并观察电表的变化情况。

2）使电压从0开始增加，将测得的数据填入表1-7中。注意，在电流变化较快的区域取值间隔应密一些。

表1-7　二极管正向特性的测量

序号	1	2	3	4	5	6	7	8	9	10
正向电压										
正向电流										

2. 反向特性的测量

1）按照图1-23b接好电路。

2）重复1的步骤，将测得的数据填入表1-8中。注意，在电流变化较大时应立即停止测量。

表1-8　二极管反向特性的测量

序号	1	2	3	4	5	6	7	8	9	10
反向电压										
反向电流										

五、注意事项

1）直流电源在接通或断开电源前必须使其输出为零，对输出调节旋钮的调节必须轻而缓慢。

2）测定二极管的正、反向特性时，注意正向电流和方向电压不能超过其参数。

六、思考题

1）根据表1-7、表1-8画出二极管的特性曲线。

2）实验中如何减小系统误差？

练习与思考题

1.1　电路如图1-24所示，设二极管为理想器件，判断二极管是否导通，并求输出电压 U_o。

1.2　电路如图1-25所示，已知 $u_i = 10\sin\omega t$V，分别画出下列两种情况下，输入和输出电压 u_i、u_o 的波形。

（1）忽略二极管的正向压降；

（2）考虑二极管的正向压降（设二极管为硅管）。

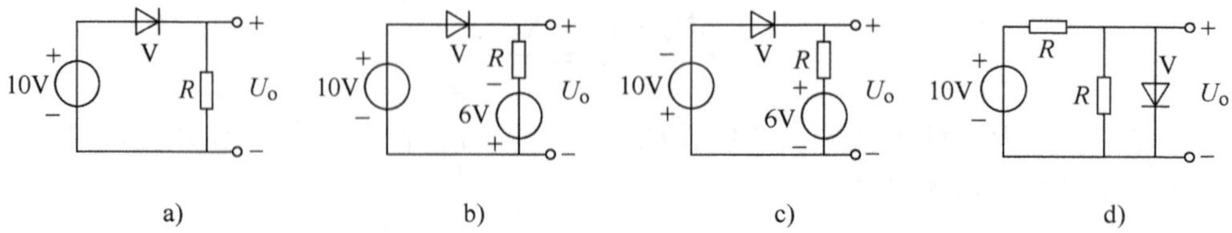

图　1-24

1.3　如图1-26所示，稳压二极管的稳定电压 $U_Z=6V$，最小稳定电流 $I_{Zmin}=5mA$，最大稳定电流 $I_{Zmax}=25mA$，限流电阻 $R=1k\Omega$，负载电阻 $R_L=500\Omega$。

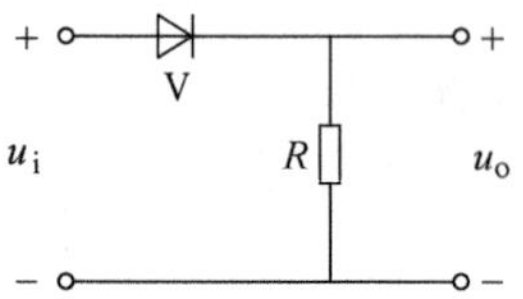

图　1-25

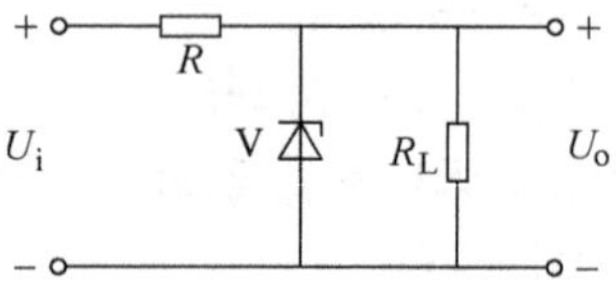

图　1-26

（1）分别计算 $U_i=8V$、$U_i=15V$、$U_i=40V$ 三种情况下的输出电压 U_o 的值；

（2）当 $U_i=40V$，负载 R_L 开路时，电路能否正常工作，为什么？

1.4　电源220V、50Hz的交流电压经降压变压器给桥式整流滤波电路供电，要求输出直流电压24V，电流为400mA，试计算变压器二次电压的有效值，并选择整流二极管的型号和滤波电容的规格。

1.5　桥式整流滤波电路中，已知变压器二次电压 $U_2=18V$，负载电阻 $R_L=50\Omega$，滤波电容 $C=1000\mu F$，现用直流电压表测量输出电压 U_o，若出现下列几种情况时，其 U_o 各为多少？

（1）正常工作时，$U_o=$（　　）V；

（2）C 断开时，$U_o=$（　　）V；

（3）四个二极管中有一个断开时，$U_o=$（　　）V。

1.6　选择题

（1）PN结加反向电压时，空间电荷区将（　　）。

A. 变窄　　B. 基本不变　　C. 变宽

（2）稳压二极管工作在（　　）区实现稳定电压的功能。

A. 正向导通　　B. 反向截止　　C. 反向击穿

（3）在本征半导体中加入（　　）元素可形成N型半导体，加入（　　）元素可形成P型半导体。

A. 五价　　B. 四价　　C. 三价

（4）当温度升高时，二极管的反向饱和电流将（　　）。

A. 增大　　B. 不变　　C. 减小

（5）如果二极管的正、反向电阻都很小或为零，则该二极管（　　）。

A. 正常　　B. 已被击穿　　C. 内部断路

项目 2　放大电路的分析与设计

知识目标： 掌握晶体管的结构；
掌握晶体管的放大电路的静态和动态分析方法。

能力目标： 能看懂电路图，会搭建电路；
能画出共射电路，并能对电路进行分析计算；
会检查放大电路的结构是否合理，输出波形是否失真，并能判断其工作状态。

模块 2.1　晶体管的识别和检测

任务 2.1.1　半导体晶体管的结构、符号和分类

一、晶体管的结构和符号

半导体晶体管又称双极型晶体管，其外形如图 2-1 所示。

晶体管是由三层不同性质的半导体组成的。按半导体的组合方式的不同，可分为 NPN 型和 PNP 型。如图 2-2 所示。晶体管有三个区：发射区、基区、集电区；三个极：发射极 e、基极 b、集电极 c；两个结：发射结、集电结。晶体管的电路符号如图 2-3 所示。

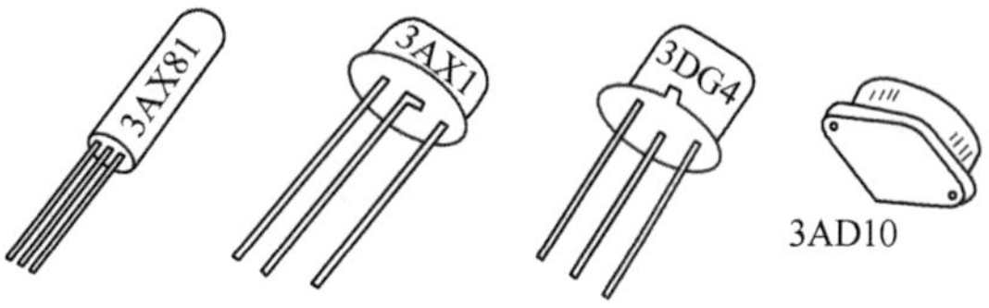

图 2-1　晶体管的外形

晶体管内部放大的条件：发射区是高浓度掺杂区；基区很薄且杂质浓度低；集电结面积大。

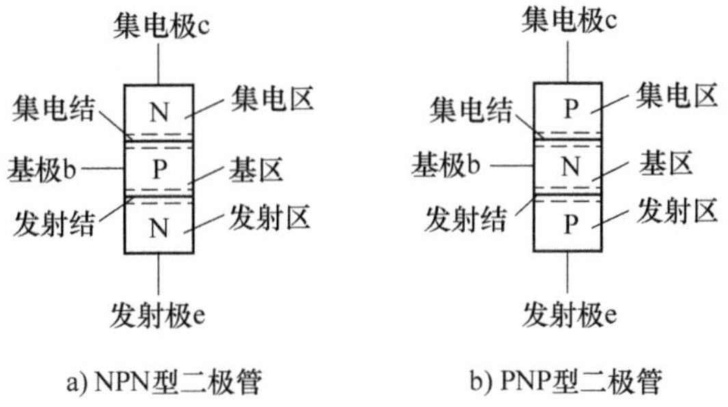

图 2-2　晶体管的结构示意图

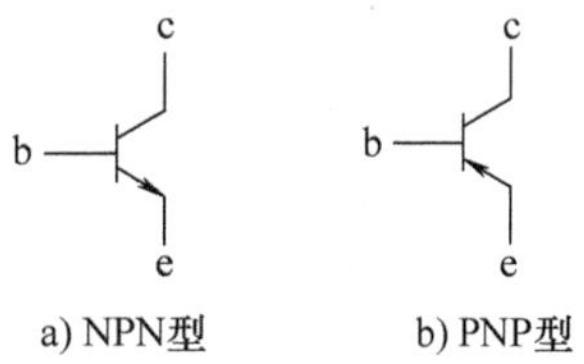

图 2-3　晶体管的电路符号

二、晶体管的分类

晶体管的种类很多，主要有以下几种：

1）按组合方式分为 NPN 型和 PNP 型。

2）按使用材料分为硅管和锗管。

3）按工作频率分为高频管和低频管。

4）按功能分为开关管、功率管、达林顿管、光敏管等。

5）按消耗功率分为小功率晶体管、中功率晶体管和大功率晶体管等。

任务 2.1.2　晶体管的偏置及各极电流的关系

一、晶体管的偏置

晶体管实现放大作用的外部条件是发射结正偏，集电结反偏。图 2-4 为晶体管的偏置电路。对于 NPN 型晶体管，U_{BB}通过 R_b 给发射结提供正向偏置电压，U_{CC}通过 R_c 给集电结提供反向偏置电压，即 $U_C > U_B > U_E$，实现了发射结正偏，集电结反偏。同理，对于 PNP 型晶体管，电源的极性与 NPN 型相反，应满足 $U_C < U_B < U_E$。

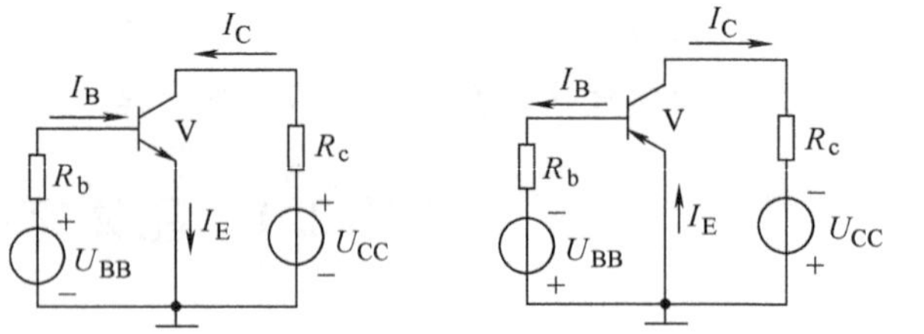

a) NPN型　　b) PNP型

图 2-4　晶体管放大作用的外部条件

例 2-1　晶体管的三个极对应的管脚分别为 1、2、3，用直流电压表测得其在放大状态下的电位分别为 $U_1 = 2V$、$U_2 = 7V$、$U_3 = 2.7V$，试判断晶体管的类型及晶体管对应的各电极。

解：首先根据两电极的电位差应是 0.7V（硅管）或 0.3V（锗管）来判断晶体管的材料，并确定集电极。其次根据集电极电位的高低判断是 NPN 管还是 PNP 管，最后根据剩余两个管脚电位的高低判断发射极和基极。

由 $U_3 - U_1 = 2.7V - 2V = 0.7V$，判断出此晶体管为硅管，2 号管脚应为集电极 c，又因为 $U_2 > U_3 > U_1$，所以此晶体管应为 NPN 型，3 号管脚为基极，1 号管脚为发射极 e。

二、晶体管各极电流的形成

1. 发射区向基区注入载流子的过程

晶体管内部载流子运动示意图如图 2-5 所示。

由于发射结外加正向电压，发射区的电子载流子不断地注入基区，基区的多数载流子（空穴）也流入发射区，二者共同形成发射极电流 I_E。但是，由于基区的掺杂浓度比发射区的小，流入发射区的空穴流与流入基区的电子流相比，可忽略。

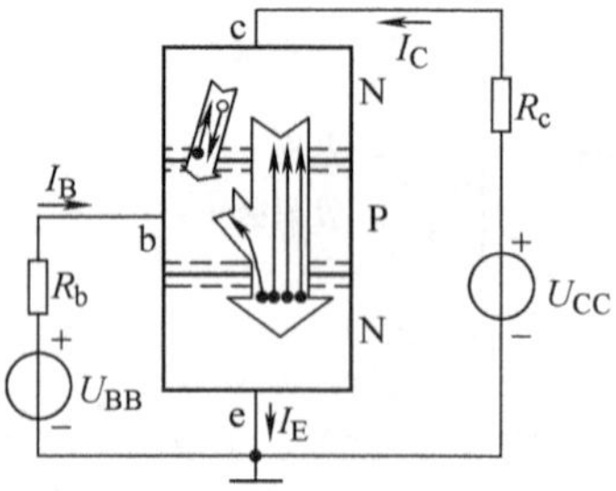

图 2-5　晶体管各极电流的形成

2. 载流子在基区中扩散与复合的过程

由发射区注入基区的电子载流子不断地向集电结方向扩散。由于基区的宽度制作得很小，且掺杂浓度也很低，从而大大减小了复合的机会，使注入基区中的电子载流子绝大部分都能到达集电结。故基区中是以扩散电流为主的，且扩散与复合的比例决定了晶体管的电流放大能力。

3. 集电区收集载流子的过程

集电结外加较大的反向电压，使结内电场很强，基区中扩散到集电结边缘的电子，受强电场的作用，迅速漂移越过集电结而进入集电区，形成集电极电流 I_C。另一方面，集电结两边的少数载流子，也要经过集电结漂移，在集电极和发射极之间形成反向饱和电流 I_{CBO}。

三、晶体管的电流分配关系与放大作用

1. 电流分配关系

由图 2-5 可知，晶体管发射极电流 I_E 最大，集电极电流 I_C 较大，而基极电流 I_B 最小，即

$$I_E > I_C > I_B \tag{2-1}$$

注意，NPN 型和 PNP 型晶体管电流方向相反。

由于晶体管基极电流 I_B 较小，所以

$$I_E = I_C + I_B \approx I_C \tag{2-2}$$

即晶体管发射极电流 I_E 等于集电极电流 I_C 与基极电流 I_B 之和，可近似等于集电极电流 I_C。

2. 电流放大作用

由以上分析可知，发射区射出的电流只有很少一部分到达基区，而大部分到达了集电区，晶体管内部的电流分配关系在其制造时已经确定。

集电极电流变化量与基极电流变化量之比称为电流放大系数，用 β 表示，即

$$\beta = \frac{\Delta I_C}{\Delta I_B} \tag{2-3}$$

利用基极较小的电流就能实现对集电极电流的控制，这就是晶体管的电流放大作用。

综上所述，要实现晶体管的放大作用，一方面要满足内部条件，即发射区杂质浓度要远大于基区杂质浓度，同时基区厚度要很薄；另一方面要满足外部条件，即发射结正偏，集电结反偏。

任务 2.1.3　晶体管的连接方式

晶体管有三个电极，而在连成电路时，必须有两个电极接输入回路，两个电极接输出回路，这样必然就有一个公共端，根据公共端的不同，可以有三种基本连接方式：共发射极连接、共基极连接、共集电极连接。

（1）共发射极连接　简称共射接法，是以基极为输入端，集电极为输出端，发射极为公共端，电路如图 2-6a 所示。

（2）共基极连接　简称共基接法，是以发射极为输入端，集电极为输出端，基极为公共端，电路如图 2-6b 所示。

（3）共集电极连接　简称共集接法，是以基极为输入端，发射极为输出端，集电极为公共端，电路如图 2-6c 所示。

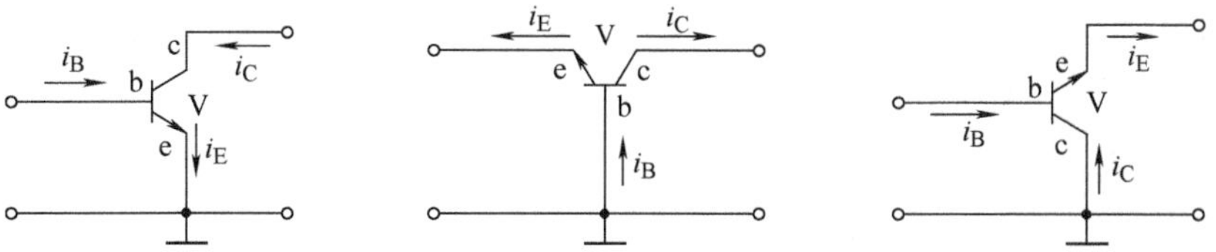

a) 共发射极　　b) 共基极　　c) 共集电极

图 2-6　晶体管的三种基本连接方式

任务 2.1.4　晶体管的特性曲线

晶体管各极电压与电流之间的关系用曲线表示就是晶体管的特性曲线，特性曲线分为输入特性曲线和输出特性曲线。其测试电路如图 2-7 所示。

一、输入特性曲线

输入特性是指晶体管输入电流 I_B 和输入电压 U_{BE}之间的关系，其曲线即为输入特性曲线，如图 2-8a 所示。

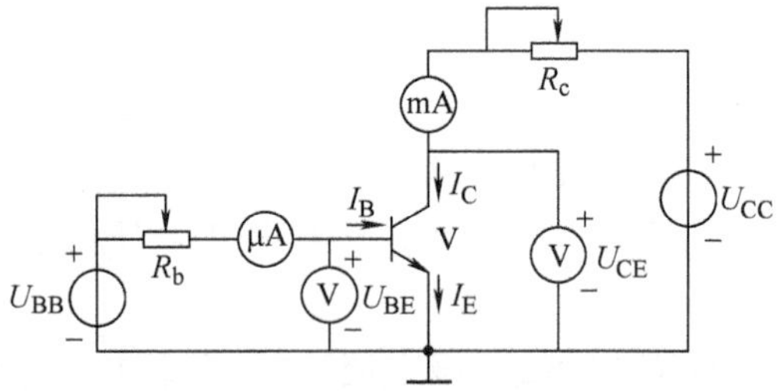

图 2-7　晶体管特性曲线的测试电路

1）当 $U_{CE}=0$ 时，相对于发射极与集电极之间短路，晶体管相当于两个二极管并联，其特性曲线类似于二极管的正向特性曲线。由此可见，晶体管的输入特性曲线也有一段死区，只有输入电压 U_{BE}大于死区电压时，输入回路才有电流 I_B。常温下，硅管的死区电压为 0.5V，锗管的死区电压为 0.1V。硅管的导通电压为 0.7V，锗管的导通电压为 0.3V。

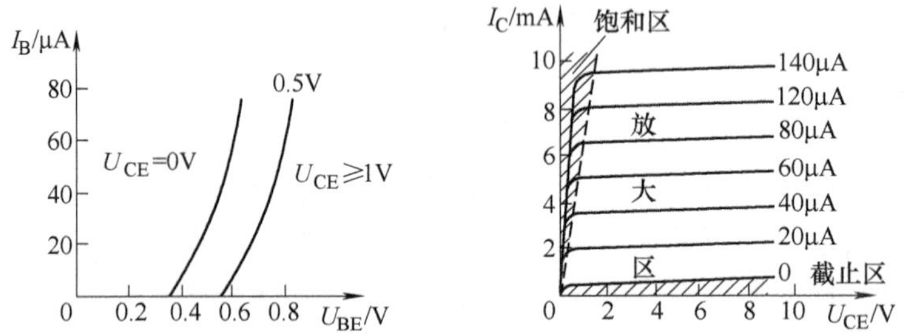

a) 输入特性曲线　　b) 输出特性曲线

图 2-8　晶体管的特性曲线

2）当 $U_{CE}\geqslant 1$ 时，曲线右移，因为这时已给集电结加上了反向电压，集电结吸引电子的能力增强，使由发射区进入基区的电子大部分流向集电区而形成集电极电流 I_C。

二、输出特性曲线

输出特性是指晶体管输出电流 I_C 和输出电压 U_{CE}之间的关系，其曲线即为输出特性曲线，如图 2-8b 所示。晶体管的工作状态可分为截止区、饱和区和放大区。

1. 截止区

将 $I_B=0$ 以下的区域称为截止区。此时，晶体管发射结零偏或反偏，集电结反偏，即 $U_{BE}\leqslant 0$，$U_{CB}>0$，晶体管的发射极-集电极之间相当于断路，类似于开关的断开状态。

2. 饱和区

将 $U_{CE}\leqslant U_{BE}$时的区域称为饱和区。此时，晶体管发射结和集电结均为正偏，输出电流 I_C 由外电路决定，而与输入电流 I_B 无关。在理想状态下，晶体管的发射极-集电极之间相当于短路，类似于开关的闭合状态。

3. 放大区

将 $U_{CE}>U_{BE}$且 $I_B=0$ 以上的区域称为放大区。此时，晶体管发射结正偏，集电结反偏，即 $U_{BE}>0$，$U_{CB}>0$，晶体管的输出电流和输入电流的关系满足 $I_C=\beta I_B$。

任务 2.1.5　晶体管的主要参数

一、电流放大系数

1. 共射电流放大系数

1）共射直流电流放大系数$\overline{\beta}$：是指在共射极放大电路中，若交流输入信号为零，则管子各极间的电压和电流都是直流量，此时，集电极电流 I_C 和基极电流 I_B 之比，即$\overline{\beta}=\frac{I_C}{I_B}$。

2）共射交流电流放大系数 β：当共射极放大电路有交流信号输入时，因交流信号的作用，必然会引起基极电流的变化，相应地也会引起集电极电流的变化。把两电流变化量之比称为共射交流电流放大系数，即 $\beta=\frac{\Delta i_C}{\Delta i_B}$。

上述两个电流放大系数$\overline{\beta}$和 β 的含义虽然不同，但工作在输出特性曲线放大区平坦部分的晶体管，两者的差异极小，可作近似相等处理，故在今后应用时，通常不加区分，直接互相替代使用。

由于制造工艺的分散性，同一型号晶体管的 β 值差异较大。常用的小功率晶体管，β 值一般为 20 ~ 100。β 过小，管子的电流放大作用小；β 过大，管子工作的稳定性差。一般选用 β 在 40 ~ 80 之间的管子较为合适。

2. 共基极电流放大系数

1）共基极直流电流放大系数$\overline{\alpha}$：是指在共基极放大电路中，若交流输入信号为零，集电极电流 I_C 和发射极电流 I_E 之比，即$\overline{\alpha}=\frac{I_C}{I_E}$。

2）共基极交流电流放大系数 α：是指在共基极放大电路中，有交流输入信号时，集电极电流的变化量与发射极电流的变化量之比，即 $\alpha=\frac{\Delta i_C}{\Delta i_E}$。

一般情况下$\overline{\alpha}=\alpha$，其值小于 1 并接近 1，所以共基极接法的电路无电流放大能力。

二、极间反向电流

1. 反向饱和电流 I_{CBO}

反向饱和电流 I_{CBO}是指发射极开路，集电结加反向电压时测得的集电极电流。在一定温度下，I_{CBO}基本上是常数，与 U_{CB}无关。常温下，小功率锗管的 I_{CBO}为微安级，硅管则更小，为纳安级。

2. 穿透电流 I_{CEO}

穿透电流 I_{CEO}是指基极开路时，集电极与发射极之间的反向电流。穿透电流的大小受温度的影响较大，温度升高，I_{CBO}增大，I_{CEO}增大。穿透电流 I_{CEO}是衡量晶体管质量的重要参数。

三、极限参数

1. 集电极最大允许电流 I_{CM}

晶体管的集电极电流 I_C 在相当大的范围内 β 值基本保持不变，但当 I_C 的数值大到一定程度时，电流放大系数 β 值将下降。我们把 I_C 增大到使 β 值下降到正常值的 2/3 时所对应的集电极电流称为集电极最大允许电流 I_{CM}。实际中，集电极电流 I_C 必须满足 $I_C < I_{CM}$。

2. 集电极最大允许功耗 P_{CM}

集电极最大允许功耗是指晶体管正常工作时允许消耗的最大功率，即

$$P_{CM} = I_C U_{CE} \tag{2-4}$$

因而在输出特性曲线上为一条曲线，称为最大功耗线，如图 2-9 所示。

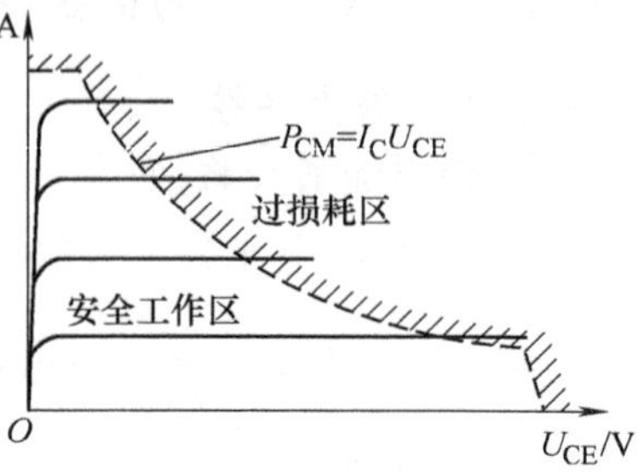

图 2-9　晶体管的最大功耗线

3. 集电极-发射极间的击穿电压 $U_{(BR)CEO}$

$U_{(BR)CEO}$是指基极开路时，集电极与发射极之间的反向击穿电压。$U_{(BR)CEO}$随温度的升高而降低，所以在实际应用中，应满足 $U_{CE} < U_{(BR)CEO}$。

任务 2.1.6　晶体管的判别

一、晶体管的型号

晶体管的型号一般由五大部分组成。型号命名方法见附录 A。

1）第一部分用数字表示，为电极数。“3”代表晶体管。

2）第二部分用字母表示，为晶体管的材料与类型。A 表示 PNP 型锗管，B 表示 NPN 型锗管，C 表示 PNP 型硅管，D 表示 NPN 型硅管。

3）第三部分用字母表示，为管子的功能，如 G 表示高频小功率晶体管，X 表示低频小功率晶体管等。

4）第四部分用数字表示，为晶体管的序号。

5）第五部分用字母表示，为晶体管的规格号。

二、晶体管的识别

1. 晶体管的种类

晶体管的种类见表 2-1。

表 2-1　晶体管的种类

外　　形	管脚排列位置	说　　明
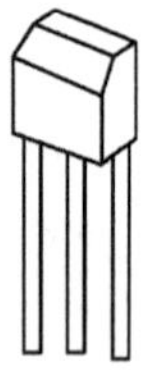 e b c	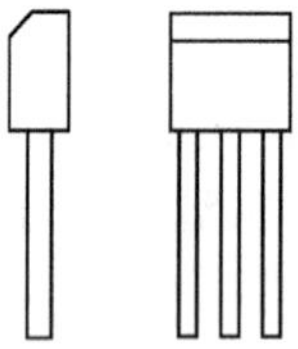 e b c	面对切角面，引出线向下，从左至右依次为发射极 e、基极 b、集电极 c
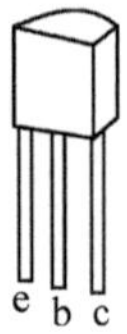 e b c	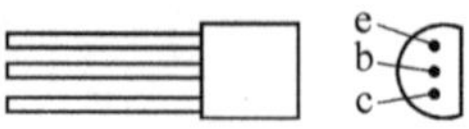 e b c	面朝平面，引出线向下，从左至右依次为发射极 e、基极 b、集电极 c

（续）

外　形	管脚排列位置	说　明
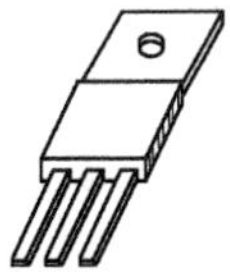	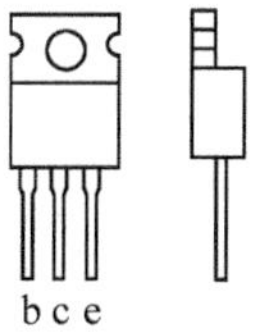	面对管子正面，引出线向下，从左至右依次为基极 b、集电极 c、发射极 e
	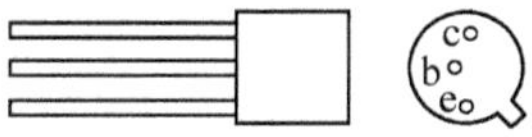	面对管底，由定位标志起，按顺时针方向，管脚依次为发射极 e、基极 b、集电极 c
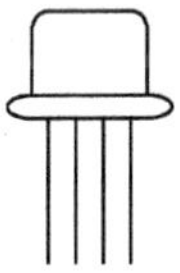	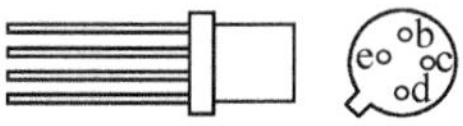	面对管底，由定位标志起，按顺时针方向，管脚依次为发射极 e、基极 b、集电极 c、接地线 d。其中 d 与金属外壳相连，在电路中接地，起屏蔽作用
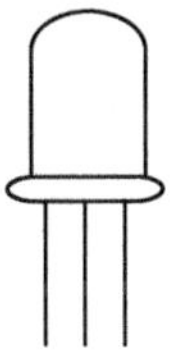	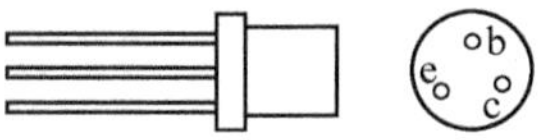	面对管底，使带管脚的半圆位于上方，从左至右，按顺时针方向，管脚依次为发射极 e、基极 b、集电极 c
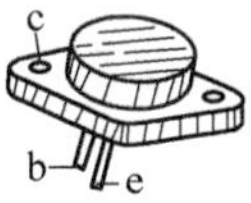	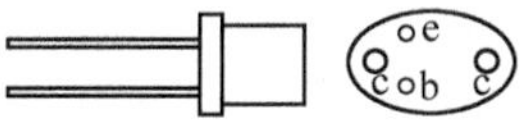	面对管底，使管脚均位于左侧，下面的管脚是基极 b、上面的管脚为发射极 e，管壳是集电极 c

2. 晶体管的识别

如果晶体管上有型号，可根据表 2-1 判别晶体管；若没有，则需要用万用表进行测试，测试前应先将万用表调到“R×1k”档，并调零。

（1）晶体管类型和管脚的判别

1）晶体管类型和基极的判别：用万用表的第一根表笔依次接晶体管的一个管脚，而第二根表笔分别接另两个管脚，轮流测量，直至两个电阻均很小。这时第一根表笔所接的那个电极即为基极 b，如果红表笔接基极，则可判定晶体管为 PNP 型；如果黑表笔接基极，则为 NPN 型。

2）晶体管集电极和发射极的判定：判定晶体管集电极和发射极的方法有以下两种。

方法一：对于 NPN 型的晶体管，黑表笔接晶体管基极 b，红表笔分别接另外两个管脚时，所测得的两阻值一个大一些，一个小一些。在阻值小的一次测量中，红表笔所接的管脚为集电极 c，另一个为发射极 e。

对于 PNP 型的晶体管，红表笔接晶体管基极 b，黑表笔分别接其余两个管脚时，同样在阻值小的一次测量中，黑表笔接的管脚为集电极 c，另一个为发射极 e。

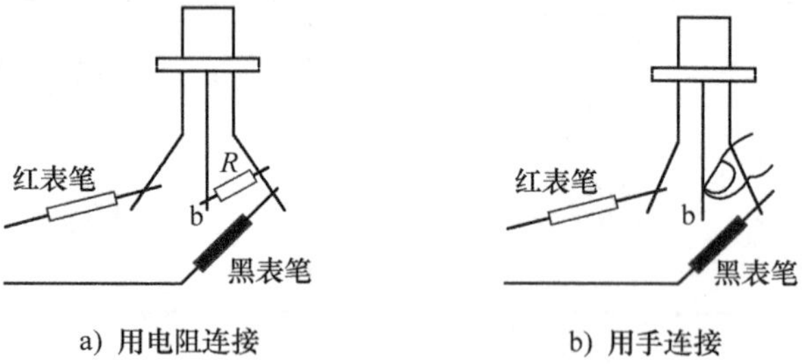

图 2-10　晶体管集电极和发射极的判别

方法二：当晶体管为 NPN 型时，在基极和其中任意极之间接一个 50 ~ 100kΩ 的电阻或用手连接，如图 2-10 所示，将万用表的表笔分别轮流接到晶体管的集电极和发射极上（基极悬空），直至万用表指针有明显偏转时为止。电阻 R 或手所接的两个管脚分别为基极和集电极，另外一个管脚为发射极。

PNP 型晶体管的判断与之相反。

3. 晶体管质量的检测

晶体管的检查主要检测其放大倍数 β 值的大小，检测方法如图 2-11 所示。用电阻或手连接基极和集电极，万用表的红、黑表笔分别接发射极和集电极。万用表指针偏转的角度越大，说明晶体管的放大倍数越大。如果指针不动或者偏转不大，说明管子放大能力很差或者已经损坏。

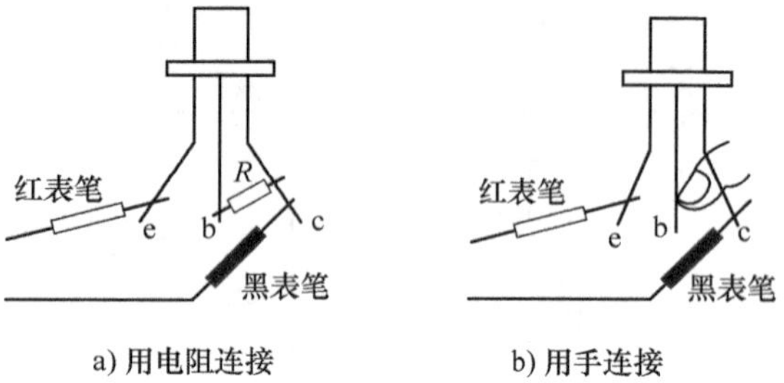

图 2-11　晶体管质量的检测

任务 2.1.7　特殊晶体管

1. 光敏晶体管

光敏晶体管也是一种晶体管，当光照强弱变化时，电极之间的电阻会随之变化。光敏晶体管和普通晶体管类似，也有电流放大作用，只是它的集电极电流不只是受基极电路的电流控制，也可以受光的控制。

光敏晶体管的灵敏度比光敏二极管高，输出电流也比光敏二极管大，多为毫安级。但它的光敏特性不如光敏二极管好，在较强的光照下，光电流与照度不成线性关系。

正常运用时，集电结为反偏，发射结为正偏。其等效电路与符号如图 2-12 所示。

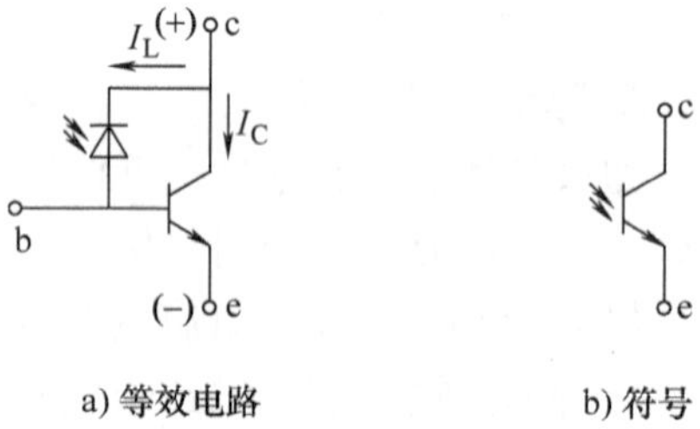

图 2-12　光敏晶体管的等效电路与符号

2. 光耦合器

光耦合器在电路中起传输和隔离作用。它是以光为媒介传输电信号的一种电—光—电转换器件，主要由发光源和受光器两部分组成。发光源一般为发光二极管，其管脚为输入端；受光器一般为光敏二极管、光敏晶体管等，其管脚为输出端。其常见的类型与符号如图 2-13 所示。

a) 光敏电阻型　　b) 光敏二极管型　　c) 光敏晶体管型　　d) 光电池

图 2-13　光耦合器的符号

模块 2.2　放大电路的组成

任务 2.2.1　基本共射放大电路的组成和元器件的作用

基本共射放大电路如图 2-14 所示。放大电路分为输入回路和输出回路两部分，发射极是放大电路的输入、输出的公共端，u_i 是外接需要放大的信号。

电路中元器件的作用如下：

1）晶体管 V：是放大电路的核心器件，具有电流放大的作用。

2）基极偏置电阻 R_b：为基极提供合适的偏置电流。

3）集电极直流电源 U_{CC}：是放大信号所需要的能源，为集电结提供反向偏置电压。

4）集电极电阻 R_c：将集电极电流 i_C 的变化转换成集电极-发射极之间电压 u_{CE}的变化。

5）耦合电容 C_1、C_2：起隔直通交的作用。

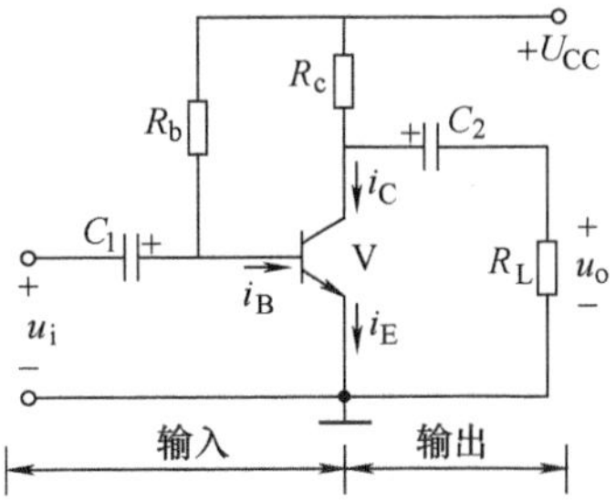

图 2-14　基本共射放大电路

任务 2.2.2　放大电路中电压、电流方向和符号的规定

一、电压、电流方向的规定

电压和电流的方向是相对的，为了便于分析，规定电压的正方向以“地”为参考零电位，电流以其实际方向为正方向。

二、电压、电流符号的规定

放大电路中，晶体管各极电压、电流变化的数值称为瞬时值，它包含直流分量和交流分量两部分，每一部分又由基本符号和下标符号组成。

1）直流分量：基本符号和下标符号均为大写字母，如 I_B、U_{BE}等。

2）交流分量：基本符号和下标符号均为小写字母，如 i_b、u_{be}等。

3）瞬时值（交直流叠加）：基本符号为小写字母，下标符号为大写字母，如 i_B、u_{BE}等。瞬时值为直流分量与交流分量之和，即 $i_B = I_B + i_b$。

电压、电流符号的规定见表 2-2。

表 2-2　电压、电流符号规定

		电流、电压的下标符号	
		大写字母	小写字母
电流、电压的基本符号	大写字母	直流分量 I_B、I_C、U_{BE}、U_{CE}	交流有效值 I_b、I_c、U_{be}、U_{ce}
	小写字母	瞬时值（交直流叠加）i_B、i_C、u_{BE}、u_{CE}	交流分量 i_b、i_c、u_{be}、u_{ce}

模块 2.3　共射放大电路的分析

对于放大电路的分析主要从两方面着手：静态分析和动态分析。

任务 2.3.1　共射放大电路的静态分析

静态是指输入信号 $u_i=0$ 时放大电路的工作状态。电路在放大状态下，当电路中的 U_{CC}、R_c、R_b 一定时，晶体管各极的直流电压 U_{BE}、U_{CE}和电流 I_B、I_C 也就确定了。这四个值在输入特性曲线和输出特性曲线上对应一个固定不变的点 Q，称之为静态工作点，简称工作点，记做 I_{BQ}、I_{CQ}、U_{BEQ}、U_{CEQ}，如图 2-15 所示。

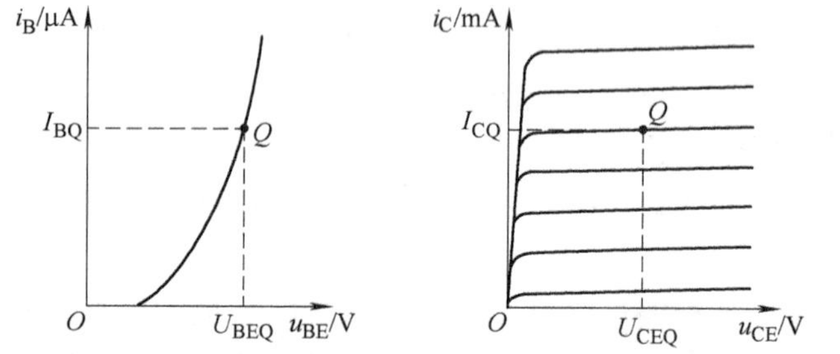

a) 输入特性曲线上的静态工作点　　b) 输出特性曲线上的静态工作点

图 2-15　共射放大电路静态工作点

共射放大电路主要有基本共射放大电路和分压工作点稳定电路两种结构，其分析方法有等效电路法和图解法两种。

下面以基本共射放大电路为例，来讲解等效电路法和图解法的基本步骤。

一、等效电路法

1. 根据放大电路画出直流通路

直流通路是放大电路未加输入信号时，放大电路在直流电源 U_{CC}的作用下，直流电流所通过的路径。画直流通路时电容视为开路，电感视为短路。

图 2-16a 所示为基本共射放大电路，画直流通路时，电容 C_1、C_2 开路，输入信号、输出信号与放大电路断开，C_1、C_2、R_L 不在直流通路中，所以晶体管 V、U_{CC}、R_b、R_c 构成直流通路，如图 2-16b 所示。

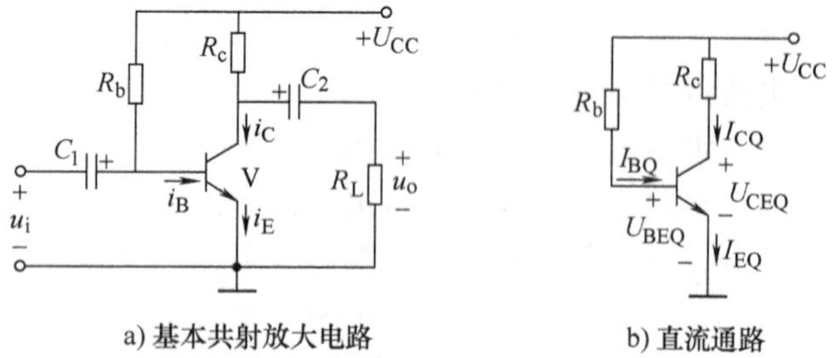

a) 基本共射放大电路　　b) 直流通路

图 2-16　基本共射放大电路及其直流通路

2. 根据直流通路求静态工作点 Q（I_{BQ}、I_{CQ}、U_{CEQ}）

由图 2-16b 得

$$
\begin{aligned}
I_{BQ} &= \frac{U_{CC}-U_{BEQ}}{R_b} \approx \frac{U_{CC}}{R_b} \\
I_{CQ} &= \beta I_{BQ} \\
U_{CEQ} &= U_{CC} - I_{CQ}R_c
\end{aligned}
\tag{2-5}
$$

二、图解法

1. 根据输入回路求 I_{BQ}、U_{BEQ}

由图2-17a所示的输入回路的直流通路可知 $U_{BE}=U_{CC}-I_BR_b$，在输入特性曲线上作 A 点：设 $U_{BE}=0$，则 $I_B=\frac{U_{CC}}{R_b}$。同理，在输入特性曲线上作 B 点：设 $U_{BE}=2$，则 $I_B=\frac{U_{CC}-U_{BE}}{R_b}=\frac{U_{CC}-2}{R_b}$。连接 A、B 两点的直线就是输入回路的直流负载线，如图2-17b所示，其斜率为 $-\frac{1}{R_b}$。直流负载线与输入特性曲线的交点就是静态工作点 Q，Q 所对应的 I_B、U_{BE} 即为静态工作点的数值 I_{BQ}、U_{BEQ}。

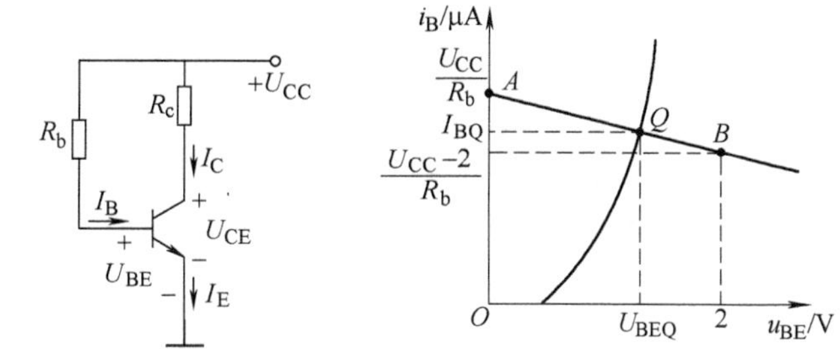

a) 输入回路的直流通路　　b) 输入回路的图解

图2-17　输入回路的直流通路和图解

2. 根据输出回路求 I_{CQ}、U_{CEQ}

由图2-18a所示的输出回路的直流通路可知 $U_{CE}=U_{CC}-I_CR_c$，在输出特性曲线上作 M 点：设 $I_C=0$，则 $U_{CE}=U_{CC}$。同理，在输出特性曲线上作 N 点：设 $U_{CE}=0$，则 $I_C=\frac{U_{CC}}{R_c}$。连接 M、N 两点的直线就是输出回路的直流负载线，如图2-18b所示，其斜率为 $-\frac{1}{R_c}$。直流负载线与输出特性曲线中 I_{BQ} 的交点就是静态工作点 Q，Q 所对应的 I_C、U_{CE} 即为静态工作点 I_{CQ}、U_{CEQ} 的数值。

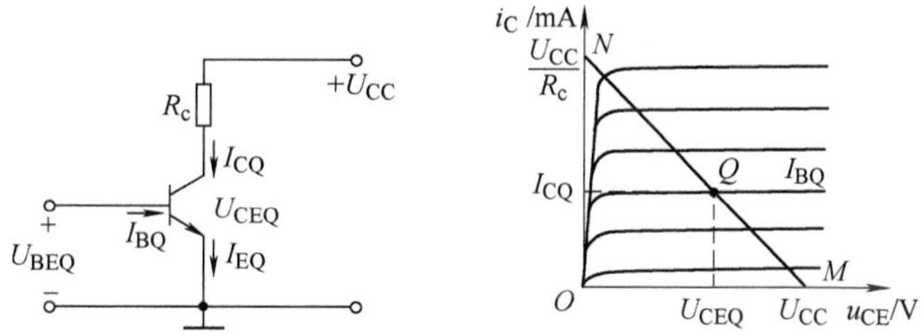

a) 输出回路的直流通路　　b) 输出回路的图解

图2-18　输出回路的直流通路和图解

任务2.3.2　共射放大电路的动态分析

动态分析的方法也有等效电路法和图解法两种。

一、等效电路法

等效电路法的动态分析和等效电路法的静态分析的方法与步骤基本相同，但分析的目标是求解放大电路的三个动态指标：电压放大倍数 A_u、输入电阻 r_i、输出电阻 r_o，求解步骤如下。

1. 画出交流通路

交流通路是放大电路在信号源 u_i 的作用下，只有交流电流通过的路径。画直流通路时，

直流电源 U_{CC}短路，电容视为短路。图 2-16a 所示的基本共射放大电路的交流通路如图 2-19 所示。

2. 画出交流微变等效电路

（1）晶体管的微变等效电路　由于晶体管是非线性元件，为了计算方便，可以利用输入信号在微小范围内变化时，晶体管上的电压、电流近似为线性变化的特点，将晶体管等效为线性元件，放大电路等效为线性电路，即微变等效电路。

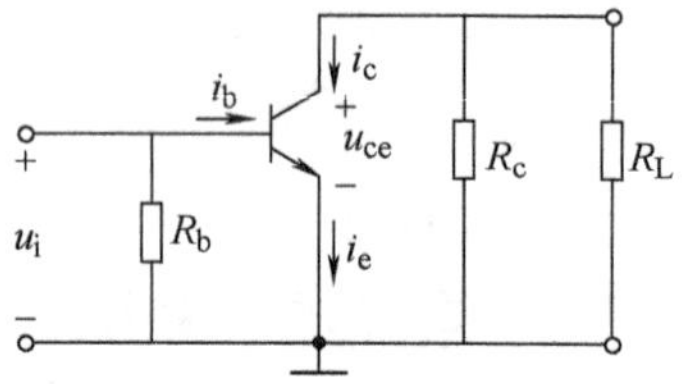

图 2-19　基本共射放大电路的交流通路

晶体管电路如图 2-20a 所示，由晶体管的输入特性曲线可知，当 u_{ce}为常数，且输入信号 u_i 在很小的范围内变化时，输入回路的电压 u_{be}、电流 i_b 是随输入信号 u_i 的变化而成线性变化的，即晶体管输入端 b、e 之间可用一个电阻 r_{be}来代替，如图 2-20b 所示。对于低频小功率晶体管，则有

$$r_{be} = 300\Omega + (1+\beta)\frac{26\text{mV}}{I_{EQ}} \tag{2-6}$$

式中，I_{EQ}的单位为 mA。

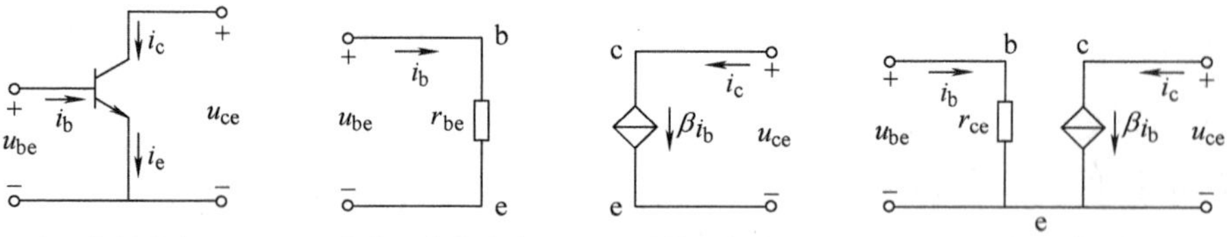

a) 晶体管电路　b) 晶体输入等效电路　c) 晶体输出等效电路　d) 微变等效电路

图 2-20　晶体管的微变等效电路

由晶体管的输出特性曲线可知，假定输出特性是水平的，i_c 与 u_{ce}无关，仅受 i_b 控制，即 $i_c=\beta i_b$。所以，晶体管的输出端可用一个大小为 βi_b 的理想受控电流源来等效，如图 2-20c 所示。把图 2-20b、c 合并成一个，即可得到晶体管的微变等效电路，如图 2-20d 所示。

（2）基本共射放大电路的微变等效电路　用晶体管的微变等效电路来代替交流通路中的晶体管，即得到放大电路的微变等效电路。基本共射放大电路的微变等效电路如图 2-21 所示。

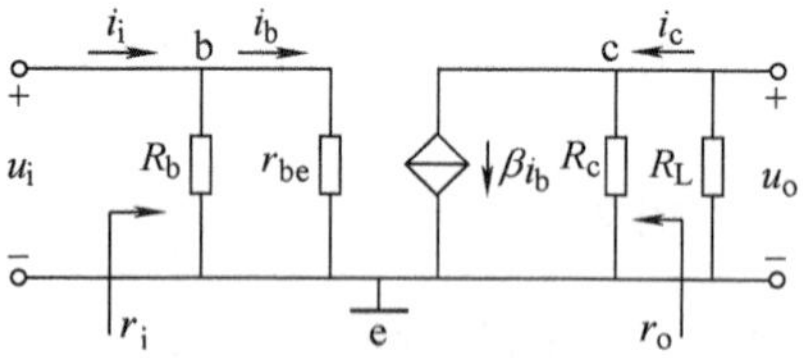

图 2-21　基本共射放大电路的微变等效电路

3. 求解放大电路的动态指标

（1）电压放大倍数 A_u

$$A_u = \frac{u_o}{u_i} \tag{2-7}$$

在图 2-21 所示的电路中，有

$$u_o = -i_c R_L' = -\beta i_b R_L' \tag{2-8}$$

式中，$R_L' = R_c /\!/ R_L$。

$$u_i = u_{be} = i_b r_{be} \tag{2-9}$$

将式（2-8）和式（2-9）代入式（2-7）得

$$A_u = \frac{u_o}{u_i} = \frac{-\beta i_b R_L'}{i_b r_{be}} = -\beta \frac{R_L'}{r_{be}} \tag{2-10}$$

式中，“-”表示输入、输出的相位相反。

若电路为空载状态，即 $R_L = \infty$，则

$$A_u = -\beta \frac{R_c}{r_{be}} \tag{2-11}$$

（2）输入电阻 r_i　输入电阻就是从放大电路输入端看进去的等效动态电阻，它等于输入端的电源信号电压 u_i 与输入信号电流 i_i 之比，即

$$r_i = \frac{u_i}{i_i} = \frac{i_i(R_b /\!/ r_{be})}{i_i} = R_b /\!/ r_{be} \tag{2-12}$$

当 $R_b >> r_{be}$时，有

$$r_i = R_b /\!/ r_{be} \approx r_{be} \tag{2-13}$$

（3）输出电阻 r_o　输出电阻就是从放大电路输出端（不含负载）看进去的等效动态电阻，它等于输出端的电压 u_o 与输出端的电流 i_o 之比，即

$$r_o = \frac{u_o}{i_o} = R_c \tag{2-14}$$

例 2-2　放大电路如图 2-16a 所示，其中 $U_{CC} = 20V$，$R_c = R_L = 6.8k\Omega$，$R_b = 510k\Omega$，硅晶体管的 $\beta = 50$，用等效电路法求：

（1）静态工作点；

（2）动态参数 A_u、r_i、r_o。

解：（1）$I_{BQ} = \dfrac{U_{CC} - U_{BEQ}}{R_b} = \dfrac{20-0.7}{510}mA \approx \dfrac{20}{510}mA \approx 40\mu A$

$I_{CQ} = \beta I_{BQ} = 50 \times 40\mu A = 2mA$

$U_{CEQ} = U_{CC} - I_{CQ}R_c = 20V - 2 \times 6.8V = 6.4V$

（2）$r_{be} = 300\Omega + (1+\beta)\dfrac{26mV}{I_{EQ}} = 300\Omega + (1+50)\dfrac{26}{2}\Omega = 963\Omega$

$A_u = -\beta \dfrac{R_L'}{r_{be}} = -50 \times \dfrac{(6.8 /\!/ 6.8) \times 10^3}{963} = -176.5$

$r_i \approx r_{be} = 963\Omega$

$r_o = R_c = 6.8k\Omega$

二、图解法

图解法动态分析的目的是观察放大电路的工作情况，研究放大电路的非线性失真问题，求得最大不失真电压的幅值。

基本共射放大电路如图 2-16a 所示。设 $u_i = \sqrt{2}U_{BE}\sin\omega t V$，则

$$u_{BE} = U_{BEQ} + u_i = U_{BEQ} + \sqrt{2}U_{BE}\sin\omega t \tag{2-15}$$

如图 2-22 中的波形 1，该波形的变化过程从 Q 点→A 点→B 点→C 点→D 点，此四点分别对应输入特性曲线 2 上的 Q 点→A 点→Q 点→C 点→Q 点，由此可逐点画出输入电流 i_B 的波形 3，则 $i_B = I_{BQ} + i_b = I_{BQ} + \sqrt{2}I_B\sin\omega t$。

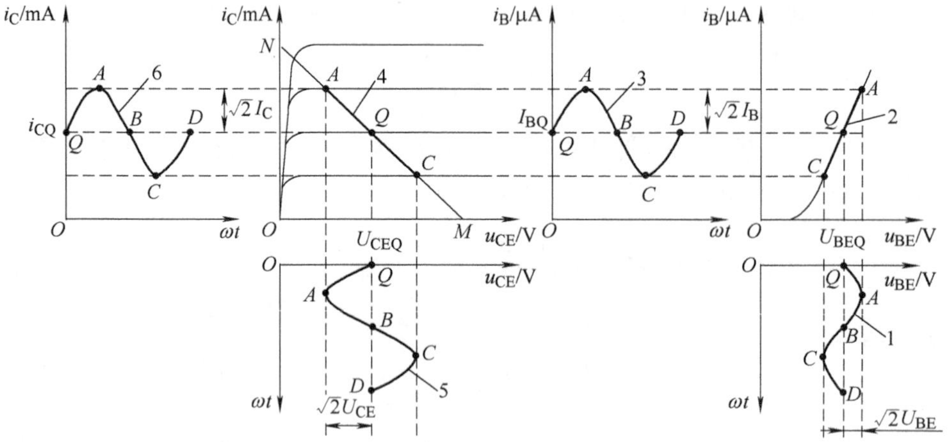

图 2-22　基本共射放大电路的图解法

在输出特性曲线上作过 Q 点（坐标为 $i_C = I_{CQ}$、$u_{CE} = U_{CEQ}$）、斜率为 $-\frac{1}{R_L'}$的交流负载线，分别得到图 2-22 中的 u_{CE}（ωt）波形 5 和 i_C（ωt）波形 6。

任务 2.3.3　放大电路的非线性失真

所谓失真是指输出信号的波形与输入信号的波形不成比例的现象。对于放大电路来说，除了要有较大的放大倍数外，还要求输出波形的失真要小，否则就失去了放大的意义。输出电压的波形与静态工作点 Q 的设置有密切的关系。

失真包括截止失真、饱和失真。

一、截止失真

1. 产生的原因

如果静态工作点 Q 对 I_{BQ}、I_{CQ}选得偏低，而输入信号的幅度又相对比较大时，则信号的负半周有一部分进入截止区，如图 2-23 所示，使 i_B 的负半周削掉一部分，从而使 i_C 的负半周和 u_{CE}的正半周也被削掉一部分，产生了因晶体管的非线性所引起的非线性失真，称为截止失真。

2. 改进的措施

减小偏流电阻 R_b，以增加偏流电流 I_{BQ}，提高静态工作点 Q 的位置。

二、饱和失真

1. 产生的原因

如果静态工作点 Q 对 I_{BQ}、I_{CQ}选得偏高，在输出特性上，由于 U_{CEQ}偏低，i_B 工作在正半周时 i_C 有一部分已经进入饱和区，如图 2-24 所示，这时的集电极电流不再满足 $i_C = \beta i_B$。此时，i_C 不会随 i_B 的增加而增加，由此引起的失真称为饱和失真。

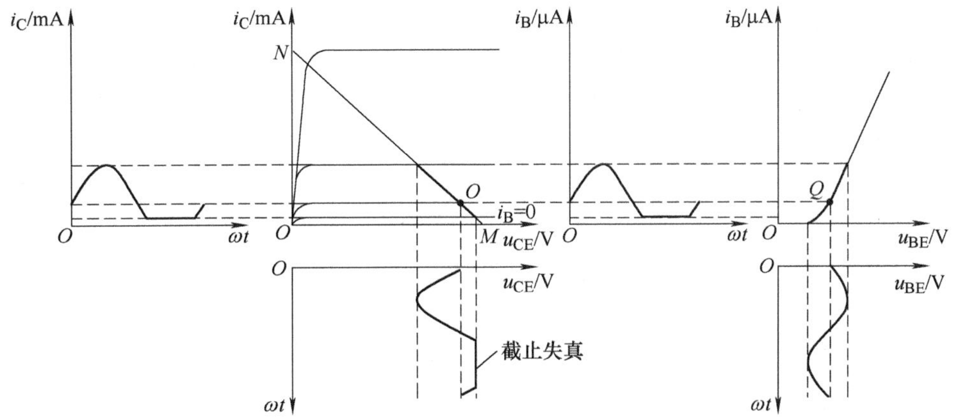

图 2-23　截止失真

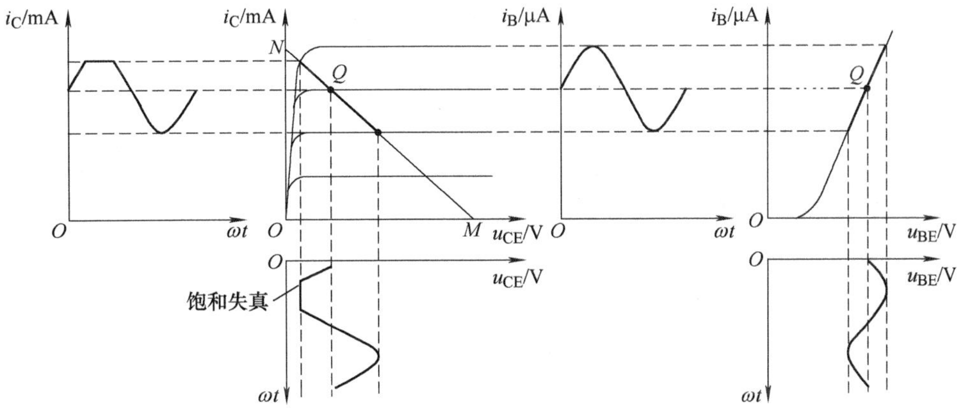

图 2-24　饱和失真

2. 改进的措施

改进的措施有两种方法，一种是增大 R_b，以减小偏流电流 I_{BQ}，降低静态工作点 Q 的位置。但应注意，选取 I_{BQ}时应使 i_B 的正半周不会工作在输出特性曲线的弯曲部分，适当增大 U_{CEQ}的数值，以保证集电结工作在反向工作状态。

另一种方法是通过减小 R_c 来减小等效负载电阻 R_L'。

任务 2. 3. 4　分压式工作点稳定电路的分析

分压式工作点稳定电路如图 2-25 所示，它具有稳定电路的作用。如果温度升高后，将会引起 I_{CQ}和 I_{EQ}增加，则也会使 $U_{EQ}=I_{EQ}R_e$ 提高。由于 U_B 固定不变，导致 U_{BE}减小（因为 $U_{BE}=U_B-U_E=U_B-I_ER_e$），从而使 I_{BQ}减小，则会引起 I_{CQ}、I_{EQ}减小，最终使 I_{CQ}和 I_{EQ}趋于稳定。这一过程可表示为：

当 $T\uparrow$ 或 β 增大时$\rightarrow I_{CQ}(I_{EQ})\uparrow\rightarrow U_{EQ}\uparrow\rightarrow U_{BE}\downarrow$

$I_{CQ}(I_{EQ})\downarrow\leftarrow U_{BQ}\downarrow\leftarrow$

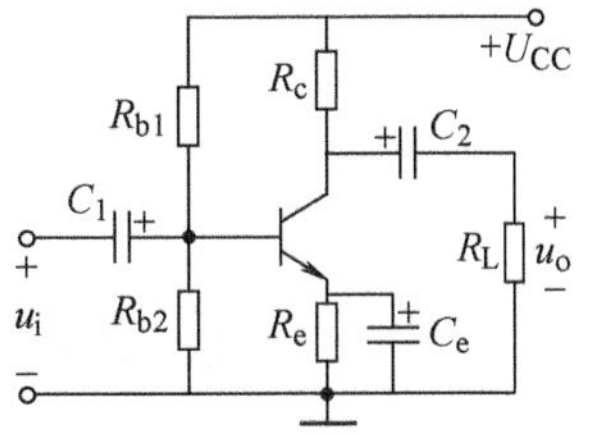

图 2-25　分压式工作点稳定电路

下面用等效电路法对分压式工作点稳定电路进行分析。

一、静态分析

根据图 2-25 所示的分压式工作点稳定电路画出直流通路，如图 2-26 所示。因为 $I_1 >> I_{BQ}$，所以可以认为 $I_1 \approx I_2$，则

$$U_B \approx \frac{R_{b2}}{R_{b1}+R_{b2}}U_{CC} \tag{2-16}$$

$$I_{EQ} \approx I_{CQ} = \frac{U_B - U_{BEQ}}{R_e} \approx \frac{U_B}{R_e} \tag{2-17}$$

$$I_{BQ} = \frac{I_{CQ}}{\beta} \tag{2-18}$$

$$U_{CEQ} \approx U_{CC} - I_{CQ}(R_c + R_e) \tag{2-19}$$

二、动态分析

根据图 2-25 所示的分压式工作点稳定电路画出交流通路，再画出微变等效电路，如图 2-27 所示。

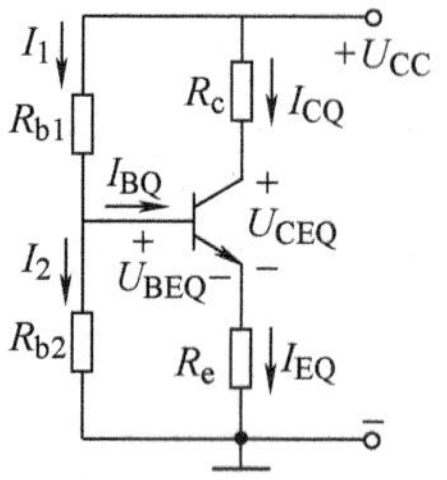

图 2-26　分压式工作点稳定电路的直流通路

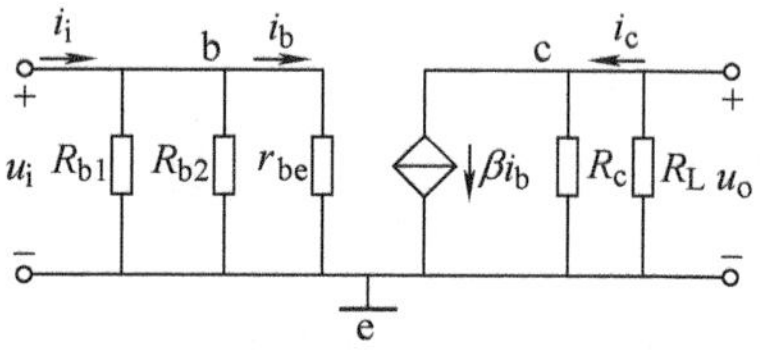

图 2-27　分压式工作点稳定电路的微变等效电路

1. 电压放大倍数 A_u

$$A_u = \frac{u_o}{u_i} = \frac{-i_c R_L'}{i_b r_{be}} = \frac{-\beta i_b R_L'}{i_b r_{be}} = -\frac{\beta R_L'}{r_{be}} \tag{2-20}$$

式中，$R_L' = R_c // R_L$。

2. 输入电阻 r_i

$$r_i = \frac{u_i}{i_i} = \frac{i_i(R_{b1}//R_{b2}//r_{be})}{i_i} = R_{b1}//R_{b2}//r_{be} = R_b // r_{be} \tag{2-21}$$

式中，$R_b = R_{b1}//R_{b2}$。

3. 输出电阻 r_o

$$r_o = \frac{u_o}{i_o} = R_c \tag{2-22}$$

模块 2.4　单管放大电路三种组态的识别

共射电路、共基电路、共集电路是晶体管放大电路的基本放大电路，其他类型的放大电

路都是由这三种基本放大电路变化而来的。三种基本放大电路的比较见表 2-3。

表 2-3　三种基本放大电路的比较

	共射电路	共基电路	共集电路
电路图	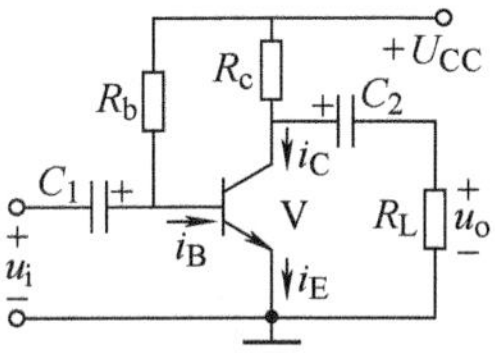	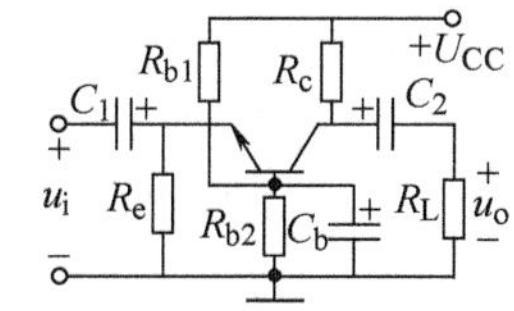	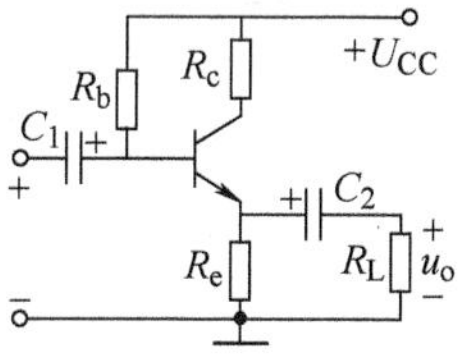
静态工作点	$I_{BQ}=\frac{U_{CC}-U_{BEQ}}{R_b}$ $I_{CQ}=\beta I_{BQ}$ $U_{CEQ}=U_{CC}-I_{CQ}R_c$	$U_{BQ}=\frac{U_{CC}}{R_{b1}+R_{b2}}R_{b2}$ $I_{CQ}\approx I_{EQ}\approx\frac{U_{BQ}}{R_e}$ $I_{BQ}=\frac{I_{CQ}}{\beta}$ $U_{CEQ}=U_{CC}-I_{CQ}(R_c+R_e)$	$U_{BQ}=\frac{U_{CC}-U_{BEQ}}{R_b+(1+\beta)R_e}R_{b2}$ $I_{CQ}=\beta I_{BQ}$ $U_{CEQ}=U_{CC}-I_{CQ}R_e$
微变等效电路	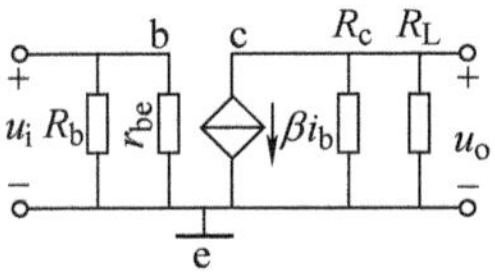	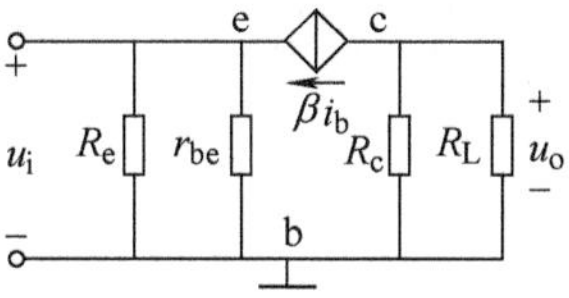	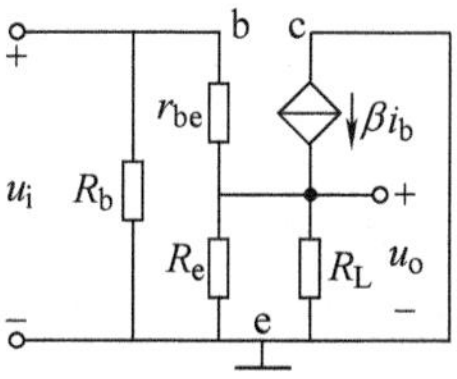
相位	u_o 与 u_i 相位反相	u_o 与 u_i 相位同相	u_o 与 u_i 相位同相
A_u	$A_u=-\frac{\beta R_L'}{r_{be}}$	$A_u=\frac{\beta R_L'}{r_{be}}$	$A_u=\frac{(1+\beta)R_L'}{r_{be}+(1+\beta)R_L'}\approx 1$
r_i	$r_i=r_{be}$	$r_i=\frac{r_{be}}{1+\beta}$	$r_i=r_{be}+(1+\beta)R_L'$
r_o	$r_o=R_b//r_{be}$	$r_o=R_e//\frac{r_{be}}{1+\beta}$	$r_o=R_b//[r_{be}+(1+\beta)R_L']$

模块 2.5　多级放大电路的分析与测试

对于单管放大电路，其放大倍数一般达到几十 ~ 几百。而在实际中要求放大倍数更大，这就用到多级放大电路。

任务 2.5.1　多级放大电路的组成及耦合方式

一、多级放大电路的组成

多级放大电路主要由输入级、中间级和输出级组成，如图 2-28 所示。其中输入级和中间级的主要作用是实现电压放大，而输出级是实现功率放大，以推动负载。

二、多级放大电路的耦合方式

在多级放大电路中，把级和级之间的连接方式称为耦合方式。一般常用的耦合方式有阻容耦合、直接耦合和变压器耦合三种方式。

1. 阻容耦合

级与级之间通过电容连接的方式称为阻容耦合方式，如图 2-29 所示。因电容具有“隔直”的作用，所以各级之间的静态工作点具有相互独立、互不影响的特点。但是电容具有一定的容抗，信号在传输过程中会受到一定的衰减。

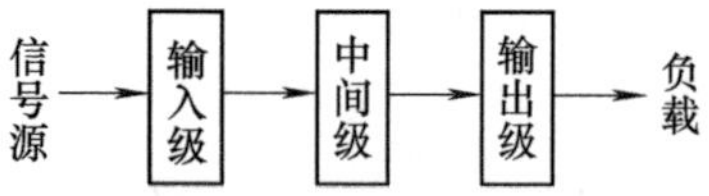

图 2-28　多级放大电路组成框图

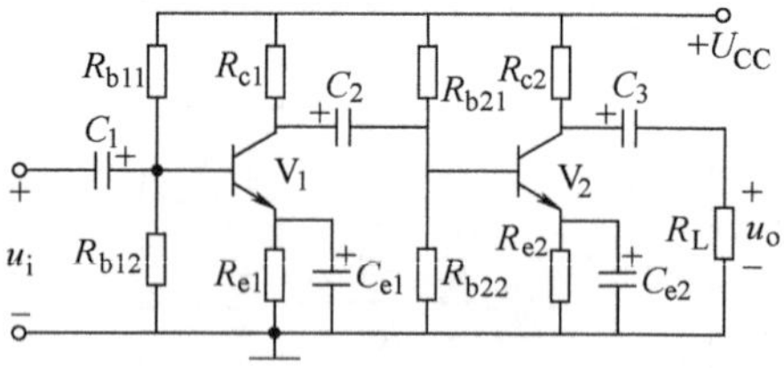

图 2-29　阻容耦合电路

2. 直接耦合

把级与级之间直接用导线连接起来的方式称为直接耦合，如图 2-30 所示。电路既可以放大交流信号，也可以放大直流和变化缓慢的信号，电路简单，便于做成集成电路。但由于各级之间没有电容，所以各级静态工作点相互牵制，并存在零点漂移的问题。

3. 变压器耦合

把级与级之间通过变压器连接起来的方式称为变压器耦合，如图 2-31 所示。电路的特点：因为变压器不能传输直流信号，所以各级之间的静态工作点相互独立，互不影响。改变变压器的匝数比可以实现阻抗变换，从而获得较大的输出功率。但变压器的体积大，不易集成，也不能传送直流和变化缓慢的信号。

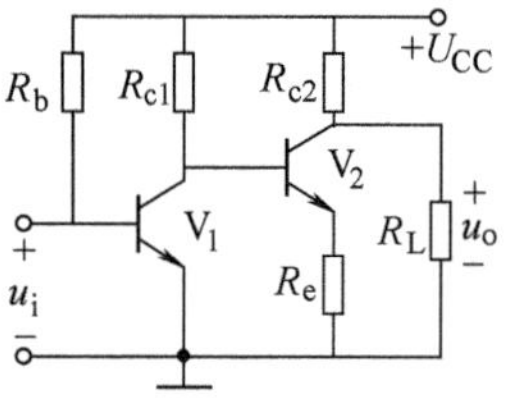

图 2-30　直接耦合电路

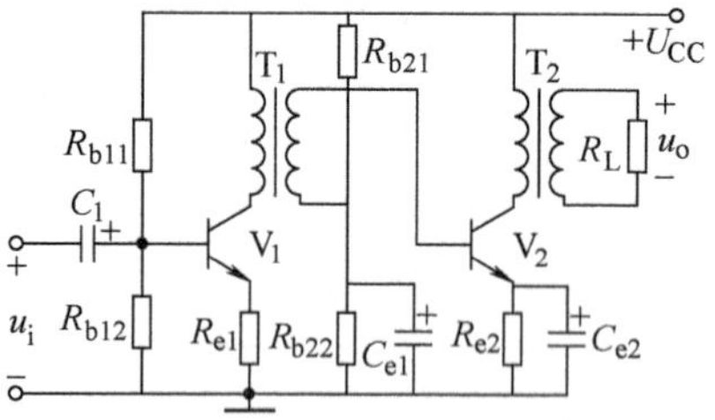

图 2-31　变压器耦合电路

任务 2.5.2　多级放大电路的性能指标估算

一、电压放大倍数 A_u

由图 2-29 所示的电路可知

$$u_o = A_{u2} u_{i2} \qquad u_{i2} = u_{o1} \qquad u_{o1} = A_{u1} u_i$$

所以

$$A_u = \frac{u_o}{u_i} = A_{u1} A_{u2} \tag{2-23}$$

因此，当有 n 级放大电路时的电压放大倍数为

$$A_u = A_{u1}A_{u2}\cdots A_{un} \tag{2-24}$$

二、输入电阻 r_i

放大电路的输入电阻就是输入级输入的电阻，即

$$r_i = r_{i1} \tag{2-25}$$

但当输入级为共集电极电路时，要考虑第二级的输入电阻作为前级负载时对输入电阻的影响。

三、输出电阻 r_o

放大电路的输出电阻就是输出级输出的电阻，即

$$r_o = r_{on} \tag{2-26}$$

但当输出级为共集电极电路时，要考虑前级对输出电阻的影响。

模块 2.6　综合技能训练

任务 2.6　单管共射放大器的测试

一、训练目的

1）掌握放大器静态工作点的调试方法、静态工作点对放大器性能的影响。

2）掌握放大器电压放大倍数、输入电阻、输出电阻及最大不失真输出电压的测试方法。

二、训练仪器及设备

1）通用电学实验台	1 台
2）双踪示波器	1 台
3）交流毫伏表	1 块
4）万用表	1 块
5）晶体管	1 只
6）电阻	若干
7）电容	若干

三、训练原理

测量电路如图 2-32 所示。

1. 静态工作点的测量

应先使输入信号 $u_i = 0$，即将放大器输入端与地端短接，然后用直流毫安表和直流电压表分别测量晶体管的集电极电流 I_C 和各电极对地的电位 U_B、U_C 和 U_E。

为了避免断开集电极，可采用先测量电压 U_E 或 U_C，然后算出 I_C 的方法。

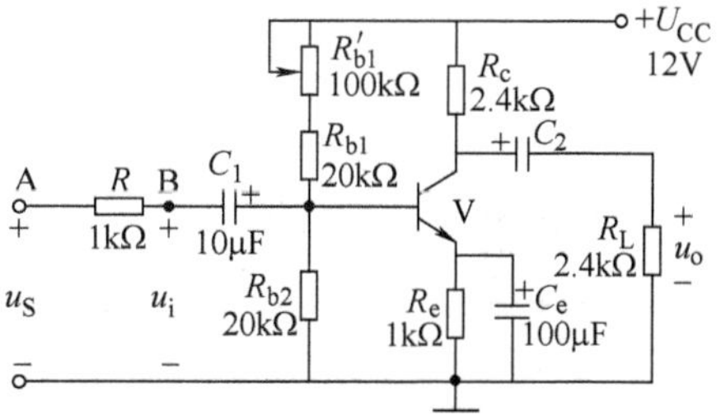

图 2-32　单管共射放大器的测试

1）已知 U_E 求 I_C 的方法：$I_C \approx I_E = \dfrac{U_E}{R_e}$

2）已知 U_C 求 I_C 的方法：$I_C = \dfrac{U_{CC} - U_C}{R_c}$

2. 电压放大倍数 A_u 的测量

调整放大器到合适的静态工作点，然后加入输入电压 u_i，使输出电压 u_o 不失真，用交流毫伏表测出 u_i 和 u_o 的有效值 U_i 和 U_o，则电压放大倍数 A_u 为

$$A_u = \frac{U_o}{U_i} \tag{2-27}$$

3. 输入电阻 r_i 的测量

在放大器正常工作的情况下，用交流毫伏表测出 U_S 和 U_i，则根据输入电阻的定义可得

$$r_i = \frac{U_i}{I_i} = \frac{U_i}{\dfrac{U_R}{R}} = \frac{U_i}{U_S - U_i}R \tag{2-28}$$

4. 输出电阻 r_o 的测量

在放大器正常工作的条件下，测出输出端空载输出电压 U_o和负载输出电压 U_o'，则有

$$U_o' = \frac{R_L}{r_o + R_L}U_o \tag{2-29}$$

$$r_o = \left(\frac{U_o}{U_o'} - 1\right)R_L \tag{2-30}$$

四、训练内容和步骤

1. 静态工作点的测量

电路连接如图 2-32 所示。接通电源前，将 R_{b1}' 调至最大，放大器工作点最低，实验台正弦信号发生器输出旋钮旋至零。

接通实验台 12V 电源，调节 R_{b1}'，使 $I_C = 2.0\text{mA}$（即 $U_E = 2.0\text{V}$），用直流电压表测量 U_B、U_E、U_C 的值，记入表 2-4 中，同时计算 U_{BE}、U_{CE}、I_C（I_E）的值。

表 2-4　静态工作点的测量

测 量 值			计 算 值		
U_B/V	U_E/V	U_C/V	U_{BE}/V	U_{CE}/V	$I_C \approx I_E$/mA

2. 测量电压放大倍数

在放大器输入端（B 点）加入频率为 1kHz 的正弦信号，调节函数信号发生器的输出旋钮，使 $U_i = 5\text{mV}$。同时用示波器观察放大器输出电压 u_o 的波形，在波形不失真的条件下，用交流毫伏表测量表 2-5 中两种情况下的 U_o 值，并用双踪示波器观察 u_o 和 i_i 的相位关系，记入表 2-5 中。

表2-5　测量电压放大倍数

R_c/kΩ	R_L/kΩ	U_o/V	A_u	观察记录一组 u_o 和 i_i 的波形
1.2	∞			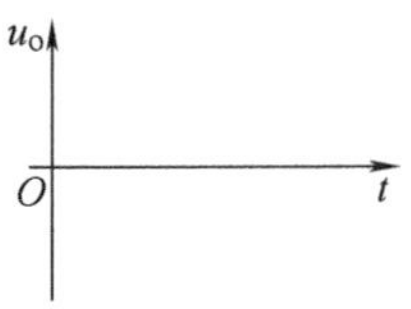 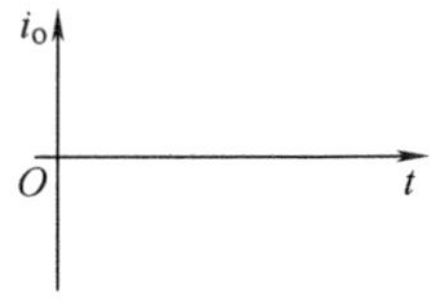
2.4	∞			
2.4	2.4			

3. **观察静态工作点对电压放大倍数的影响**

取 $R_c=2.4\text{k}\Omega$，$R_L=\infty$，适量调节 u_i 和 R'_{b1}，使 U_o 不失真时，测量 I_C 和 U_o 值（其中 $I_C=2.0\text{mA}$ 是必测点），并计算电压放大倍数 A_u，填入表2-6中。

表2-6　静态工作点对电压放大倍数的影响

次数	1	2	3	4	5
I_C/mA			2.0		
U_o/mV					
A_u					

4. **观察静态工作点对输出波形失真的影响**

取 $R_c=2.4\text{k}\Omega$，$R_L=2.4\text{k}\Omega$，$u_i=0$，调节 R'_{b1} 使 $I_C=1.5\text{mA}$，测出 U_{CE} 值。再逐步增加 u_i，使输出电压 U_o 足够大但不失真，并保持 u_i 不变。然后分别增大和减小 R'_{b1}，使波形出现失真，绘出 U_o 的波形，并测出失真情况下的 I_C 和 U_{CE} 值，记入表2-7中。注意，每次测量 I_C 和 U_{CE} 值时都要将信号源的输出旋钮旋至零。

表2-7　静态工作点对输出波形失真的影响

次数	I_C/mA	U_{CE}/V	U_o 波形	失真情况	管子工作状态
1			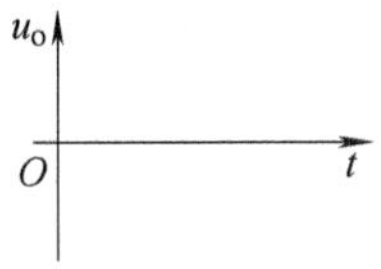		
2			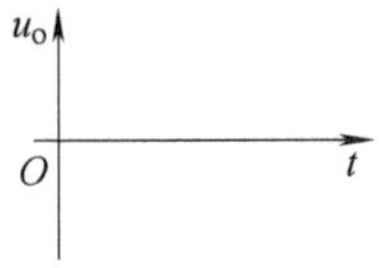		
3	1.5		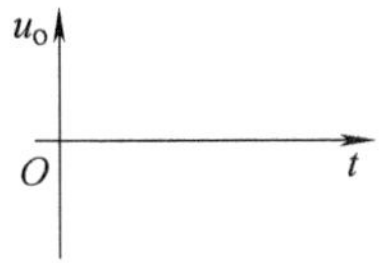		

（续）

次数	I_C/mA	U_{CE}/V	U_o 波形	失真情况	管子工作状态
4			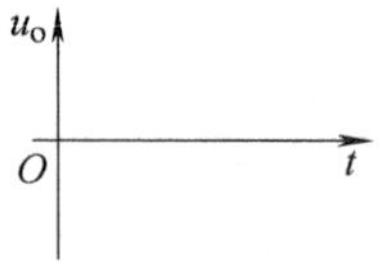		
5			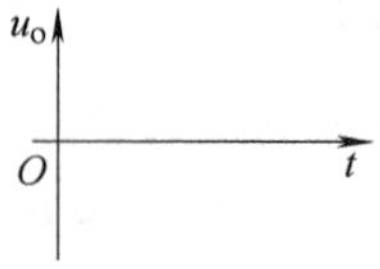		

5. 测量输入电阻和输出电阻

取 $R_c=2.4\text{k}\Omega$，$R_L=2.4\text{k}\Omega$，$I_C=2.0\text{mA}$。输入 $f=1\text{kHz}$ 的正弦信号，在输出电压 U_o 不失真的情况下，用交流毫伏表测出 U_S、U_i 和 U_L，保持 U_S 不变，断开 R_L，测量输出电压 U_o，记入表 2-8 中。

表 2-8　测量输入电阻和输出电阻

U_o/mV	U_i/mV	r_i/kΩ		U_L/V	U_o/V	r_o/kΩ	
		测量值	计算值			测量值	计算值

练习与思考题

2.1　测得晶体管在放大状态时三个极的电位如图 2-33 所示，试判断它们的管脚，标明 e、b、c，并判断是 NPN 型还是 PNP 型，是硅管还是锗管。

2.2　测得晶体管在放大状态时两个极电流的大小和方向如图 2-34 所示，试求另一极电流的大小和方向，并判断它们的管脚，标明 e、b、c，并判断是 NPN 型还是 PNP 型。

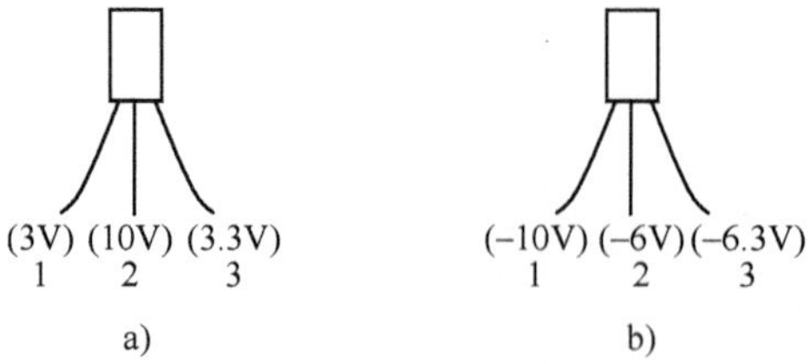

图　2-33

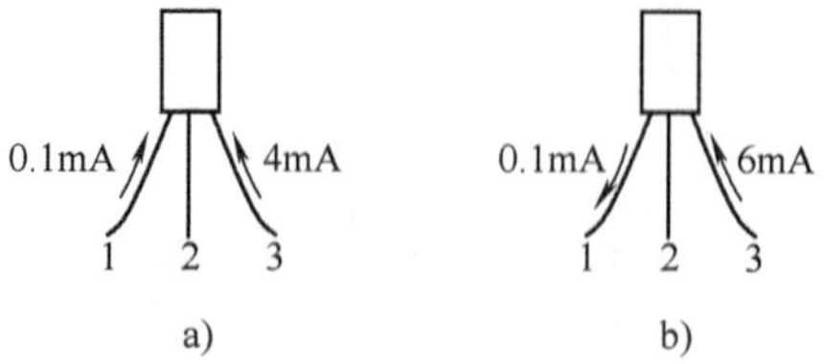

图　2-34

2.3　测得晶体管在电路中各极的电位如图 2-35 所示，试判断它们工作在放大区、饱和区还是截止区。

2.4　放大电路如图 2-36 所示，试画出它们的直流通路和交流通路。

2.5　放大电路如图 2-37 所示。已知 $\beta=50$，$R_{b1}=150\text{k}\Omega$，$R_{b2}=50\text{k}\Omega$，$R_e=2.5\text{k}\Omega$，$R_c=5\text{k}\Omega$，$R_L=5\text{k}\Omega$，$U_{CC}=20\text{V}$。试求：

（1）计算静态工作点；

（2）画出微变等效电路；

（3）空载和负载时的电压放大倍数 A_u' 和 A_u、输入电阻 r_i 和输出电阻 r_o。

2.6　判断图 2-38 所示的放大电路是何种组态。

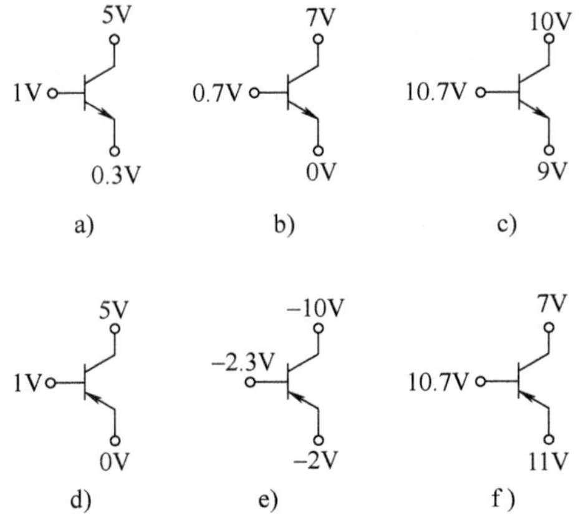

图　2-35

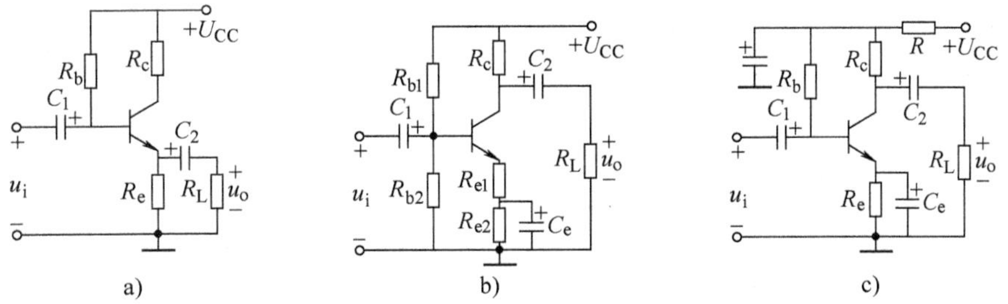

图　2-36

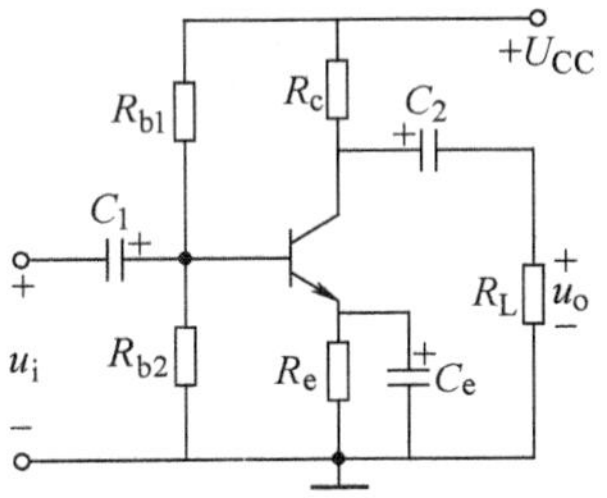

图　2-37

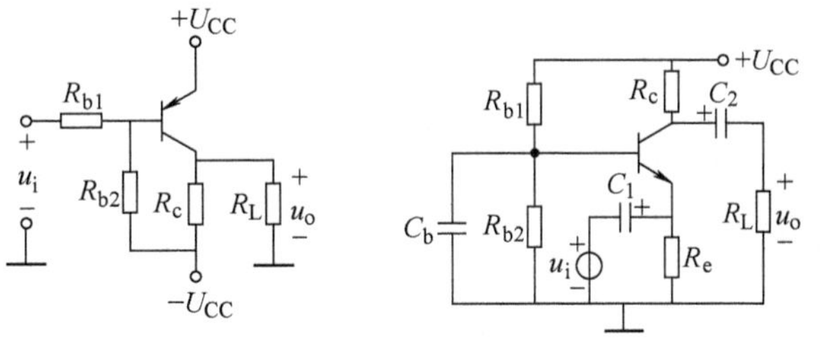

图　2-38

项目3　集成运算放大器的分析与设计

知识目标： 掌握集成运放工作区判别的方法；
掌握集成运放两个基本概念；
了解电压比较器的工作过程，能画出输出电压波形。

能力目标： 会灵活运用集成运放工作在线性区的两大结论，并能写出输入—输出的函数关系；
会对几种集成运放应用电路进行测试。

模块3.1　集成运算放大器的识别

集成电路是采用半导体制造工艺，把电子元器件以及连接导线集中制造在一小块半导体基片上而构成的一个完整电路。

集成运放是集成运算放大器的简称，它是一种高电压增益、高输入电阻和低输出电阻的直接耦合的多级放大电路，具有体积小、重量轻、外部焊点少、工作可靠等优点。

任务3.1.1　集成运放的组成及外形

1. 集成运放的组成

集成运放内部电路主要由输入级、中间级、输出级和偏置电路四部分组成，如图3-1所示。

1）输入级：对输入级的要求是温漂小、共模抑制比高。集成运放的输入级是由具有恒流源的差动放大电路组成，并且通常工作在低电流状态，以获得较高的输入阻抗。

2）中间级：主要提供足够大的电压放大倍数。一般采用带有恒流源负载的共射极放大电路，其放大倍数可达几千倍以上。另外还应具有较大的输入电阻，同时还应向输出级提供较大的驱动电流。

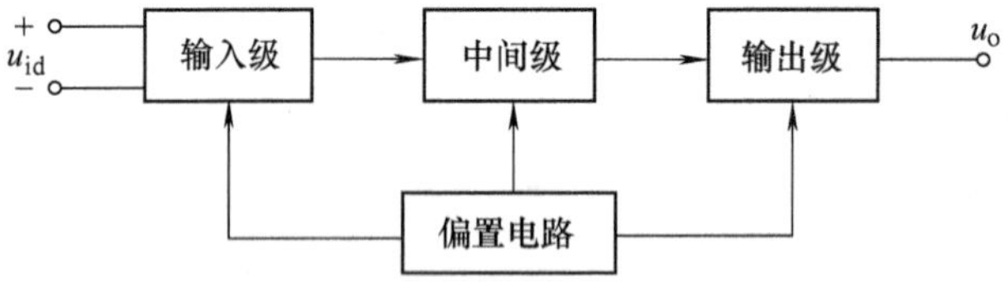

图3-1　集成运算放大器的内部组成电路框图

3）输出级：输出级的主要作用是输出足够的电流以满足负载的需要，同时还应具有较低的输出电阻和较高的输入电阻，起到将中间级和负载隔离的作用。输出级一般由射极输出器组成。

4）偏置电路：偏置电路为各级电路提供合适的静态工作电流，由各种电流源电路组成。

2. 集成运放的外形及符号

常见的集成运算放大器有圆形、扁平型、双列直插式等，有 8 引脚、14 引脚等，集成运放的外形及引脚排列见表 3-1。

表 3-1　集成运放的外形及引脚排列

结构	外形	引脚排列	识别方法
圆形结构	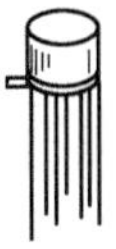		将集成块水平放置，引脚向下，以键为起点，按逆时针方向引脚分别为 1、2、3、…
双列直插式结构	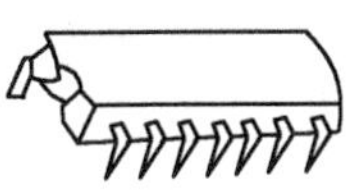	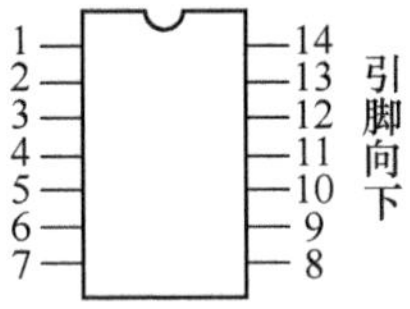	将集成块水平放置，引脚向下，从缺口或标记开始，按逆时针方向引脚分别为 1、2、3、…

集成运放的电路符号如图 3-2 所示。图中“ - ”表示反相输入端，“ + ”表示同相输入端。“▷”表示信号的传输方向，“∞”表示理想放大条件。

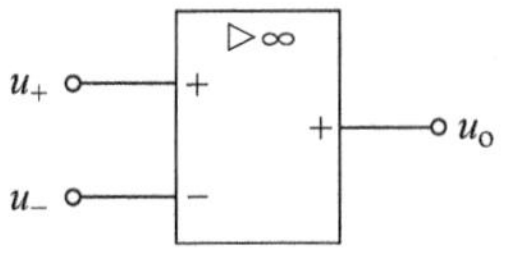

图 3-2　集成运放的电路符号

任务 3.1.2　集成运放的特性

1. 理想集成运放的性能指标

1）输入为零时，输出恒为零。

2）开环差模电压放大倍数 $A_{ud} \to \infty$。

3）输入电阻 $r_{id} \to \infty$。

4）输出电阻 $r_{od} \to 0$。

5）共模抑制比 $K_{CMR} \to \infty$。

2. 集成运放的电压传输特性

电压传输特性是指集成运放输出电压 u_o 与其输入电压 u_{id}（$u_{id} = u_+ - u_-$）之间的关系，如图 3-3 所示。

由于集成运放的开环差模电压放大倍数 A_{ud} 非常大，所以其线性区非常窄。在 u_{id} 很小的范围内，输出电压 u_o 随输入电压 u_{id} 的增加而增加，为线性区；当 $|u_{id}| > \frac{|U_{om}|}{A_{od}}$ 时，输出信号 u_o 不再跟随 u_{id} 的增加而增加，进入非线性区，其值为 $+U_{om}$ 或 $-U_{om}$，接近正、负电源电压值。

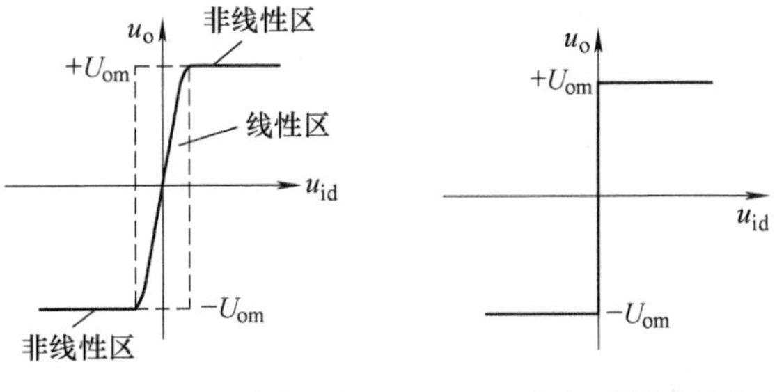

a) 实际集成运放的传输特性　b) 理想集成运放的传输特性

图 3-3　集成运放的传输特性

3. 理想集成运放工作在线性区的特点

（1）“虚短”　当集成运放工作在线性区时，输出信号与输入信号的关系为

$$u_o = A_{ud} u_{id} = A_{ud}(u_+ - u_-) \quad (3\text{-}1)$$

由于 u_o 是有限的，而 A_{ud} 为无穷大，

所以 $u_+ - u_- \approx 0$，即

$$u_+ \approx u_- \tag{3-2}$$

式（3-2）说明，在线性工作区时，同相输入端和反相输入端的电压近似相等，故称虚假短路，简称“虚短”。

（2）“虚断” 由于理想运放的输入电阻 $r_{id} \to \infty$，所以运放的输入电流为零，即

$$i_+ = i_- \approx 0 \tag{3-3}$$

式（3-3）说明，在线性工作区时，流入同相输入端和反相输入端的电流几乎为零，故称虚假断路，简称“虚断”。

4. 理想集成运放工作在非线性区的特点

1）当集成运放工作在开环状态或外接正反馈时，因为 A_{ud} 很大，只要有很小的输入电压，集成运放一定工作在非线性区。此时，集成运放输出电压有两种可能：正饱和电压 $+U_{om}$ 或负饱和电压 $-U_{om}$，即

当 $u_+ > u_-$ 时，有

$$u_o = +U_{om} \tag{3-4}$$

当 $u_+ < u_-$ 时，有

$$u_o = -U_{om} \tag{3-5}$$

2）因为 $r_{id} \to \infty$，所以理想集成运放的输入电流等于零，即 $i_+ = i_- = 0$。

另外，集成运放工作在非线性区时，$u_+ \neq u_-$，其输入电压 $u_{id} = u_+ - u_-$ 的大小取决于电路的实际输入电压及外接电路的参数。

综上所述，在分析集成运放电路时，首先应判断集成运放工作在线性区还是非线性区，再运用线性区或非线性区的特点对电路进行分析。

模块 3.2 集成运算放大器的线性应用与测试

集成运算放大器的线性应用电路主要有比例运算电路、加法运算电路、减法运算电路、微积分运算电路和乘法运算电路等。

任务 3.2.1 比例运算电路

1. 反相输入比例运算电路

反相输入比例运算电路如图 3-4 所示，输入信号 u_i 经过电阻 R_1 接到集成运放的反相端，R_f 为反馈电阻，接在输出端和反相输入端之间，同相输入端经电阻 R_2 接地，且 $R_2 = R_1 // R_f$，以保证运放处于平衡对称的工作状态，从而消除输入偏置电流及其温漂的影响。

根据“虚断”（$i_+ = i_- = 0$）和“虚短”（$u_+ = u_-$）的概念，则有 $u_+ = u_- = 0$，所以

$$i_1 = i_- + i_f = i_f$$

因为 $$i_1 = \frac{u_i - u_-}{R_1} = \frac{u_i}{R_1} \quad i_f = \frac{u_- - u_o}{R_f} = -\frac{u_o}{R_f}$$

所以 $$\frac{u_i}{R_1} = \frac{-u_o}{R_f}$$

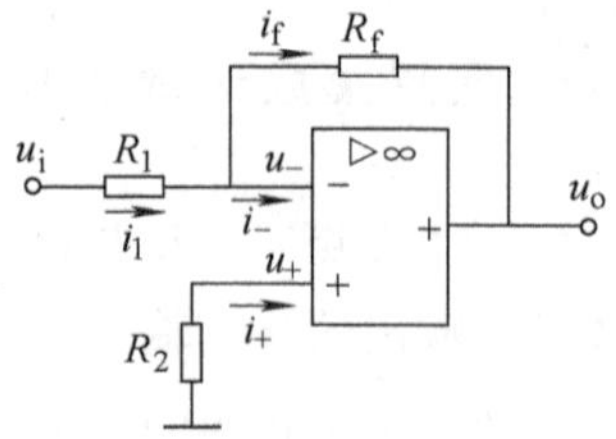

图 3-4 反相输入比例运算电路

即
$$u_o = -\frac{R_f}{R_1}u_i \tag{3-6}$$

或
$$A_{od} = -\frac{R_f}{R_1} \tag{3-7}$$

综上所述，反相输入比例运算电路的输出电压与输入电压成比例关系，且相位相反；反相输入端和同相输入端对地电压都接近于零。

当 $R_1 = R_f = R$ 时，$u_o = -u_i$，即输入电压与输出电压大小相等、相位相反，称为反相器。

2. 同相输入比例运算电路

同相输入比例运算电路如图3-5所示，输入信号 u_i 经过电阻 R_2 接到集成运放的同相端，反相端经电阻 R_1 接地，R_f 为反馈电阻，接在输出端和反相输入端之间。

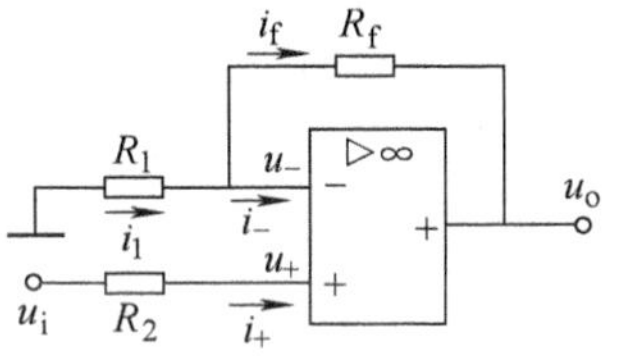

图3-5　同相输入比例运算电路

根据“虚断”（$i_+ = i_- = 0$）和“虚短”（$u_+ = u_-$）的概念，则有 $u_- = u_+ = u_i$，所以

$$i_1 = i_- + i_f = i_f$$

因为　$i_1 = \dfrac{u_- - 0}{R_1} = \dfrac{u_i}{R_1}$　$i_f = \dfrac{u_o - u_-}{R_f} = \dfrac{u_o - u_i}{R_f}$

所以
$$\frac{u_i}{R_1} = \frac{u_o - u_i}{R_f}$$

即
$$u_o = \left(1 + \frac{R_f}{R_1}\right)u_i \tag{3-8}$$

或
$$A_{od} = 1 + \frac{R_f}{R_1} \tag{3-9}$$

综上所述，同相输入比例运算电路的输出电压与输入电压相位相同，且比例系数大于1。

当 $R_1 \to \infty$ 或 $R_f = 0$ 时，如图3-6所示，$u_o = u_i$，即输入电压与输出电压大小相等、相位相同，称为电压跟随器。

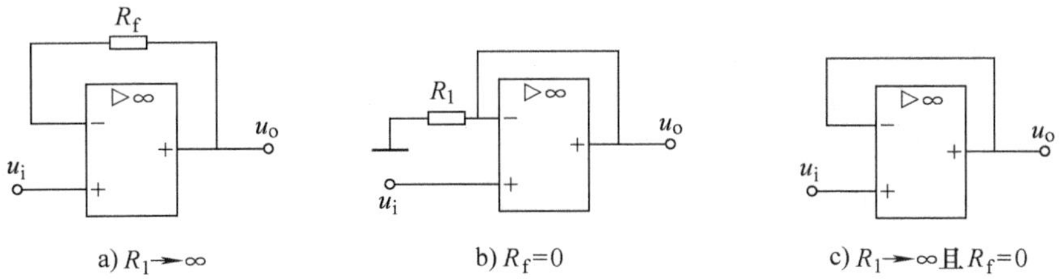

图3-6　电压跟随器

任务3.2.2　加法运算电路

在某些电路中，需要将多个采样信号按一定的比例叠加起来后输入到电路的输入端，这就是加法运算电路，如图3-7所示。同相输入端电阻 R' 是平衡电阻，且

$$R' = R_1 /\!/ R_2 /\!/ \cdots /\!/ R_n /\!/ R_f \tag{3-10}$$

根据“虚断”的概念可知，$u_- = u_+ = 0$，又由“虚短”的概念可得

$$i_i = i_f$$

式中，$i_i = i_1 + i_2 + \cdots + i_n = \dfrac{u_{i1}}{R_1} + \dfrac{u_{i2}}{R_2} + \cdots + \dfrac{u_{in}}{R_n}$；$i_f = \dfrac{-u_o}{R_f}$。

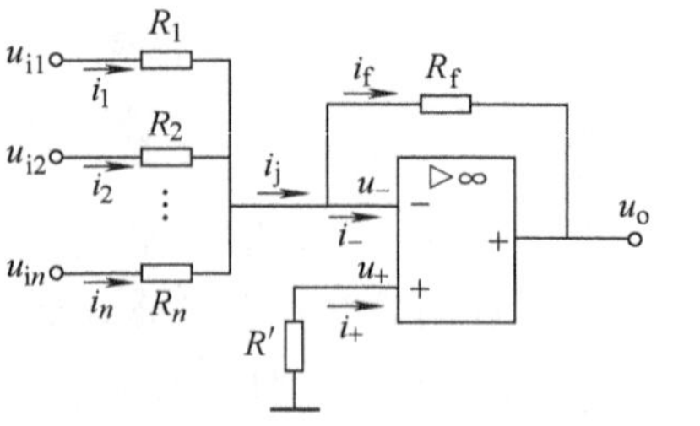

图 3-7　加法运算电路

所以
$$u_o = -\left(\frac{R_f}{R_1}u_{i1} + \frac{R_f}{R_2}u_{i2} + \cdots + \frac{R_f}{R_n}u_{in}\right) \tag{3-11}$$

当 $R_1 = R_2 = \cdots = R_n = R_f$ 时，则 $u_o = -(u_{i1} + u_{i2} + \cdots + u_{in})$。

例 3-1　试写出图 3-8 所示电路输出电压的表达式。已知 $u_1 = 4\text{V}$，$u_2 = 10\text{V}$，$u_3 = 5\text{V}$，$R_{f1} = R_{f2} = 50\text{k}\Omega$，$R_1 = R_2 = 10\text{k}\Omega$，$R_3 = 20\text{k}\Omega$，$R_4 = 50\text{k}\Omega$。

解：此电路由两级集成运放构成。由图可知 A_1 为一反相输入比例运算电路，则

$$u_{o1} = -\frac{R_{f1}}{R_1}u_1 = -\frac{50}{10}\times 4\text{V} = -20\text{V}$$

A_2 为加法运算电路，则

$$u_o = -\left(\frac{R_{f2}}{R_2}u_2 + \frac{R_{f2}}{R_3}u_{o1} + \frac{R_{f2}}{R_4}u_3\right)$$

$$= -\left(\frac{50}{10}\times 10 - \frac{50}{20}\times 20 + \frac{50}{50}\times 5\right)\text{V} = -5\text{V}$$

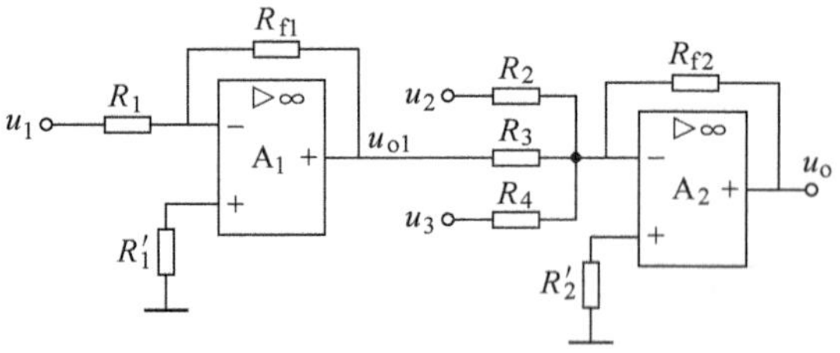

图 3-8　例 3-1 图

例 3-2　试完成实现 $u_o = 5u_1 + 2u_2$ 的运算电路。

解：此式是两个输入信号的求和方式，需要用一个加法电路 A_1 和一个反相电路 A_2 实现。

（1）A_1 比例系数的确定：

$$\frac{R_{f1}}{R_1} = 5 \quad \frac{R_{f1}}{R_2} = 2$$

为保证输入电阻足够大，取 $R_{f1} = 50\text{k}\Omega$，则 $R_1 = 10\text{k}\Omega$，$R_2 = 25\text{k}\Omega$，平衡电阻为

$$R_1' = R_1 /\!/ R_2 /\!/ R_f = 50 /\!/ 10 /\!/ 25\text{k}\Omega = 6.25\text{k}\Omega$$

（2）A_2 比例系数的确定：

为保证输入电阻足够大，取 $R_{f2} = 10\text{k}\Omega$，平衡电阻为

$$R_2' = R_{f2} /\!/ R_{f2} = 10 /\!/ 10\text{k}\Omega = 5\text{k}\Omega$$

（3）画出电路图，如图 3-9 所示。

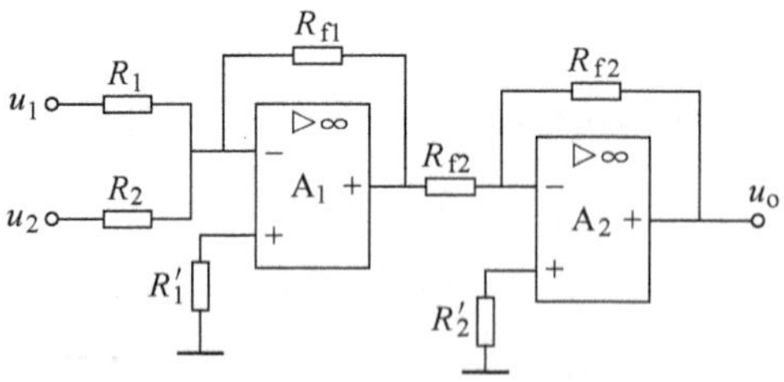

图 3-9　例 3-2 图

任务 3.2.3　减法运算电路

减法运算电路如图 3-10a 所示。

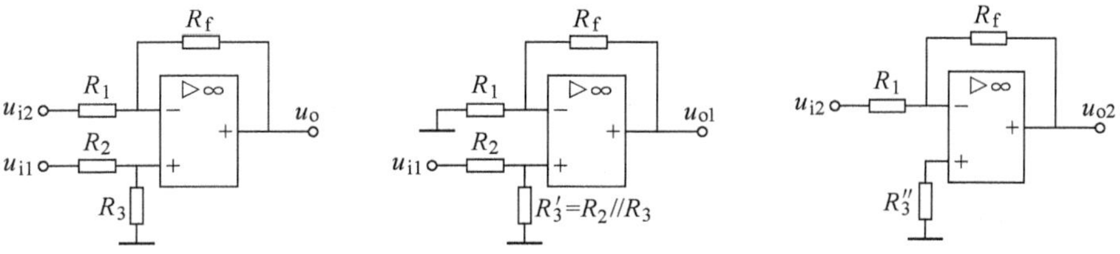

a) 减法运算电路　b) u_{i1} 单独作用　c) u_{i2} 单独作用

图 3-10　减法运算电路

根据叠加定理，先令 u_{i1} 单独作用（即 $u_{i2}=0$），如图 3-10b 所示，电路为同相输入比例运算电路，则同相输入端电压为

$$u_+ = \frac{R_3}{R_2+R_3}u_{i1}$$

输出电压为

$$u_{o1} = \left(1+\frac{R_f}{R_1}\right)\frac{R_3}{R_2+R_3}u_{i1}$$

再令 u_{i2} 单独作用（即 $u_{i1}=0$），如图 3-10c 所示，电路为反相输入比例运算电路，则输出电压为

$$u_{o2} = -\frac{R_f}{R_1}u_{i2}$$

所以

$$u_o = u_{o1}+u_{o2} = \left(1+\frac{R_f}{R_1}\right)\frac{R_3}{R_2+R_3}u_{i1} - \frac{R_f}{R_1}u_{i2} \tag{3-12}$$

当 $R_1=R_2=R_3=R_f=R$ 时，$u_o=u_{i1}-u_{i2}$。

任务 3.2.4　微积分运算电路

1. 积分运算电路

积分运算电路如图 3-11a 所示。由“虚短”和“虚断”的概念可知，$i_+=i_-=0$，$u_+=u_-=0$，则有

$$i_C = i_1 = \frac{u_i}{R}$$

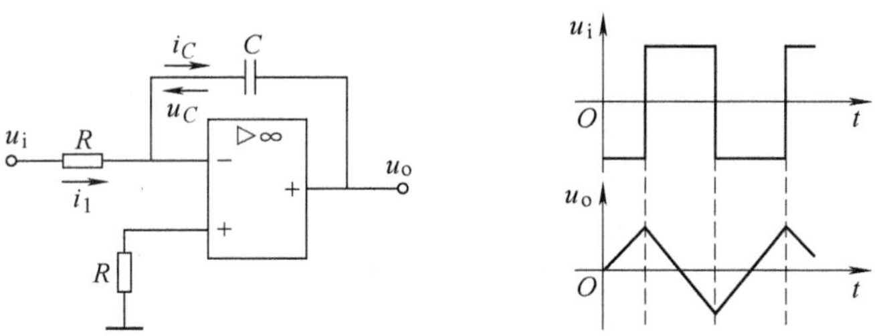

a) 积分运算电路　b) 输入输出波形

图 3-11　积分运算电路及输入输出波形

则输出电压为

$$u_o = -u_C = -\frac{1}{C}\int i_C \mathrm{d}t = -\frac{1}{C}\int \frac{u_i}{R}\mathrm{d}t = -\frac{1}{RC}\int u_i \mathrm{d}t \tag{3-13}$$

综上所述，输出电压为输入电压对时间的积分，且相位相反。

积分电路可对输入波形进行变换，图 3-11b 所示为积分电路将矩形波变为三角波形。

2. 微分运算电路

微分运算电路如图 3-12a 所示。由“虚短”和“虚断”的概念可知，$i_+ = i_- = 0$，$u_+ = u_- = 0$，则有

$$i_C = i_1 = -\frac{u_o}{R}$$

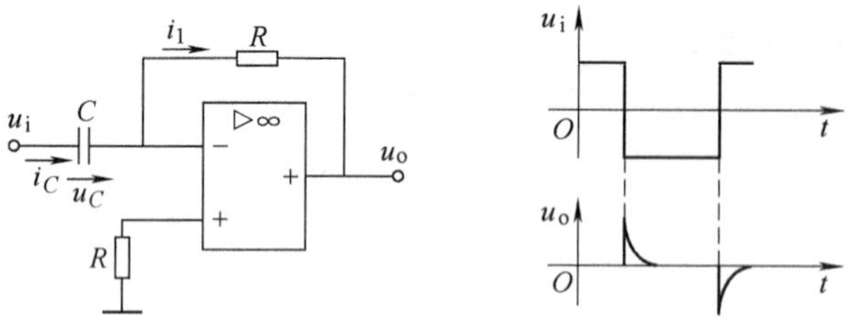

a) 微分运算电路　　b) 输入输出波形

图 3-12　微分运算电路及输入输出波形

输出电压为

$$u_o = -i_C R = -RC\frac{\mathrm{d}u_C}{\mathrm{d}t} \tag{3-14}$$

综上所述，输出电压为输入电压对时间的微分，且相位相反。

微分电路可对输入波形进行变换，图 3-12b 所示为微分电路将矩形波变为尖脉冲波形。

模块 3.3　集成运算放大器的非线性应用与测试

集成运算放大器的非线性应用之一是电压比较器，它是对两个输入信号的电压进行比较，并输出高电平电压或低电平电压，它可分为单门限电压比较器和滞回电压比较器两种。

任务 3.3.1　单门限电压比较器

单门限电压比较器又称电平检测器，主要用于检测输入信号电压是否大于或小于某一特定值。根据输入方式的不同，可分为反相输入式和同相输入式两种。

反相输入式单门限电压比较器的电路及其电压传输特性如图 3-13a 所示。当输入电压 $u_i > U_{REF}$时，$u_o = -U_{om}$；当输入电压 $u_i < U_{REF}$时，$u_o = +U_{om}$。比较器的输出电压从一个电平翻转到另一个电平时对应的输入电压值称为阈值电压或门限电压，用 U_{th}表示。若需要当 $u_i > U_{REF}$时，$u_o = +U_{om}$，则将 u_i 与 U_{REF}对调即为同相输入式单门限电压比较器，其电路及其电压传输特性如图 3-13b 所示。

把阈值电压为零的电压比较器称为过零电压比较器，其电路及其电压传输特性如图 3-13c、d 所示。过零电压比较器可将正弦波转化成方波，如图 3-14 所示。

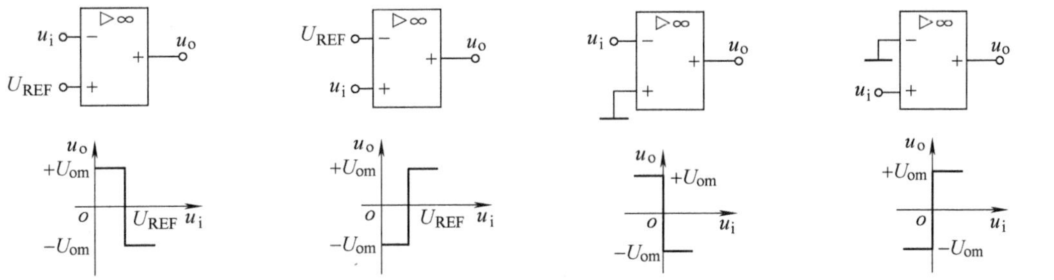

a) 反相输入式单门限电压比较器及其电压传输特性　b) 同相输入式单门限电压比较器及其电压传输特性　c) 反相输入式过零电压比较器及其电压传输特性　d) 同相输入式过零电压比较器及其电压传输特性

图 3-13　单门限电压比较器的电路及其电压传输特性

任务 3.3.2　滞回电压比较器

在实际应用中，如果测得的信号存在外界干扰，即在正弦波上叠加了高频干扰信号，过零电压比较器就容易出现多次的误翻转。解决的方法是采用滞回电压比较器。

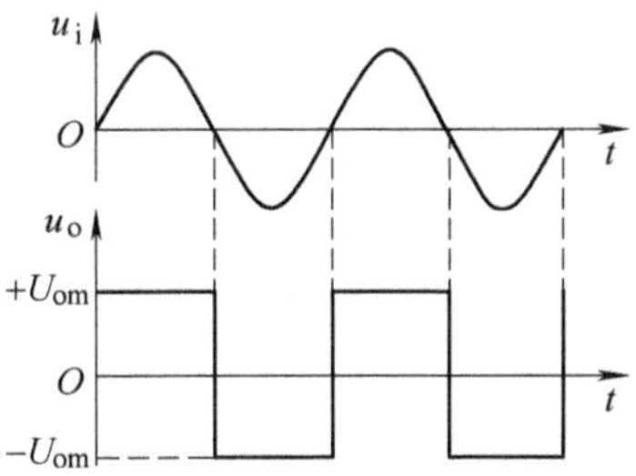

图 3-14　将正弦波转化成方波的过零电压比较器

滞回电压比较器是从输出引一个电阻分压支路到同相输入端，电路如图 3-15a 所示。由于集成运放工作在非线性区，所以它的输出有两种状态：正向饱和电压 $+U_{om}$ 和负向饱和电压 $-U_{om}$，因此集成运放同相输入端的电压 u_+ 也有两个。

将集成运放输出为正饱和电压 $+U_{om}$ 时的同相输入端的电压称为上门限电平，用 U_{th1} 表示，则

$$U_{th1} = u_+ = \frac{R_f}{R_f + R_2}U_{REF} + \frac{R_2}{R_f + R_2}U_{om} \tag{3-15}$$

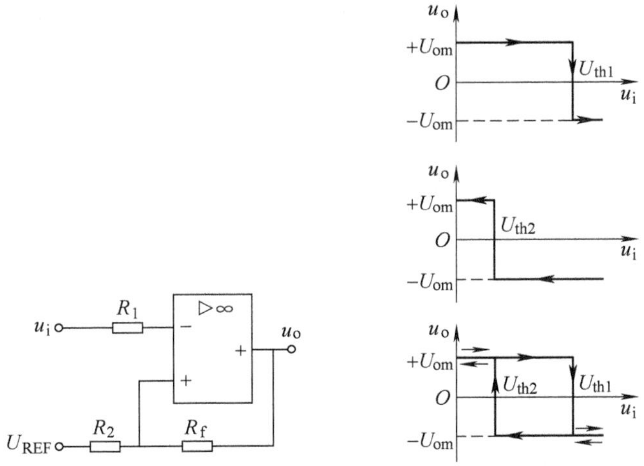

a) 电路　b) 传输特性

图 3-15　滞回电压比较器电路及其传输特性

将集成运放输出为负饱和电压 $-U_{om}$ 时的同相输入端的电压称为下门限电平，用 U_{th2} 表示，则

$$U_{th2}=u_{+}=\frac{R_f}{R_f+R_2}U_{REF}-\frac{R_2}{R_f+R_2}U_{om} \tag{3-16}$$

滞回电压比较器的传输特性如图 3-15b 所示，当输入信号 u_i 从零开始增加时，电路输出为正饱和电压 $+U_{om}$，集成运放同相输入端电压为 U_{th1}。当 u_i 逐渐增加并超过 U_{th1} 时，电路翻转，输出电压变为负饱和电压 $-U_{om}$，此时同相输入端电压变为 U_{th2}。u_i 继续增加时，输出电压保持 $-U_{om}$ 不变。

若 u_i 从最大值下降到上门限电平 U_{th1} 时，输出电压保持不变。当 u_i 下降到小于下门限电平 U_{th2} 时，电路翻转，输出电压变为 $+U_{om}$。

把上门限电平 U_{th1} 与下门限电平 U_{th2} 之差称为回差电压，用 ΔU_{th} 表示，则

$$\Delta U_{th}=U_{th1}-U_{th2}=2U_{om}\frac{R_2}{R_f+R_2} \tag{3-17}$$

模块 3.4　集成运算放大器在实际中的应用

理想集成运放在运用时只需在外围加上几个元器件就可到达高性能和高精度。但在实际中，集成运放并非理想元件，所以在实际应用中还要有附加电路。

任务 3.4.1　集成运放的调零电路

为了提高集成运放的精度，消除误差，需要对集成运放进行调零。调零的方法有两类，一类是内调零，即在集成电路上设有外接调零电路引线，如图 3-16 所示。

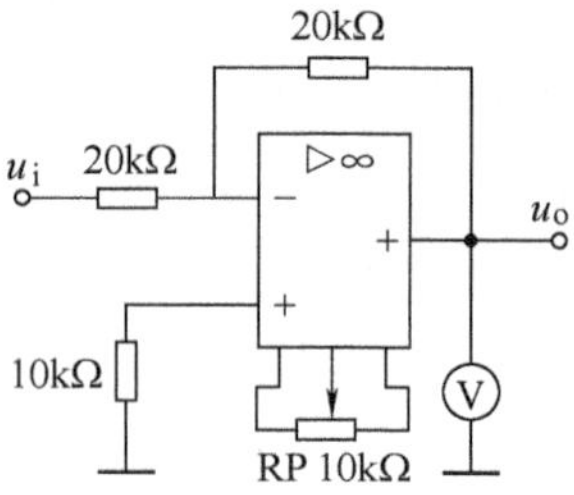

图 3-16　内调零电路

另一类是外调零，即集成运放没有内调零电路，而是在集成运放的输入端加一个补偿电压，用于抵消集成运放本身的失调电压，从而达到调零的目的。常用的外调零电路如图 3-17 所示。

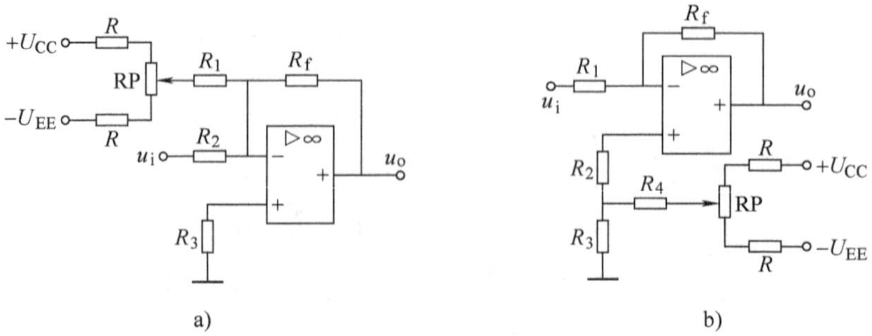

图 3-17　外调零电路

任务 3.4.2　集成运放的保护电路

1. 输入端保护电路

当输入端所加电压过高时会造成集成运放的损坏，所以在输入端加入两个反向并联的二极管，以限制过高的输入电压，如图 3-18 所示。

2. 输出端保护电路

为了防止输出端电压过高，可将两个稳压管反向串联实现，如图 3-19 所示。

3. 电源保护电路

为了防止正负电源接反，可用二极管实现，如图 3-20 所示。

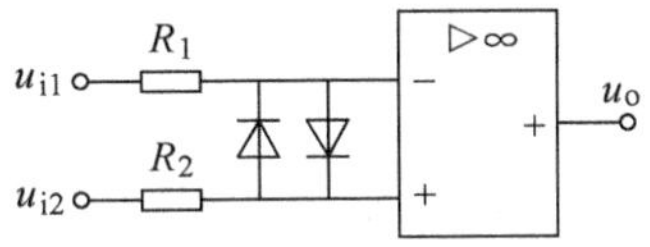

图 3-18　输入端保护电路

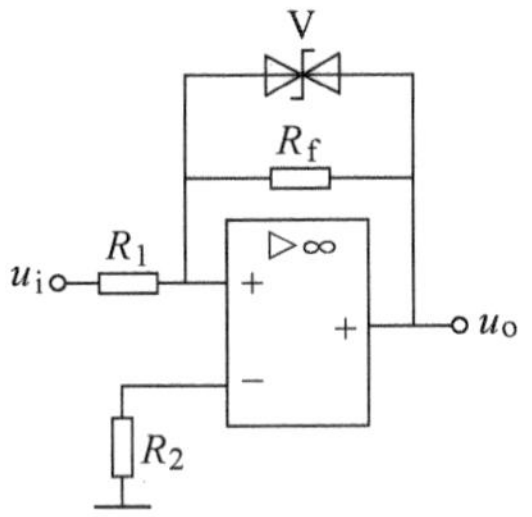

图 3-19　输出端保护电路

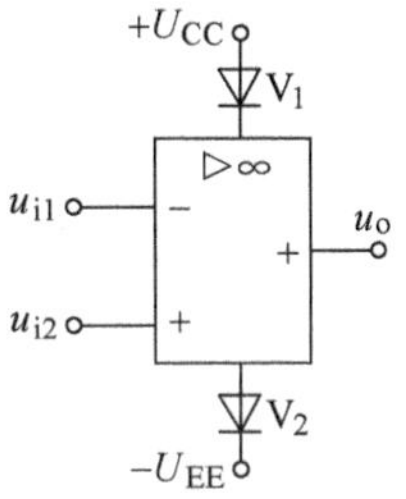

图 3-20　电源保护电路

4. 消除自激电路

自激的存在使集成运放工作不稳定，解决的方法是在集成运放的正、负电源端与地之间并联几十微法与 0.01 ~0.1μF 的电容，或在反馈电阻上并联电容，如图 3-21 所示。

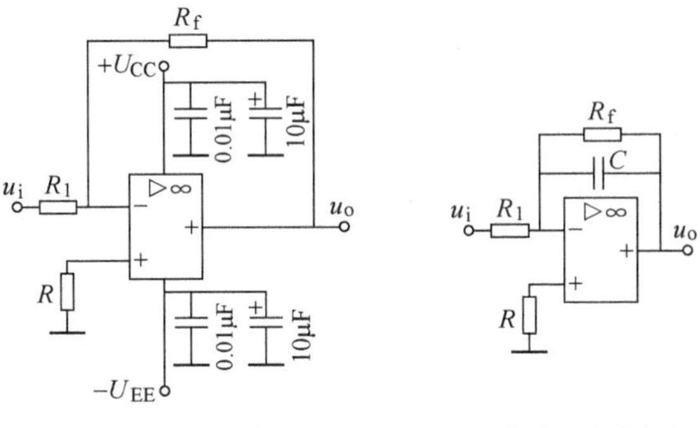

a) 电源端子上接电容　　b) 反馈电阻上接电容

图 3-21　消除自激电路

模块 3.5　综合技能训练

任务 3.5.1　反相比例运算放大器的测试

一、训练目的

1）测量反相比例运算放大器的电压增益，并比较测量值与计算值。

2）测定反相比例放大器输出与输入电压波形之间的相位差。

二、训练仪器及设备

1）信号发生器　　1 台

2）示波器　　1 台

3）运算放大器　　1 个

4）电阻：1kΩ、100kΩ　　各 2 个

10kΩ　　1 个

三、训练原理

反相比例运算电路如图 3-22 所示，将输入端和输出端分别接到示波器的两个通道上，即可测出输出峰值电压 U_{oP}和输入峰值电压 U_{iP}。反相比例运算放大器的电压放大倍数就为峰值输出电压 U_{oP}和峰值输入电压 U_{iP}之比，即

$$A_u = \frac{U_{oP}}{U_{iP}}$$

电压放大倍数也可通过电路元件求得，即

$$A_u = -\frac{R_f}{R_1}$$

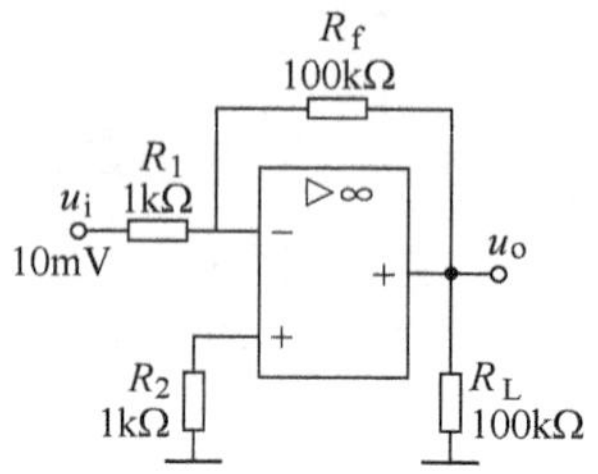

图 3-22　反相比例运算电路

四、训练内容和步骤

1）建立图 3-22 所示的反相比例运算放大器实验电路，输入电压的有效值 $U_i = 10mV$。接通电源，在示波器上读取输入峰值电压 U_{iP}和输出峰值电压 U_{oP}，同时读取输出与输入正弦电压波形之间的相位差，填入表 3-2 中。

表 3-2　反相比例运算电路的测定

R_f	信号发生器幅值	测量值			计算值	输入输出波形
		U_{iP}	U_{oP}	$A_u = \frac{U_{oP}}{U_{iP}}$	$A_u = -\frac{R_f}{R_1}$	
100kΩ	50mV					
10kΩ	100mV					

2）根据电压测量值计算放大器的闭环电压增益 A_u，填入表 3-2 中。

3）将反馈电阻 R_f 由 100kΩ 改为 10kΩ，信号发生器的幅值改为 100mV，再次读取输入峰值电压 U_{iP}和输出峰值电压 U_{oP}。重新计算放大器的数值，填入表 3-2 中。

五、思考题

1）将电压增益的计算值与测量值比较，情况如何？

2）输出和输入波形相位如何？

3）反馈电阻的变化对放大器的电压放大倍数有何影响？

任务 3.5.2　加法电路的测试

一、训练目的

1）熟悉运放加法电路的工作原理。

2）分析直流输入加法器。

3）分析交直流输入加法器。

4）分析交流输入加法器。

二、训练仪器及设备

1）信号发生器	1 台
2）示波器	1 台
3）电流表	4 块
4）直流电源	2 个
5）数字万用表（或电压表）	1 块
6）运算放大器	1 个
7）电阻：5kΩ	3 个
10kΩ	1 个

三、训练原理

根据输入电压种类的不同，加法电路有直流电压输入加法电路、交直流电压输入加法电路和交流电压输入加法电路，电路图分别如图 3-23、图 3-24 和图 3-25 所示。

集成运放的反相输入端接地，所以输入电流为

$$I_1=\frac{U_1}{R_1}\quad I_2=\frac{U_2}{R_2}$$

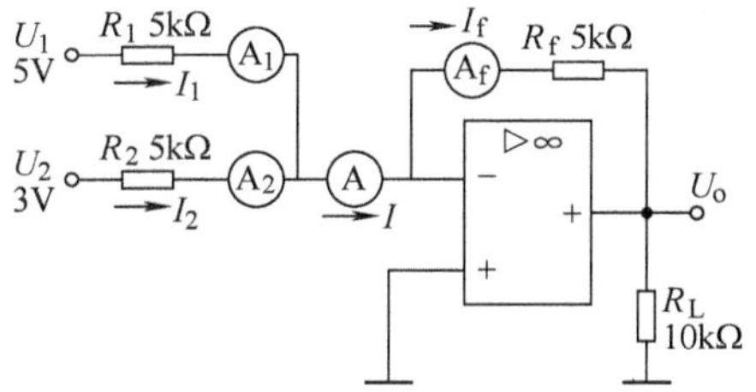

图 3-23　直流电压输入加法电路

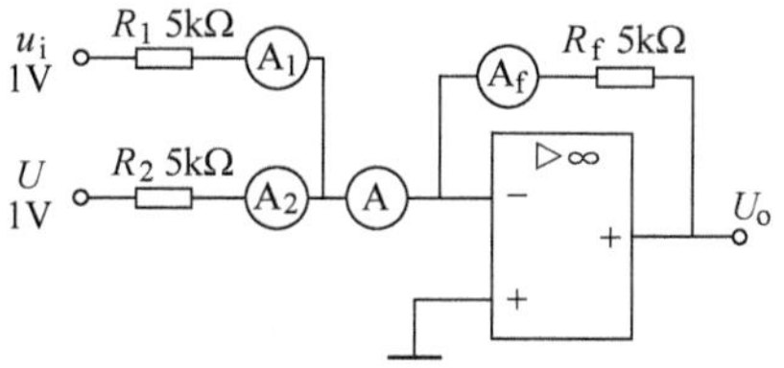

图 3-24　交直流电压输入加法电路

根据基尔霍夫定律，由图 3-23 可知，总电流为

$$I=I_1+I_2$$

又因为集成运放的输入电阻很大，所以反馈电流为

$$I_f\approx I=I_1+I_2$$

由于集成运放反相输入端接地，所以加法器的输出电压 U_o 为反馈电阻 R_f 两端电压的负值，即

$$U_o=-I_fR_f=-(I_1+I_2)R_f=-\left(\frac{U_1}{R_1}+\frac{U_2}{R_2}\right)R_f=-\frac{R_f}{R}(U_1+U_2) \tag{3-18}$$

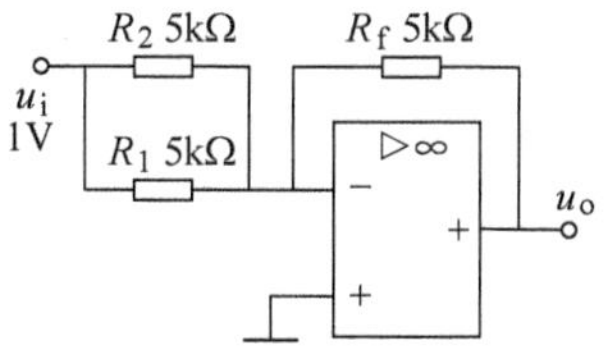

图 3-25　交流电压输入加法电路

式中，$R_1=R_2=R$。

交直流电压输入加法电路和交流电压输入加法电路的输出电压与式（3-18）类似。

四、训练内容和步骤

1. 直流电压输入加法电路

1）建立图 3-23 所示的实验电路。接通电源，测量 I_1、I_2、I、I_f、U_1、U_2 及 U_o，填入

表 3-3 中。

2）根据电路元件值，计算 I_1、I_2、I、I_f 及 U_o，填入表 3-3 中。

表 3-3　直流电压输入加法电路

测量值	I_1	I_2	I	I_f	U_1	U_2	U_o
计算值	$I_1=\frac{U_1}{R_1}$	$I_2=\frac{U_2}{R_2}$	$I_f \approx I = I_1 + I_2$		$U_o = -\frac{R_f}{R_1}(U_1+U_2)$		

2. 交直流电压输入加法电路

1）建立图 3-24 所示的实验电路，交流电源电压的有效值 $U_i = 1V$。接通电源，观察示波器中的波形，画出输入和输出波形于表 3-4 中。

2）根据电路元件值，计算输出电压 u_o，填入表 3-4 中。

3）将电阻 R_2 改为 2. 5kΩ，接通电源，重复上述过程，结果填入表 3-4 中。

表 3-4　交直流电压输入加法电路

R_2	输入和输出波形	测量值			计算值
		u_i	U	$u_o=\frac{U}{u_i}$	$u_o=-\frac{R_f}{R_1}(u_i+U)$
5Ω					
2. 5Ω					

3. 交流电压输入加法电路

1）建立图 3-25 所示的实验电路，交流电源电压的有效值 $U_i = 1V$。接通电源，观察示波器中的波形，画出输入和输出波形，并在曲线图中标明输入和输出峰值电压，填入表 3-5 中。

2）根据电路元件值，计算输出电压 U_o，填入表 3-5 中。

表 3-5　交流电压输入加法电路

输入和输出波形	测量值		计算值
	u_i	u_o	$u_o=-\frac{R_f}{R_1}(u_{i1}+u_{i2})$

五、思考题

1）将电流 I_1、I_2、I、I_f 的测量值与计算值比较，情况如何？

2）将输出电压的测量值与计算值比较，情况如何？为什么输出电压的值为负值？

任务 3. 5. 3　微积分电路的测试

一、训练目的

1）熟悉微积分电路的运算功能。

2）研究输入电压、电阻、电容的变化对微积分电路输出的影响。

二、训练仪器及设备

1）信号发生器	1 台
2）运算放大器	1 个
3）示波器	1 台
4）电容：0.01μF、0.02μF、0.05μF、0.1μF	各一个
5）电阻：500Ω、5kΩ、10kΩ、100kΩ	各一个

三、训练原理

1. 积分电路

积分电路如图 3-26 所示，输出电压对时间的变化率与输入阶跃电压的负值成正比，与积分时间常数成反比，即

$$\frac{\Delta U_o}{\Delta t} = -\frac{U_i}{RC}$$

式中，RC 是积分时间常数；U_i 是输入电压。

2. 微分电路

微分电路如图 3-27 所示，输出电压 U_o 与输入电压对时间的变化率的负值成正比，与微分时间常数成正比，即

$$U_o = -R_f C \frac{\Delta U_i}{\Delta t}$$

电阻 R 的重要作用是防止运放产生自激振荡。

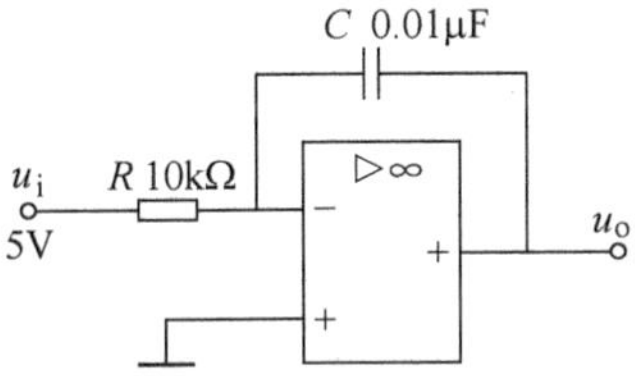

图 3-26　积分电路

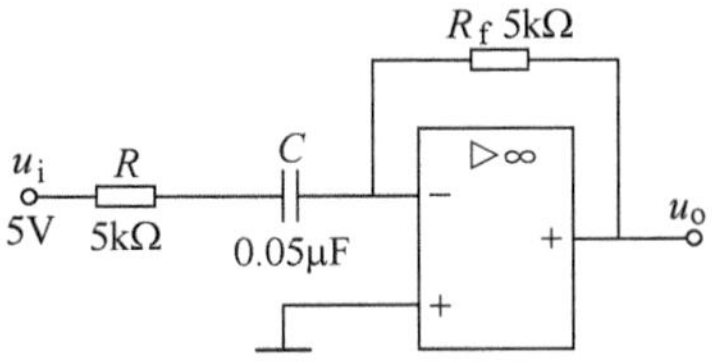

图 3-27　微分电路

四、训练内容和步骤

1. 积分电路的测试

1）建立图 3-26 所示的积分电路，输入电压的有效值 U_i = 5V，电容 C = 0.01μF，接通电源，等电路达到稳定后，画出输入和输出电压波形图，填入表 3-6 中。

表 3-6　积分电路波形的测试

电压	波形图	电压	波形图
u_i	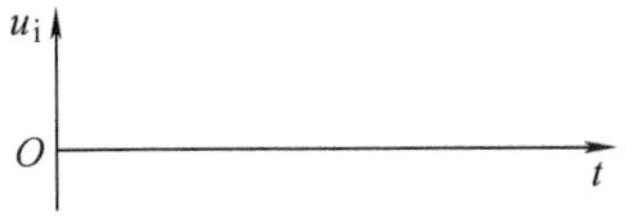	u_o	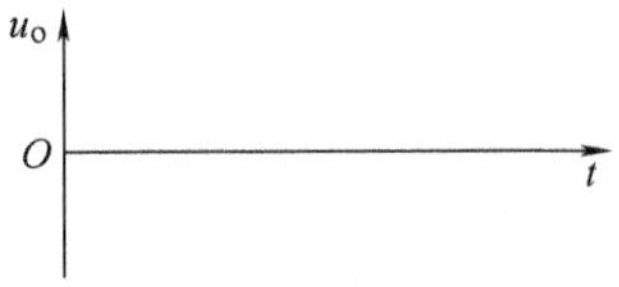

2）同时，记录输入及输出电压变化率，填入表 3-7 中。

表 3-7　积分电路的测试

电容 C/μF	电阻 R/kΩ	输入电压的幅值 U_i/V	输出电压变化率 $\frac{\Delta U_o}{\Delta t}$/(V/ms)	
			测量值	计算值
0.01	10	5		
		2		
	5	5		
		2		
0.02	10	5		
		2		
	5	5		
		2		

3）根据电路元件值及输入电压，计算输出电压变化率，结果填入表 3-7 中。

4）将输入信号的幅值改为 2V，记录输入及输出电压变化率，并计算输出电压变化率，结果填入表 3-7 中。

5）将 R 由 10kΩ 改为 5kΩ，输入信号的幅值分别为 5V 和 2V，记录输入及输出电压变化率，并计算输出电压变化率，结果填入表 3-7 中。

6）将电容 C 改为 0.02μF，重复上述过程，填入表 3-7 中。

2. 微分电路的测试

1）建立图 3-27 所示的微分电路，电源的频率为 1kHz，其他参数按图所设，接通电源，等电路达到稳定后，画出输入和输出电压波形图，填入表 3-8 中。

表 3-8　微分电路波形的测试

电压	波形图	电压	波形图
u_i	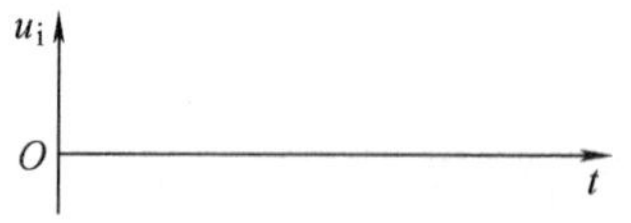	u_o	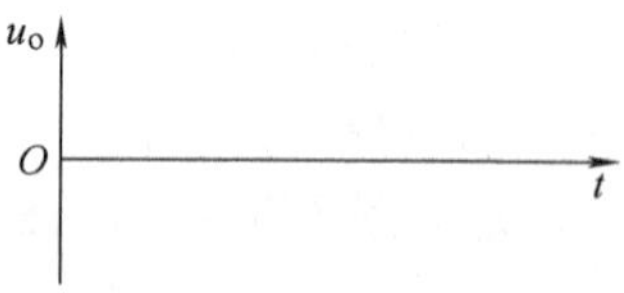

2）同时，记录输入及输出电压变化率，并计算输出电压的变化量，填入表 3-9 中。

3）将反馈电阻 R_f 改为 10kΩ，再次记录输入及输出电压变化率，并计算输出电压的变化量，填入表 3-9 中。

4）将电容 C 改为 0.1μF，反馈电阻 R_f 分别为 5kΩ 和 10kΩ，重复上述过程。

5）将电源频率改为 2kHz，重复上述过程。

表 3-9　微分电路的测试

电源频率/kHz	电容 C/μF	反馈电阻 R_f/kΩ	输出电压变化率 $\frac{\Delta U_o}{\Delta t}$/(V/ms)	
			测量值	计算值
1	0.05	5		
		10		
	0.1	5		
		10		
2	0.05	5		
		10		
	0.1	5		
		10		

五、思考题

1）将积分电路输出电压变化率的计算值与测量值比较，情况如何？

2）积分电路的输出电压变化率是由什么决定的？

3）为什么积分电路的输出电压变化率为负值？

4）将微分电路输出电压 U_o 的计算值与测量值进行比较，情况如何？

5）微分电路输出电压 U_o 是由什么决定的？

6）为什么微分电路的输出电压为负值？

任务 3.5.4　电压比较器电路的测试

一、训练目的

1）熟悉过零电压比较器的工作情况。

2）熟悉滞回电压比较器的工作情况。

二、训练仪器及设备

1）信号发生器　　1 台

2）比较器　　1 个

3）示波器　　1 台

4）电阻：50kΩ　　1 个

100kΩ　　2 个

三、训练原理

1. 过零电压比较器

过零电压比较器电路如图 3-28 所示，反向输入端接幅值为 5V 的正弦交流电源，同相输入端接地。

2. 滞回电压比较器

滞回电压比较器电路如图 3-29 所示，当电路输出高电平 $+U_{om}$ 时，上门限电平为

$$U_{th1} = \frac{R}{R_L + R}U_{om}$$

当电路输出低电平 $-U_{om}$时，下门限电平为

$$U_{th2} = -\frac{R}{R_L + R}U_{om}$$

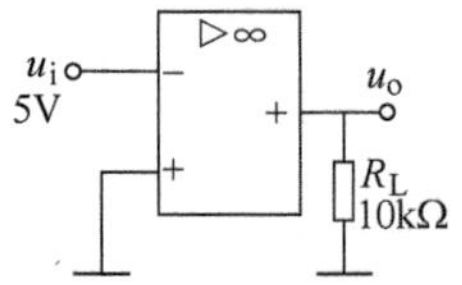

图 3-28　过零电压比较器电路

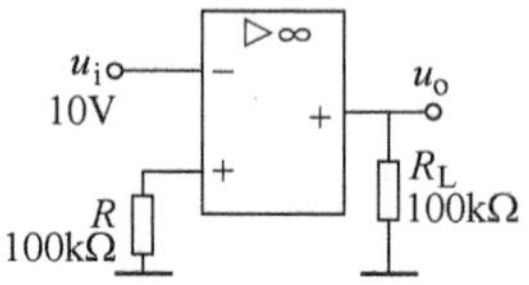

图 3-29　滞回电压比较器电路

四、训练内容和步骤

1. 过零电压比较器

建立图 3-28 所示的电路，输入信号的幅值为 5V。接通电源，观察波形，并画出输入和输出电压的波形，并标出转换电压的数值，填入表 3-10 中。

表 3-10　过零电压比较器的测试

比较器	电压	波形图
过零电压比较器	输入电压 u_i	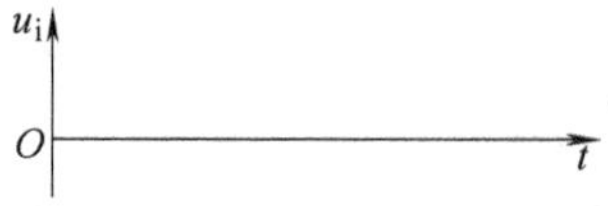
	输出电压 u_o	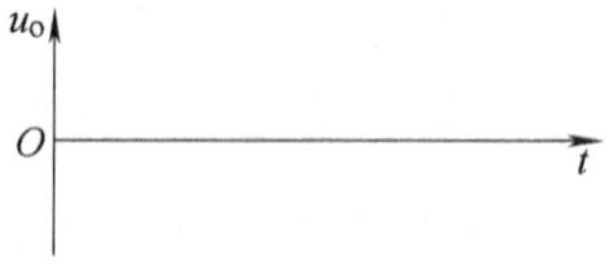
滞回电压比较器	输入电压 u_i	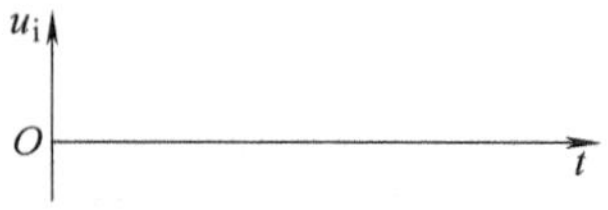
	输出电压 u_o	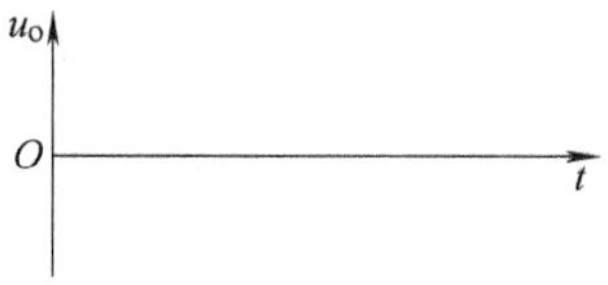

2. 滞回电压比较器

建立图 3-29 所示的电路，输入信号的幅值为 10V。接通电源，观察波形，并画出输入和输出电压的波形，并标出上下门限的数值，填入表 3-10 中。

五、思考题

1）过零电压比较器输入为正弦波时，输出什么波形的电压？

2）滞回电压比较器上下门限转换电平的计算值和测量值比较，有什么不同？

3）滞回电压比较器与一般的比较器有何不同？

4）如果滞回电压比较器的最大输出电压 U_{om} 为 15V 和 −15V，试根据元件的数值计算上下门限的电平 U_{th1} 和 U_{th2}。

练习与思考题

3.1　设计一个放大电路，要求输入电阻大于30kΩ，电压放大倍数为-50。

3.2　设计一个电路，要求满足 $u_o=7u_1-6u_2-3u_3+5u_4$，并要求采用反相输入方式。

3.3　理想放大电路如图3-30所示，已知 $R_1=50\text{k}\Omega$、$R_2=25\text{k}\Omega$、$R_3=30\text{k}\Omega$、$u_i=0.1\text{V}$，试计算输出电压 u_o 的值。

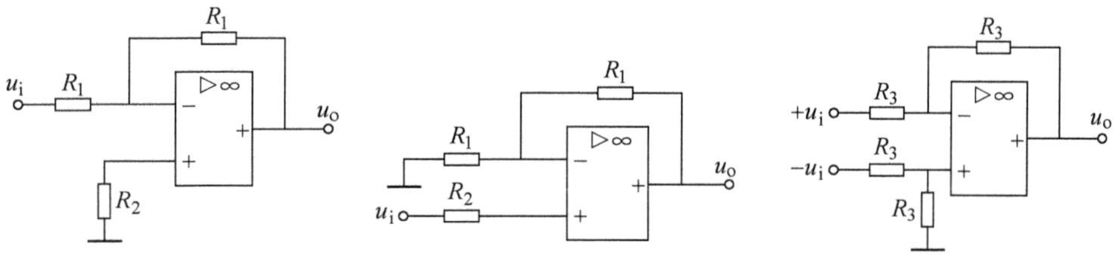

a)　　b)　　c)

图　3-30

3.4　求图3-31中的输出电压 u_o。

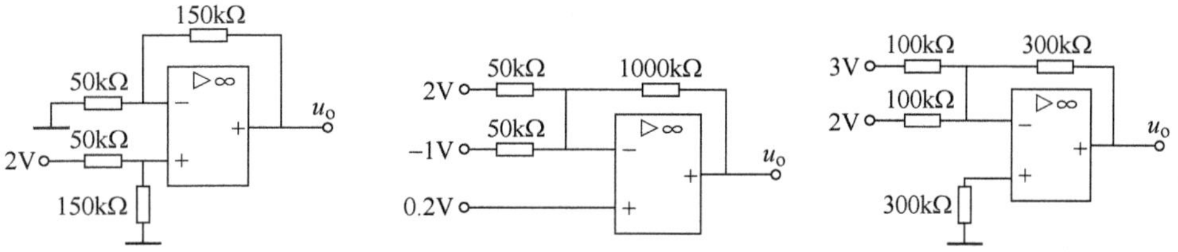

a)　　b)　　c)

图　3-31

3.5　求图3-32所示的集成运放电路在以下三种情况下的电压放大倍数。

（1）S_1、S_2 均断开；（2）S_1 闭合，S_2 断开；（3）S_1、S_2 均闭合。

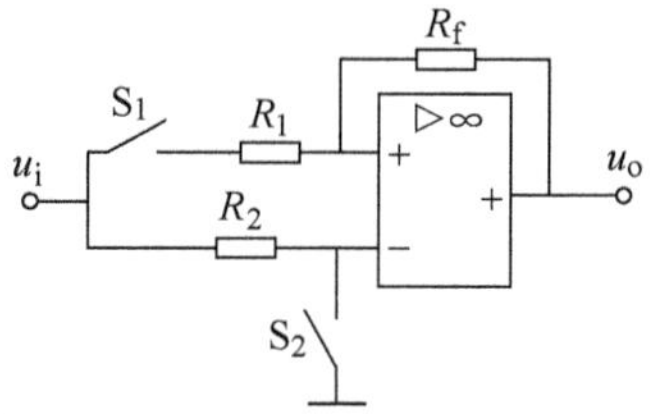

图　3-32

3.6　积分和微分电路如图3-33a、b所示，已知输入电压的波形如图3-33c所示，当 $t=0$ 时，$u_C=0$，试分别画出输出电压的波形。

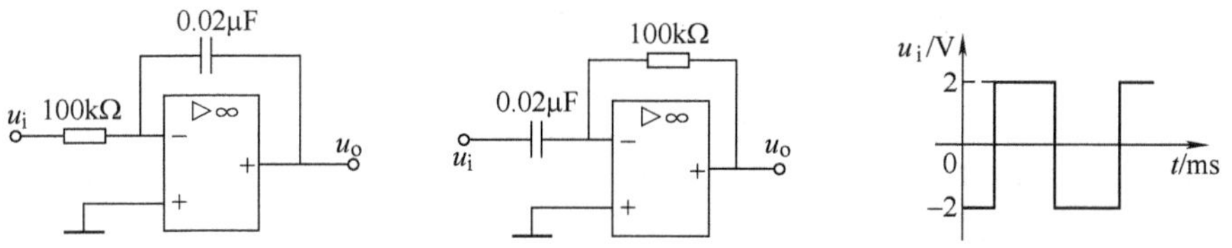

a)　　b)　　c)

图　3-33

3.7　电路如图 3-34a 所示，已知输入电压的波形如图 3-34b 所示，试画出输出电压的波形。

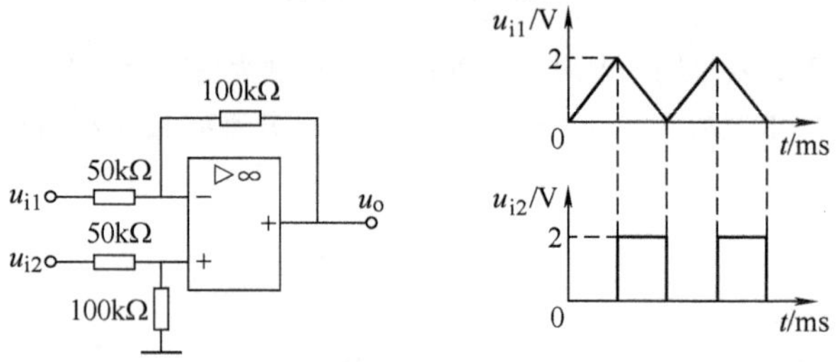

a)　　b)

图　3-34

3.8　求图 3-35 所示电路的 u_{o1}、u_{o2}、u_o 的数值。

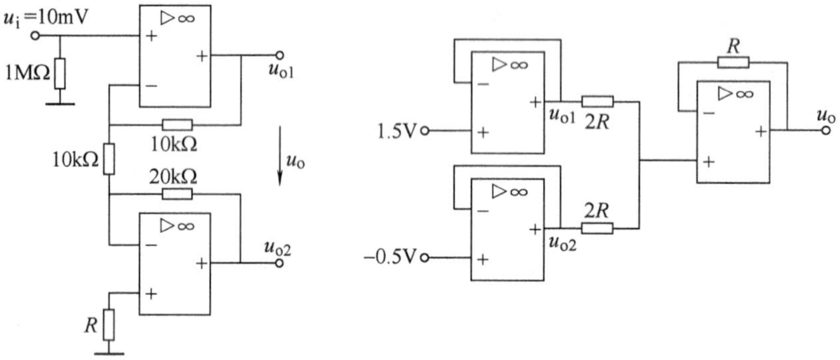

a)　　b)

图　3-35

3.9　如图 3-36 所示的积分电路，设 $t=0$ 时，$u_C=0$，求 u_o 从零变化到 -10V 所需要的时间。

3.10　若上题中的输入信号 u_i 为一方波，如图 3-37 所示，试画出输出电压 u_o 的波形。

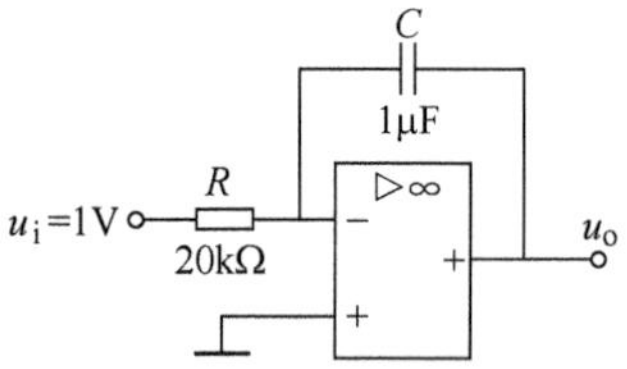

图　3-36

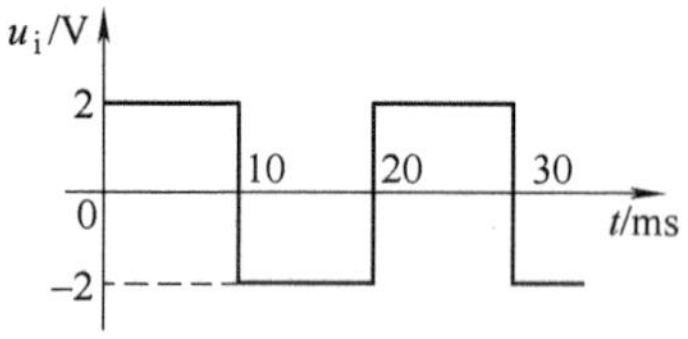

图　3-37

3.11　试画出图 3-38 所示电路的传输特性曲线。

3.12　试画出图 3-39 所示电路的传输特性曲线。

3.13　试画出图 3-40 所示电路的传输特性曲线。

3.14　电路如图 3-41a 所示，输入波形如图 3-41b 所示，已知集成运放的 $U_{OH}=6$V，$U_{OL}=-3$V，试画出输出波形。

3.15　电路如图 3-42a 所示，输入波形如图 3-42b 所示，已知集成运放的 $U_{OPP}=\pm10$V，试画出输出波形。

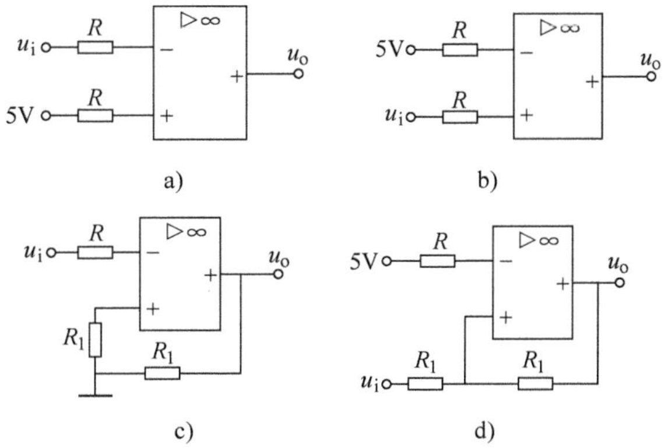

图　3-38

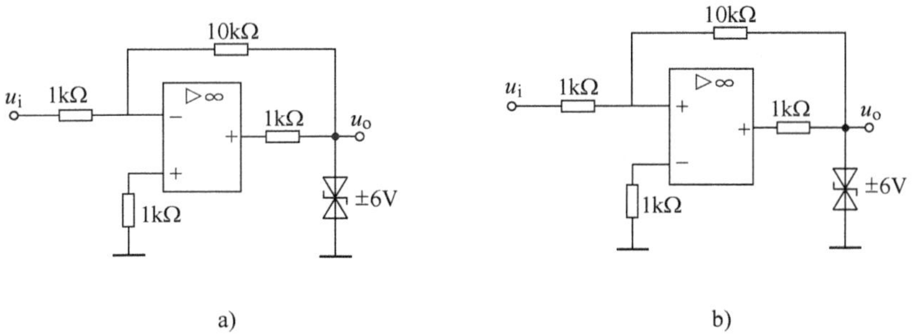

图　3-39

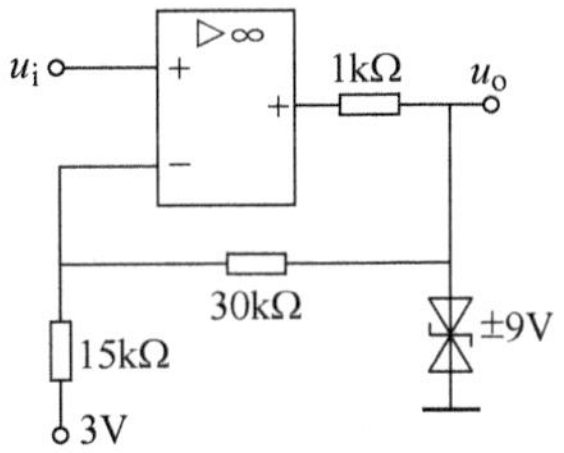

图　3-40

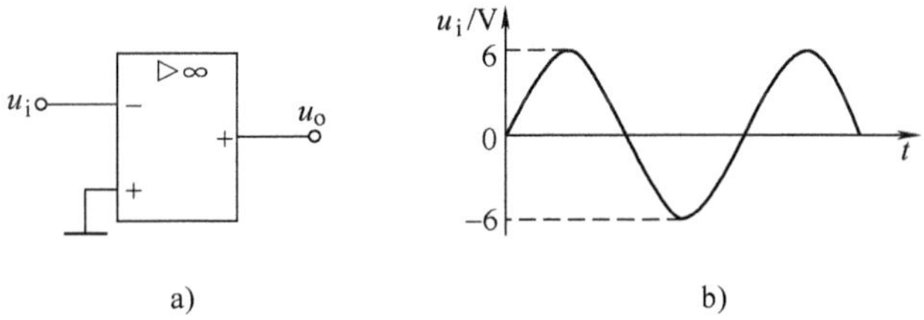

图　3-41

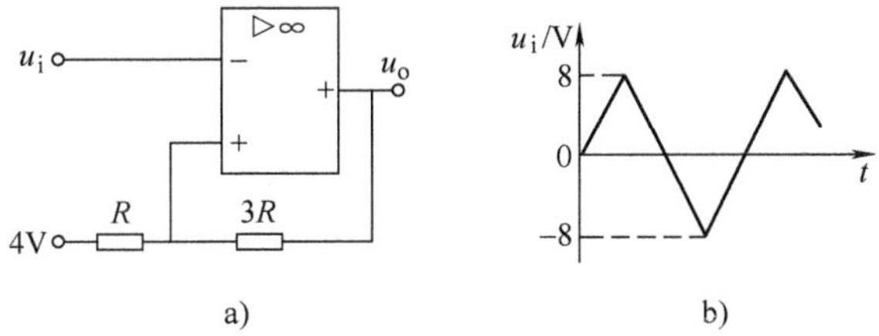

图　3-42

3.16　电路如图 3-43a 所示，输入波形如图 3-43b 所示，已知集成运放的 $U_{OPP}=\pm 10V$，试画出输出波形。

3.17　写出图 3-44 所示电路中的输入和输出之间的关系。

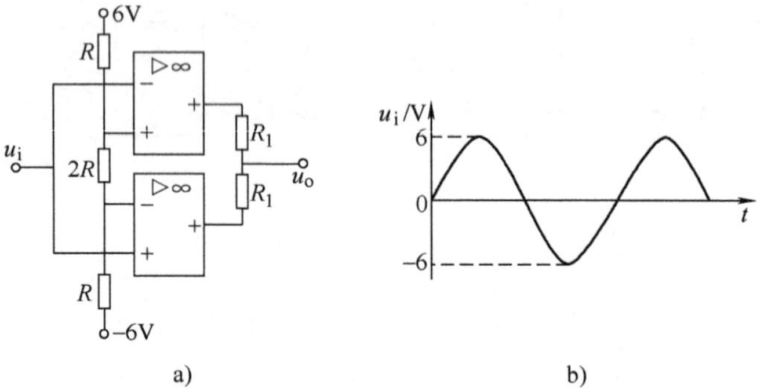
6V
R
2R
R
-6V
u_i
R_1
R_1
u_o
u_i/V
6
0
-6
t
a)
b)

图　3-43

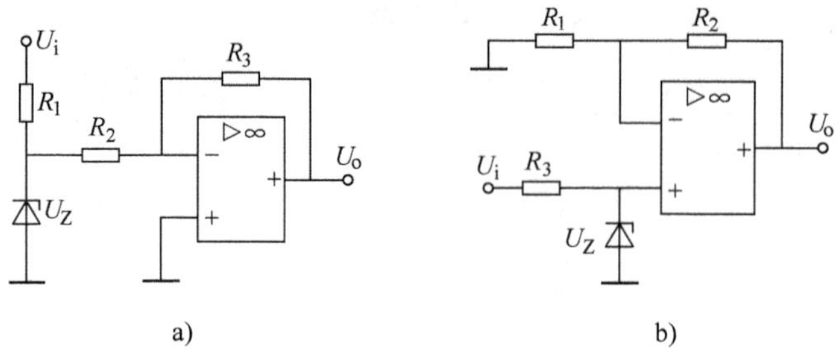
U_i
R_1
R_2
R_3
U_Z
U_o
R_1
R_2
U_o
U_i
R_3
U_Z
a)
b)

图　3-44

项目 4　负反馈放大电路的分析与设计

知识目标： 掌握负反馈放大电路的性能（即正反馈和负反馈、直流反馈和交流反馈、电压反馈和电流反馈、串联反馈和并联反馈）；
掌握负反馈改善放大电路性能的原因以及条件；
掌握负反馈的一般计算，能估算深度负反馈条件下的闭环放大倍数。

能力目标： 会判断放大电路中是否有反馈以及反馈组态的判别；
根据需要能在放大电路中引入适当类型的负反馈；
会对负反馈放大电路进行测试调整。

模块 4.1　负反馈放大电路类型的判断

任务 4.1.1　反馈的概念

反馈就是把电子电路的输出量（电压或电流）的全部或一部分，通过一定的电路送回输入端，来影响输入量（电压或电流）的过程。

引入反馈的放大电路称为反馈放大电路，其框图如图 4-1 所示。图中 A 表示基本放大电路，F 表示反馈网络，⊗表示比较环节，x_i、x_f、x_{id}、x_o 分别表示电路的输入量、反馈量、净输入量和输出量，它们为电压或电流。

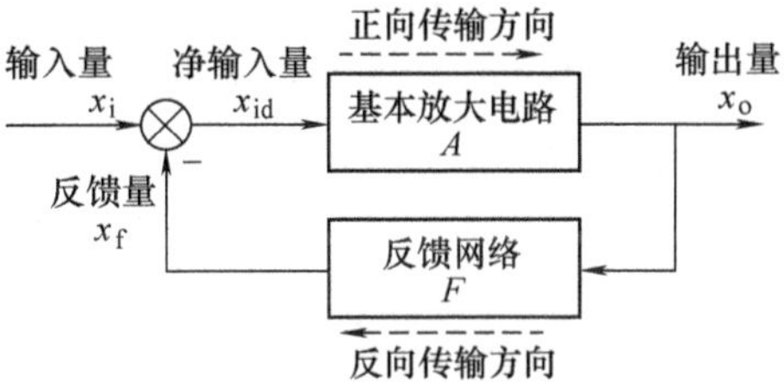

图 4-1　反馈放大电路的框图

由图 4-1 可知

$$x_{id} = x_i - x_f \tag{4-1}$$

$$A = \frac{x_o}{x_{id}} \tag{4-2}$$

$$F = \frac{x_f}{x_o} \tag{4-3}$$

所以

$$A_f = \frac{x_o}{x_i} = \frac{x_o}{x_{id} + x_f} = \frac{A}{1 + AF} \tag{4-4}$$

式中，A 是开环增益；A_f 是闭环增益；$1 + AF$ 是反馈深度；AF 是环路增益；F 是反馈系数。

显然，闭环增益 A_f 是开环增益 A 的 $\frac{1}{1 + AF}$ 倍，且小于 A。

任务 4.1.2　反馈放大电路的类型及其判断方法

1. 按反馈的极性分

反馈放大电路按反馈的极性可分为正反馈和负反馈两种。在反馈电路中，反馈量使原输入量增强、放大倍数增大的反馈称为正反馈，反之为负反馈。

通常采用“瞬时极性法”来判别是正反馈还是负反馈，具体步骤是：

1）假设输入信号某一瞬时的极性（“+”或“-”）。

2）根据输入和输出信号的关系确定输出信号和反馈信号的瞬时极性。

3）再根据反馈信号与输入信号的连接关系，分析净输入量是增大还是减小，从而判断出是正反馈还是负反馈。

现以图4-2所示的电路为例。在图4-2a中，假定输入信号（即集成运放的同相输入端）对地瞬时电压为正，用⊕表示，则在集成运放的输出端也为正，也标⊕。通过反馈支路将输出电压反送到集成运放的反相输入端，反馈电压为 u_f，且瞬时极性为正。因为 $u_{id}=u_i-u_f$，净输入量 u_{id} 减小，所以此反馈电路为负反馈。

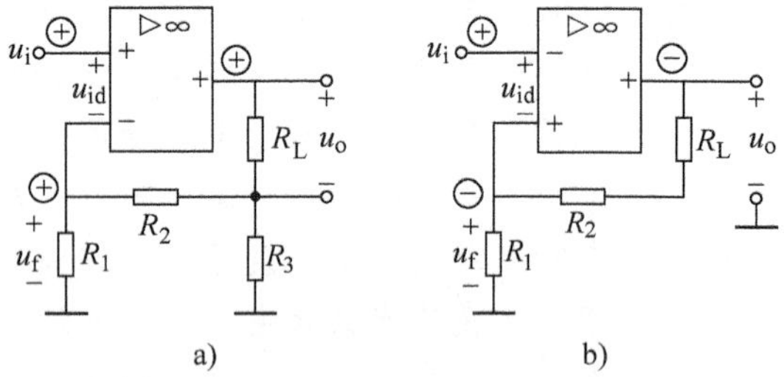

图4-2　反馈极性的判断

在图4-2b中，假定输入信号（即集成运放的反相输入端）对地瞬时电压为⊕，则在集成运放的输出端为⊖。通过反馈支路将输出电压反送到集成运放的同相输入端，瞬时极性为⊖，即反馈电压 u_f 为负值，使净输入量 u_{id} 增大，所以此反馈电路为正反馈。

2. 按交、直流的性质分

反馈放大电路按交、直流的性质可分为直流反馈和交流反馈两种。若反馈回来的信号为直流量，称为直流反馈，直流反馈的作用是稳定静态工作点。若反馈回来的信号为交流量，称为交流反馈，交流反馈能改善放大电路动态性能。

判断直流反馈和交流反馈的方法有两种：

一种是通过反馈通路（或反馈元件）所反映的变化是交流量还是直流量来判断。反馈元件出现在直流通路中为直流反馈，反馈元件出现在交流通路中为交流反馈，反馈元件既存在于直流通路中，又出现在交流通路中为交、直流反馈。

另一种可通过画出整个反馈电路的交、直流通路来判断。输出、输入间构成直流通路为直流反馈，构成交流通路为交流反馈，既能构成直流通路又能构成交流通路为交、直流反馈。

例如，在图4-3a所示的电路中，反馈通路由 R_f 和 C 组成。直流量反馈到集成运放的反相输入端，交流量被电容 C 接地，故只有直流反馈。图4-3b、c分别是它的直流通路和交流通路。

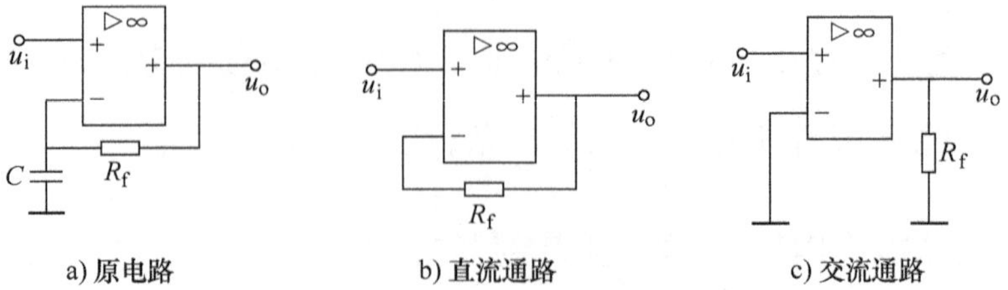

图4-3　交、直流反馈电路的判断

例 4-1　反馈电路如图 4-4a 所示，试判断是直流反馈还是交流反馈。

解： 图中有两条反馈通路。一条是输出端与反相输入端直接连接，这条通路交、直流量都能反馈到反相输入端，所以构成了交、直流反馈通路，存在交、直流反馈。另一条由电容 C_2 和电阻 R_1、R_2 构成的反馈通路，由于电容 C_2 具有隔直作用，所以这条通路只能反馈交流量，故构成交流通路。画出的直流通路和交流通路如图 4-4b 和图 4-4c 所示。

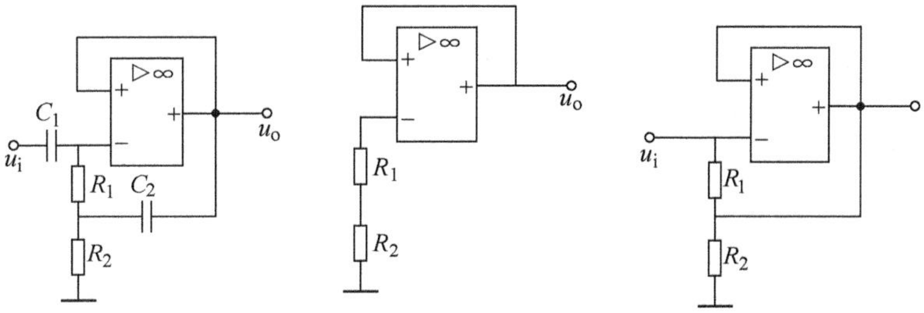

a) 原电路　　b) 直流通路　　c) 交流通路

图 4-4　例 4-1 图

3. 按输出端的取样对象分

反馈放大电路按输出端的取样对象可分为电压反馈和电流反馈两种。

(1) 电压反馈　电压反馈的反馈网络与输出回路负载并联，反馈信号取自输出电压，即反馈信号和输出电压成正比。

判断电压反馈的方法是用“短路法”。将负载 R_L 两端短路，若反馈量为零，则为电压反馈，反之为电流反馈。

例如，如图 4-5 所示的电路，假想将负载电阻 R_L 短接，输出量直接接地，反馈量消失，故为电压反馈。

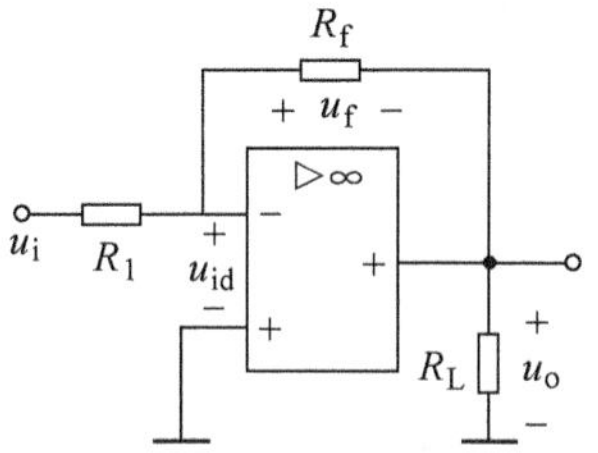

图 4-5　电压反馈电路的判断

电压负反馈主要起到稳定输出电压的作用，可利用输出电压本身通过反馈网络来对放大电路起自动调节作用。在图 4-5 所示的电路中，当负载电阻 R_L 增大而引起输出电压 u_o 的增加时，则电路自动调节的过程为

$$u_o\uparrow \longrightarrow u_f\uparrow \longrightarrow u_{id}\downarrow \longrightarrow u_o\downarrow$$

(2) 电流反馈　电流反馈的反馈网络与输出回路负载串联，反馈信号取自输出电流，即反馈信号和输出电流成正比。

判断电流反馈的方法是用“开路法”。将负载 R_L 两端断开，若反馈量为零，则为电流反馈，反之为电压反馈。

例如，如图 4-6 所示的电路，假想将负载电阻 R_L 断开，反馈网络被断开，反馈量为零，故为电流反馈。

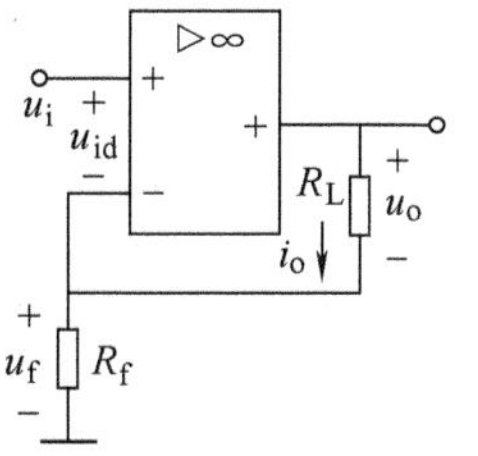

图 4-6　电流反馈电路的判断

电流负反馈主要起到稳定输出电流的作用。可利用输出电流本身通过反馈网络来对放大电路起自动调节作用。在图 4-6 所示的电路中，当负载电阻 R_L 增大而引起输出电流 i_o 的增加时，则电路自动调节的过程为

$$i_o\uparrow \longrightarrow u_f\uparrow \longrightarrow u_{id}\downarrow$$
$$i_o\downarrow \longleftarrow$$

综上所述，判断电压反馈和电流反馈的方法是用“短路法”或“开路法”。由于输出信号只有电流和电压两种，输出端的取样不是电流就是电压，所以利用一种方法判断即可，一般用“短路法”。

4. 按与输入端的连接方式分

反馈放大电路按与输入端的连接方式可分为串联反馈和并联反馈两种。在输入端反馈信号（或反馈网络）与输入信号串联连接称为串联反馈。在输入端反馈信号（或反馈网络）与输入信号并联连接称为并联反馈。

判断的方法是：若反馈信号与输入信号接在不同的端子上即为串联反馈，若接在同一个端子上则为并联反馈。

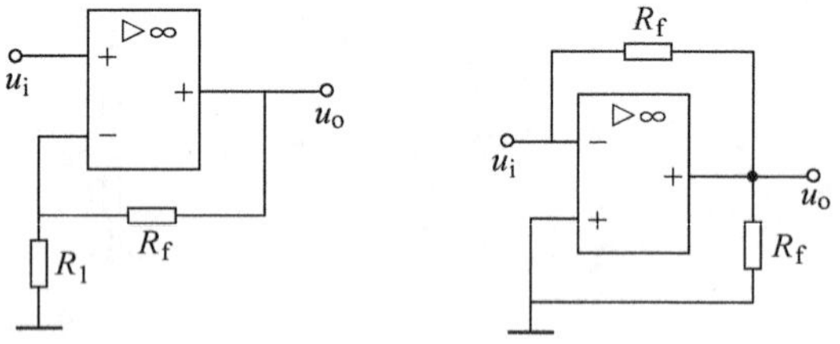

a) 串联反馈电路　　b) 并联反馈电路

图 4-7　串联反馈和并联反馈电路的判断

例如在图 4-7a 中，输入信号接在集成运放的同相输入端上，而反馈信号通过电阻 R_f 接在集成运放的反相输入端上，所以为串联反馈。在图 4-7b 中，输入信号接在集成运放的反相输入端上，而反馈信号通过电阻 R_f 接在集成运放的同相输入端上，所以为并联反馈。

任务 4.1.3　常用四种组态及其识别

根据输出端的取样方式和输入端的连接方式的不同，可将负反馈分为四种：电压串联负反馈（简称 SP 组态）、电压并联负反馈（简称 PP 组态）、电流串联负反馈（简称 SS 组态）、电流并联负反馈（简称 PS 组态）。

四种组态的识别可按下列五个步骤进行：

1）判断有无反馈。

2）判断是直流反馈还是交流反馈。

3）判断是电压反馈还是电流反馈。

4）判断是串联反馈还是并联反馈。

5）判断是正反馈还是负反馈。

模块 4.2　负反馈对放大电路性能的影响

负反馈放大电路除了具有稳定输出量的作用外，还能起到稳定放大倍数、扩展通频带、减小非线性失真、抑制放大器内部噪声等的作用。

任务 4.2.1　提高放大倍数稳定性

对于单级放大电路，其电压放大倍数为

$$A=-\beta\frac{R_L'}{r_{be}}$$

从上式可看出，电压放大倍数取决于晶体管及电路元件的参数，当更换电路元件、电源电压不稳定或温度、负载变化时，都会引起电压放大倍数的变化。所以，要提高放大倍数的稳定性，一般采用在电路中引入负反馈的方法。通常用放大倍数的相对变化量作为衡量稳定性的指标。

根据闭环增益方程：

$$A_f = \frac{A}{1+AF}$$

对 A 求导，得

$$\frac{dA_f}{dA} = \frac{1}{(1+AF)^2}$$

其微分为

$$dA_f = \frac{dA}{(1+AF)^2}$$

则闭环增益的相对变化量为

$$\frac{dA_f}{A_f} = \frac{1}{1+AF}\frac{dA}{A} \tag{4-5}$$

综上所述，闭环增益的相对变化只有开环增益相对变化量的$\frac{1}{1+AF}$，即引入负反馈后，虽然放大倍数下降了$\frac{1}{1+AF}$倍，但稳定性却提高了 $1+AF$ 倍。$1+AF$ 值越大，即反馈深度越深，放大倍数的稳定性越高。

例 4-2　无反馈放大电路的 $A=100$，由于温度升高使放大倍数下降到 $A'=80$，为了稳定放大倍数而引入负反馈，且反馈系数 $F=0.1$，试比较加入负反馈前后的相对变化量。

解：无反馈时的相对变化量为

$$\frac{\Delta A}{A} = \frac{A-A'}{A} = \frac{100-80}{100}\times 100\% = 20\%$$

因为，$A=100$ 时有

$$A_f = \frac{A}{1+FA} = \frac{100}{1+0.1\times 100} \approx 9.1$$

$A'=80$ 时有

$$A_f' = \frac{A'}{1+FA'} = \frac{80}{1+0.1\times 80} \approx 8.9$$

所以，加入反馈时的相对变化量为

$$\frac{\Delta A_f}{A_f} = \frac{A_f - A_f'}{A_f} = \frac{9.1-8.9}{9.1}\times 100\% \approx 2.2\%$$

任务 4.2.2　扩展通频带

开环和闭环的幅频特性如图 4-8 所示，图中 f_H、f_L 分别为无反馈时的上、下限频率，其通频带 $f_{bw} = f_H - f_L$；f_{Hf}、f_{Lf} 分别为有反馈时的上、下限频率，其通频带 $f_{bwf} = f_{Hf} - f_{Lf}$。显然，引入负反馈后，通频带

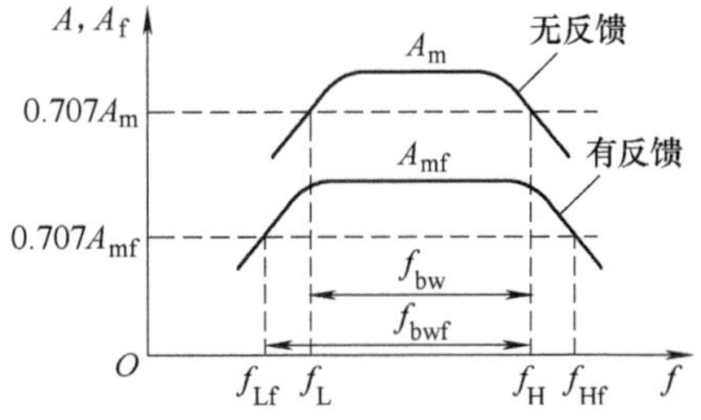

图 4-8　幅频特性

加宽，负反馈增强。

对于单级放大电路来说，上、下限频率的关系为

$$f_{Lf}=\frac{f_L}{1+AF}\qquad f_{Hf}=(1+AF)f_H \tag{4-6}$$

通常情况下，$f_{Hf}>>f_{Lf}$、$f_H>>f_L$，所以$f_{bw}\approx f_H$、$f_{bwf}\approx f_{Hf}$，则有

$$f_{bwf}\approx f_{Hf}=(1+AF)f_H\approx(1+AF)f_{bw} \tag{4-7}$$

一般情况下，放大电路的增益与带宽之积为一常数，即

$$A_f(f_{Hf}-f_{Lf})=A(f_H-f_L) \tag{4-8}$$

化简为

$$A_f f_{Hf}\approx Af_H \tag{4-9}$$

由式（4-7）和式（4-9）可知，引入负反馈后，放大倍数下降 1 + AF 倍，通频带宽度增加 1 + AF 倍。

任务 4.2.3　减小非线性失真

因为晶体管是非线性器件，在输入较大的正弦波信号时，会因为输入特性的非线性而导致输出波形的前半周大，后半周小，产生非线性失真，如图 4-9a 所示。当引入负反馈后，如图 4-9b 所示，由于反馈量 $x_f\propto x_o$，所以 x_f 的波形与 x_o 一样，上大下小（图中的波形②）。由于输入端的净输入量 $x_{id}=x_i-x_f$，使输入信号上小下大，而引起了失真（称预失真），如图中的波形③。预失真波形经过放大正好抵消了晶体管的非线性失真，最终使输出波形接近输入的正弦波形（图中的波形④）。

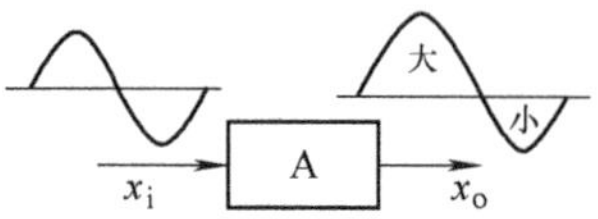

a) 无反馈时产生的非线性失真

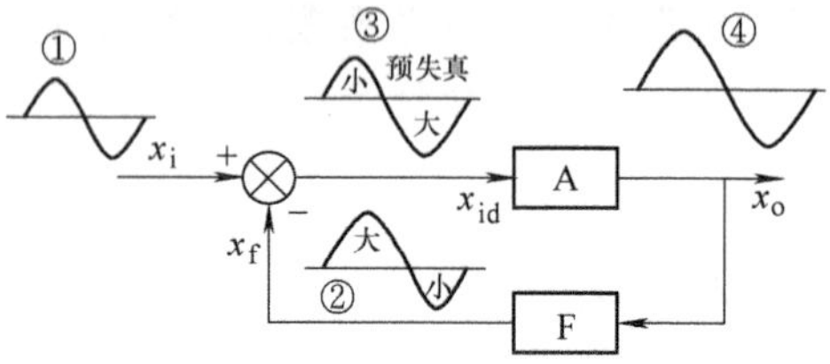

b) 引入负反馈时非线性失真减小

图 4-9　负反馈对非线性失真的改善

任务 4.2.4　对输入电阻和输出电阻的影响

一、负反馈对输入电阻的影响

负反馈对输入电阻的影响取决于反馈网络在输入端的连接方式。

图 4-10a 是串联负反馈的电路框图，开环放大电路的输入电阻为

$$r_i=\frac{u_{id}}{i_i} \tag{4-10}$$

引入反馈后，闭环的输入电阻为

$$r_{if}=\frac{u_i}{i_i}=\frac{u_{id}+u_f}{i_i}=\frac{u_{id}+AFu_{id}}{i_i}=r_i(1+AF) \tag{4-11}$$

图 4-10b 是并联负反馈的电路框图，开环放大电路的输入电阻为

$$r_{i}=\frac{u_{id}}{i_{id}} \tag{4-12}$$

引入反馈后，闭环的输入电阻为

$$r_{if}=\frac{u_{i}}{i_{i}}=\frac{u_{i}}{i_{id}+i_{f}}=\frac{u_{i}}{i_{id}+AFi_{id}}=r_{i}\frac{1}{1+AF} \tag{4-13}$$

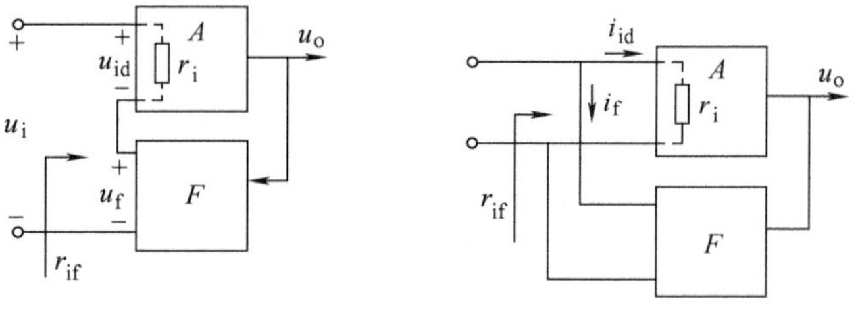

a) 串联负反馈的电路框图　　b) 并联负反馈的电路框图

图 4-10　负反馈对输入电阻的影响

由式（4-11）和式（4-13）可知，引入串联负反馈后，输入电阻是无反馈时输入电阻的 $1+AF$ 倍，使输入电阻增大；引入并联负反馈后，输入电阻是无反馈时输入电阻的$\frac{1}{1+AF}$倍，输入电阻减小。

二、负反馈对输出电阻的影响

负反馈对输出电阻的影响取决于反馈网络在输出端的取样量。

图 4-11a 是电压负反馈的电路框图，从负载端看进去，等效的输出电阻为

$$r_{of}=\frac{r_{o}}{1+AF} \tag{4-14}$$

图 4-11b 是电流负反馈的电路框图，从负载端看进去，等效的输出电阻为

$$r_{of}=(1+AF)r_{o} \tag{4-15}$$

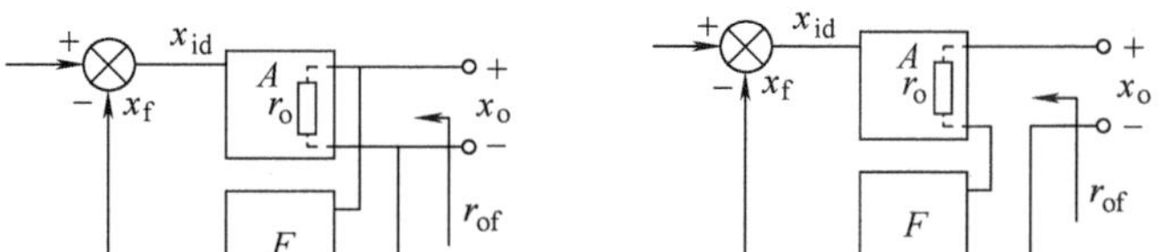

a) 电压负反馈的电路框图　　b) 电流负反馈的电路框图

图 4-11　负反馈对输出电阻的影响

由式（4-14）和式（4-15）可知，引入电压负反馈后，输出电阻是无反馈时输出电阻的$\frac{1}{1+AF}$倍，输出电阻减小；引入电流负反馈后，输出电阻是无反馈时输出电阻的 $1+AF$ 倍，输出电阻增大。

模块 4.3　负反馈放大电路的应用

任务 4.3.1　放大电路引入负反馈的基本原则

从以上分析可知，负反馈对放大电路性能有改善的作用，而不同组态的负反馈对放大性能的改善又有其特殊性。为此，提出为改善放大电路性能引入负反馈的基本原则。

1）要稳定交流性能，应引入交流负反馈；要稳定直流性能，应引入直流负反馈。

2）要稳定输出电压，应引入电压负反馈；要稳定输出电流，应引入电流负反馈。

3）要提高输入电阻，应引入串联负反馈；要减小输入电阻，应引入并联负反馈。

4）要减小输出电阻，应引入电压负反馈；要增加输出电阻，应引入电流负反馈。

5）应合理选择负反馈的组态：

①要得到一个电压控制的电压源，获得一个良好的电压放大电路，应选用电压串联负反馈（SP）组态。

②要得到一个电流控制的电流源，获得一个良好的电流放大电路，应选用电流并联负反馈（PS）组态。

③要得到一个电流控制的电压源，获得一个良好的电流—电压转换电路，应选用电压并联负反馈（PP）组态。

④要得到一个电压控制的电流源，获得一个良好的电压—电流转换电路，应选用电流串联负反馈（SS）组态。

任务 4.3.2　深度负反馈放大电路的特点及其电压放大倍数的估算

一、深度负反馈放大电路的特点

由前可知，负反馈放大电路的放大倍数为

$$A_f=\frac{A}{1+FA} \tag{4-16}$$

如果 $FA>>1$，式（4-16）为

$$A_f=\frac{A}{1+FA}\approx\frac{1}{F} \tag{4-17}$$

一般，$|1+FA|\geqslant 10$，就认为是深度负反馈。满足深度负反馈条件的电路即为深度负反馈放大电路。

深度负反馈的特点：

1）深度负反馈放大倍数 A_f 只与反馈系数 F 有关，因为 $A_f=\frac{A}{1+FA}\approx\frac{1}{F}$，所以 A_f 相当稳定。

2）理想深度负反馈时，电压负反馈使闭环输出电阻 $r_{of}\to 0$，电流负反馈使闭环输出电阻 $r_{of}\to\infty$，串联负反馈使闭环输入电阻 $r_{if}\to\infty$，并联负反馈使闭环输入电阻 $r_{if}\to 0$。

3）在深度负反馈时，由于　$A_f=\frac{x_o}{x_i}$　$\frac{1}{F}=\frac{x_o}{x_f}$

若为深度负反馈，则
$$A_f \approx \frac{1}{F}$$
即
$$\frac{x_o}{x_i} \approx \frac{x_o}{x_f}$$
所以
$$x_i \approx x_f \tag{4-18}$$
式（4-18）表明，在深度负反馈时，反馈信号 x_f 与外加输入信号 x_i 近似相等，净输入量 $x_{id}=x_i-x_f\approx 0$。

对于串联负反馈，因为 $u_{id}=0$（“虚短”），故 $u_i=u_f$；对于并联负反馈，因为 $i_{id}=0$（“虚断”），故有 $i_i=i_f$。

二、深度负反馈放大电路电压放大倍数的估算

1. 电压串联负反馈放大电路

电压串联负反馈放大电路如图 4-12 所示，当忽略反相输入端电流时，反馈电压则为
$$u_f \approx \frac{R_1}{R_1+R_f}u_o \tag{4-19}$$
则
$$F=\frac{u_f}{u_o}\approx \frac{R_1}{R_1+R_f} \tag{4-20}$$
所以
$$A_{uf}\approx \frac{1}{F}=\frac{R_1+R_f}{R_1}=1+\frac{R_f}{R_1} \tag{4-21}$$
也可利用深度负反馈条件 $u_i=u_f$，则有
$$A_{uf}=\frac{u_o}{u_i}\approx \frac{u_o}{u_f}=\frac{R_1+R_f}{R_1}=1+\frac{R_f}{R_1} \tag{4-22}$$

2. 电压并联负反馈放大电路

电压并联负反馈放大电路如图 4-13 所示，由于净输入量 $i_{id}=0$，则有 $i_i=i_f$，又因为 $u_{id}=0$，所以 $u_-=0$，则
$$u_o=-i_fR_f$$
$$u_i=i_iR_1$$
因此
$$A_{uf}=\frac{u_o}{u_i}=\frac{-i_fR_f}{i_iR_1}=-\frac{R_f}{R_1} \tag{4-23}$$

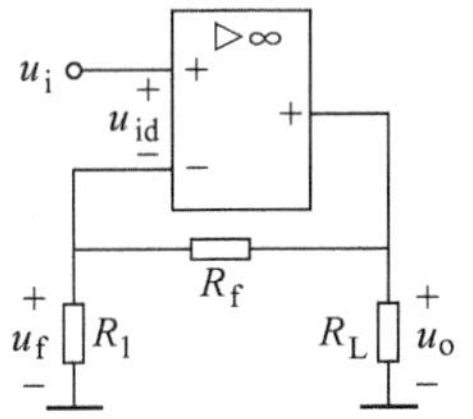

图 4-12　电压串联负反馈放大电路

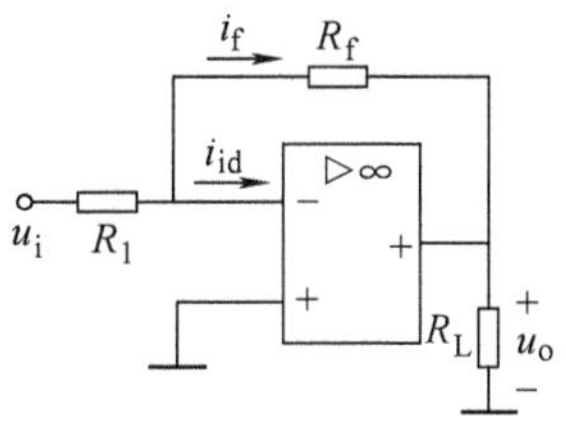

图 4-13　电压并联负反馈放大电路

3. 电流串联负反馈放大电路

电流串联负反馈放大电路如图 4-14 所示，由图中可知
$$u_f=i_oR_f=\frac{u_o}{R_L}R_f$$

所以，电压放大倍数为
$$A_{uf}=\frac{u_o}{u_i}\approx\frac{u_o}{u_f}=\frac{R_L}{R_f} \tag{4-24}$$

4. 电流并联负反馈放大电路

电流并联负反馈放大电路如图4-15所示，由于$i_{id}=0$，所以$i_i=i_f$，又因为$u_{id}=0$，所以$u_-=i_{id}r_i\approx0$，则有

$$u_i=i_iR_1$$
$$i_L=i_f+i_2=i_f+\frac{i_fR_f}{R_2}=i_f\left(1+\frac{R_f}{R_2}\right)$$
$$u_o=-i_LR_L=-i_i\frac{R_2+R_f}{R_2}R_L$$

所以
$$A_{uf}=\frac{u_o}{u_i}=-\left(1+\frac{R_f}{R_2}\right)\frac{R_L}{R_1} \tag{4-25}$$

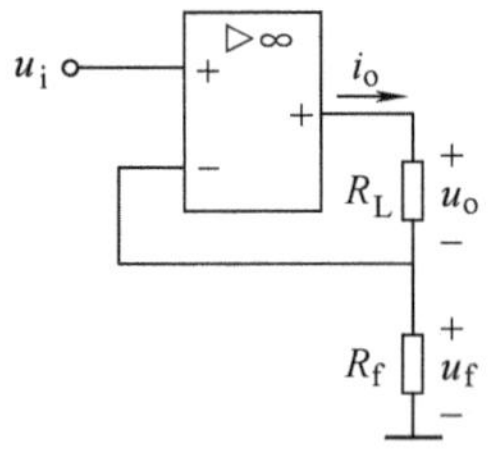

图4-14　电流串联负反馈放大电路

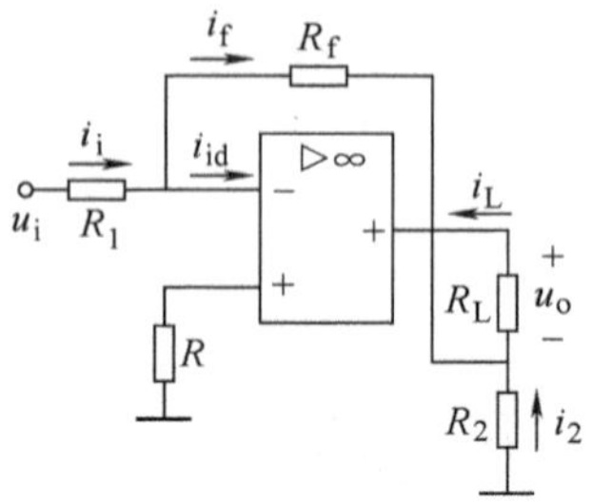

图4-15　电流并联负反馈放大电路

模块4.4　综合技能训练

任务4.4.1　电压串联负反馈电路的测试

一、训练目的

1）测量电压串联负反馈放大电路的闭环电压增益，并比较测量值与计算值。

2）测定负反馈放大电路输入与输出电压波形之间的相位差。

二、训练仪器及设备

1）信号发生器	1台
2）示波器	1台
3）运算放大器	1个
4）电阻：100kΩ	2个
10kΩ、1kΩ	各1个

三、训练原理

电压串联负反馈放大电路如图4-16所示，其电压放大倍数为

$$A_u=1+\frac{R_1}{R_2}$$

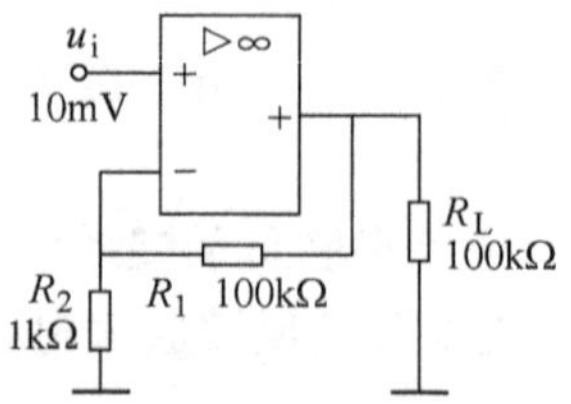

图4-16　电压串联负反馈放大电路

四、训练内容和步骤

1）建立图4-16所示的电压串联负反馈放大电路，接通电源，读取输入电压的峰值U_i及输出电压的峰值U_o。填入表4-1，并计算闭环增益A_u，同时观察输出正弦电压和输入正弦电压波形之间的相位关系。

表4-1　电压串联负反馈

R_1	信号发生器幅值	测量值			计算值	输入输出波形
		U_i	U_o	$A_u=\frac{U_o}{U_i}$	$A_u=1+\frac{R_1}{R_2}$	
100kΩ	10mV					
10kΩ	100mV					

2）根据电路元件值，计算电压串联负反馈放大器的闭环增益A_u，填入表4-1中。

3）将R_1的阻值由100kΩ改为10kΩ，信号发生器的幅值改为100mV，接通电源，读取输入电压的峰值U_i、输出电压的峰值U_o，并计算放大器的闭环增益A_u，填入表4-1中。

五、思考题

1）电压增益的计算值与测量值进行比较，情况如何？

2）输出正弦电压和输入正弦电压波形之间存在什么相位关系？

3）R_1阻值的变化对放大器的闭环电压增益有何影响？

任务4.4.2　负反馈电路的测试

一、训练目的

1）学会识别放大器中负反馈电路的类型。

2）了解不同反馈形式对放大器输入、输出电阻的不同影响。

3）加深理解负反馈对放大器性能的影响。

二、训练仪器及设备

1）实验台　1台
2）双踪示波器　1台
3）交流毫伏表　1块
4）万用表　1块
5）晶体管　若干
6）电阻、电容、插线　若干

三、训练原理图

负反馈电路如图4-17所示。

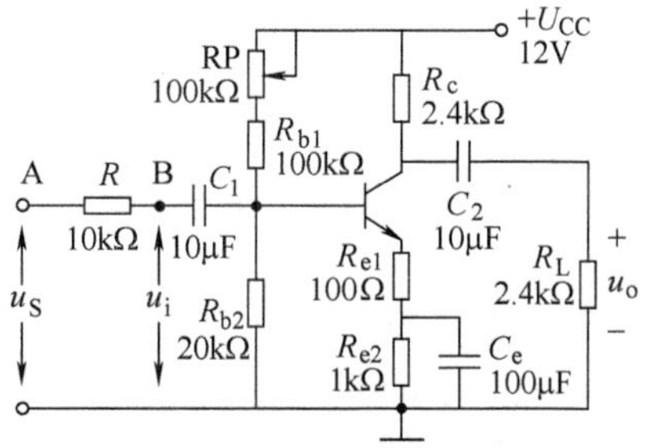

图4-17　负反馈电路

四、训练内容和步骤

1. 测量和调整静态工作点

将实验台面板上的单管负反馈放大器接成如图4-

17 所示，并把 R_{e1} 短路，即电路处于无反馈状态。调节 RP 使得 $I_C = \frac{U_E}{R_{e2}} = 2mA$，用万用表分别测量晶体管的集电极、基极和发射极对地的电压 U_C、U_B 和 U_E，填入表 4-2 中。

表 4-2 集电极、基极和发射极对地电压

测量值			计算值		
U_B/V	U_E/V	U_C/V	U_{BE}/V	U_{CE}/V	$I_C \approx I_E$/mA

2. 测量基本放大器（无反馈）的各项性能指标

（1）测量电压放大倍数 A_u　在放大器输入端（A、B 点）加入 $U_i = 5mV$、1kHz 的正弦信号，用示波器观察放大器输出电压 u_L 的波形。在 u_L 不失真的情况下，用交流毫伏表测量 U_L，利用 $A_u = U_i/U_L$ 求出基本放大器的电压放大倍数，填入表 4-3 中。

（2）测量输出电阻 r_o　保持 $U_i = 5mV$ 不变，断开负载电阻 R_L，测量空载时的输出电压 U_o，求出输出电阻 r_o，填入表 4-3 中。

（3）测量输入电阻 r_i　在电路的 A 点输入频率为 1kHz 的正弦信号，调节“幅度”调节旋钮，使得 $U_i = 5mV$，再测出 A 点的输入电压 U_s，计算出输入电阻 r_i，填入表 4-3 中。

表 4-3 测量放大倍数和输出电阻

计算值						测量值		
U_L	$A_u = \frac{U_i}{U_L}$	U_o	$r_o = \left(\frac{U_o}{U_L} - 1\right)R_L$	U_s	$r_i = \frac{U_i R}{U_s - U_i}$	A_u	r_o	r_i

3. 测量负反馈放大器的各项性能指标

将电路中的 R_{e1} 接入，调整静态工作点使得 $I_E = 2mA$。

重复“2.”中的测试内容和方法，得到负反馈放大器的 A_{uf}、r_{if}、r_{of}，分别填入表 4-4 中。

表 4-4 具有反馈的放大倍数和输出电阻

计算值						测量值		
U_L	$A_{uf} = U_i/U_L$	U_o	$R_{of} = \left(\frac{U_o}{U_L} - 1\right)R_L$	U_S	$r_{if} = \frac{U_i R}{U_s - U_i}$	A_{uf}	r_{of}	r_{if}

五、思考题

1）正确掌握负反馈放大器的分析方法。

2）估算基本放大器的 A_u、r_i 和 r_o；估算负反馈放大器的 A_{uf}、r_{if}、r_{of}，验算它们之间的关系。

3）为何从实验结果看不出电流反馈对输出电阻的显著提高？

4）根据实验结果，总结电流串联负反馈对放大器性能的影响。

练习与思考题

4.1　某负反馈放大电路的开环增益 $A=1250$，求反馈系数 F 分别为 0.1、0.01、0.001 时的闭环增益。

4.2　把输入电压为 0.1V 的输入信号加在一开环放大电路中，得到输出电压为 4V，若加入反馈环节，得到的输出电压变为 2V，求反馈电路的反馈系数 F。

4.3　某负反馈放大电路的电压负反馈系数 $F=0.1$，若要求闭环放大倍数 A_f 在 50 以上，求其开环时的放大倍数最小为多少？

4.4　引入何种反馈类型才能分别实现下列要求：

（1）稳定静态工作点；

（2）稳定输出电压；

（3）稳定输出电流；

（4）提高输入电阻；

（5）降低输出电阻。

4.5　试判断图 4-18 中的放大电路是正反馈还是负反馈，是直流反馈还是交流反馈，是电压反馈还是电流反馈，是串联反馈还是并联反馈。

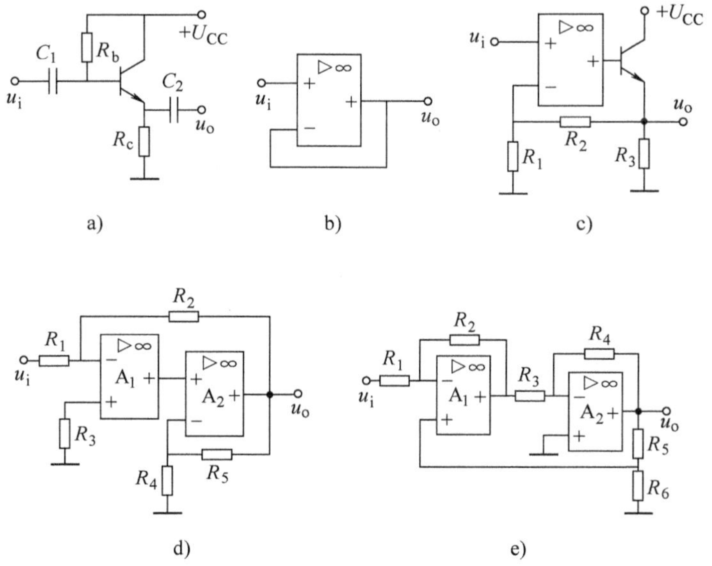

图　4-18

4.6　试判断图 4-19 所示各电路的反馈类型。

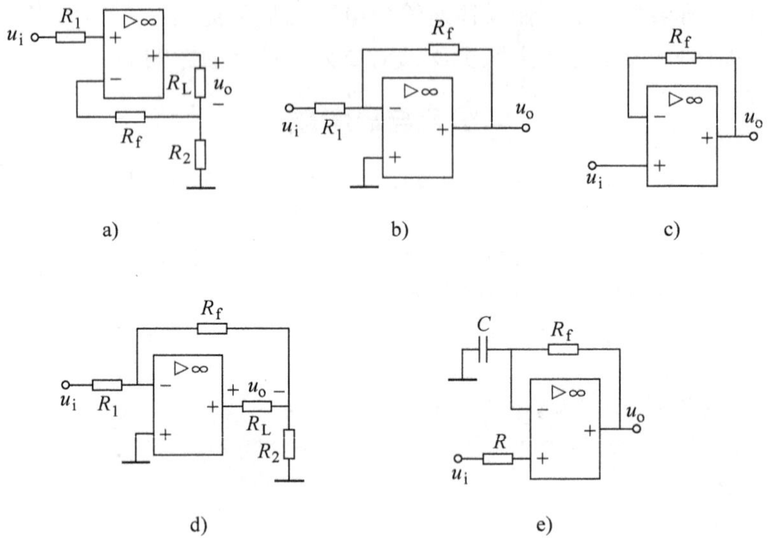

u_i
R_1
R_L
u_o
R_f
R_2
a)
R_f
u_i
R_1
u_o
b)
R_f
u_o
u_i
c)
R_f
u_i
R_1
u_o
R_L
R_2
d)
C
R_f
u_o
R
u_i
e)

图　4-19

项目5　波形发生电路的分析与测试

知识目标： 掌握正弦波振荡电路的工作原理；
了解非正弦波振荡电路的工作原理。
能力目标： 会分析正弦波振荡电路；
会计算正弦波振荡电路的振荡频率；
能识别振荡电路。

模块5.1　正弦波振荡电路的识别

任务5.1.1　正弦波振荡电路产生的条件

若在一个放大电路的输入端加入正弦输入信号$\dot{X}_i$，则在输出端可得到正弦输出信号$\dot{X}_o=\dot{A}\dot{X}_i$，如图5-1a所示。如果引入正反馈$\dot{X}_f$，且使其相位和幅值均与$\dot{X}_i$相同，即$\dot{X}_f=\dot{X}_i$，此时若去掉输入信号$\dot{X}_i$，电路仍能保持原输出的正弦信号$\dot{X}_o$，如图5-1b所示。前面所讲的放大电路是把较小的输入信号放大成一个较大的输出信号，而这个电路在没有输入信号的情况下，输出端仍有信号输出，我们把这种情况称为自激振荡，能实现自激振荡的电路称为振荡电路。

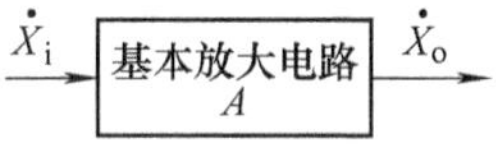

a) 有输入信号的放大电路

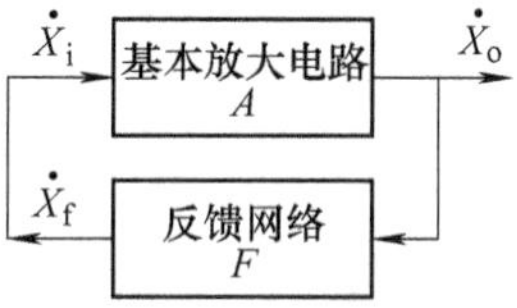

b) 用x_f代替x_i的正反馈放大电路

图5-1　正弦波振荡电路产生条件的示意图

由图5-1b可看出

$$\dot{X}_f=\dot{F}\dot{X}_o=\dot{A}\dot{F}\dot{X}_i$$

因为

$$\dot{X}_f=\dot{X}_i$$

所以

$$\dot{A}\dot{F}=1 \tag{5-1}$$

由此可得自激振荡的条件：

1）幅度平衡条件为

$$|AF|=1 \tag{5-2}$$

式（5-2）说明，反馈信号幅度的大小与输入信号的幅度相等。

2）相位平衡条件为

$$\varphi_A+\varphi_F=2n\pi\quad(n=1,2,3\cdots) \tag{5-3}$$

式（5-3）说明，反馈信号的相位与输入信号的相位相同，即电路必须是正反馈。

任务 5.1.2　自激振荡的建立和幅度的稳定

振荡电路中并没有输入信号，那么，电路接通电源后如何产生自激振荡呢？这是由于在电路中存在各种无规律扰动的电信号，这些电信号可分解为不同频率的正弦量之和。如果电路具有选频、放大和正反馈能力，那么电路会从这些扰动的电信号中选出适当的振荡频率分量，经正反馈、放大、再正反馈、再放大、……，如此反复，使 $\dot{U}_f > \dot{U}_i$，即$\dot{A}\dot{F} > 1$，输出信号的幅度很快增加，自激振荡就建立起来了（这个过程称为起振），如图 5-2 所示。

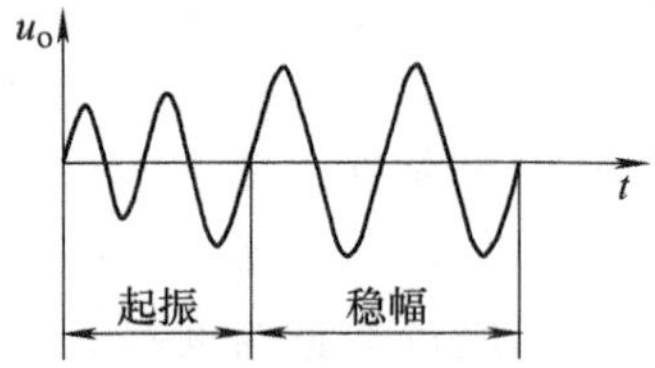

图 5-2　自激振荡的建立和幅度的稳定

当振荡的幅度增大到一定程度时，由于晶体管的非线性或反馈支路输出与输入之间关系的非线性，$\dot{A}$或$\dot{F}$便会降低，使$\dot{A}\dot{F} > 1$ 自动转变成$\dot{A}\dot{F} = 1$，实现了幅度的稳定。

综上所述，起振的条件为

$$\dot{A}\dot{F} > 1 \tag{5-4}$$

稳幅的条件为

$$\dot{A}\dot{F} = 1 \tag{5-5}$$

任务 5.1.3　振荡电路的组成

一般的振荡电路主要由放大电路、正反馈网络、选频网络和稳幅电路组成。

1. 放大电路

在振荡过程中，由于能量的损耗而导致振荡的衰减。通过放大电路可以控制电源不断向振荡电路提供能量，以维持等幅振荡，即放大电路起到能量补充的作用。

2. 正反馈网络

正反馈网络将放大电路的输出量的一部分或全部送回到输入端，以完成自激任务，它起到能量控制的作用。

3. 选频网络

在正反馈网络的反馈信号中，只有所选定频率的信号，才能使电路满足自激振荡的条件，而对于其他频率的信号，由于不能满足自激振荡的条件而受到抑制。

4. 稳幅电路

稳幅电路主要用于振荡电路振幅的稳定，有时为了能更好地获得稳定的等幅振荡，还需要引入负反馈网络。

任务 5.1.4　正弦波振荡电路的识别方法

1）检查电路是否有放大电路、正反馈网络、选频网络和稳幅电路四个环节。

2）检查放大电路的静态工作点是否能保证放大电路正常工作。

3）分析电路是否满足自激振荡的条件，具体方法是：

①相位平衡条件的判断：在反馈网络和放大电路输入回路的连接处断开反馈，同时在放大电路输入端输入电压信号 u_i，再根据放大电路和反馈网络的相频特性确定反馈信号的相

位。如果在某一频率时 u_f 与 u_i 相位相同，则满足相位平衡条件。

②幅度平衡条件的判断：应满足 $|AF|=1$。若不满足，可以改变放大电路的 $|A|$ 或反馈系数 $|F|$。

若 $|AF|=1$，振荡电路输出一恒定值，这种情况称为等幅振荡；若 $|AF|<1$，振荡电路输出值越来越小，最后停振，所以称为减幅振荡；若 $|AF|>1$，振荡电路输出值越来越大，所以称为增幅振荡。

模块 5.2　典型正弦波振荡电路的分析与测试

根据选频网络组成元件的不同，正弦波振荡电路可分为 *RC* 正弦波振荡电路、*LC* 正弦波振荡电路和石英晶体振荡电路。

任务 5.2.1　*RC* 正弦波振荡电路

采用 *RC* 选频网络构成的振荡电路称为 *RC* 振荡电路，适用于频率在几百赫兹到几千赫兹的低频振荡。常用的 *RC* 振荡电路有 *RC* 桥式振荡电路和 *RC* 移相振荡电路。这里只介绍 *RC* 桥式振荡电路。

一、*RC* 串并联网络的选频特性

RC 串并联网络如图 5-3 所示。图中输出电压 $\dot{U}_2$ 与输入电压 $\dot{U}_1$ 之比为网络的传输系数 $\dot{F}$，R_1、C_1 串联后的阻抗用 Z_1 表示，R_2、C_2 并联后的阻抗用 Z_2 表示，则

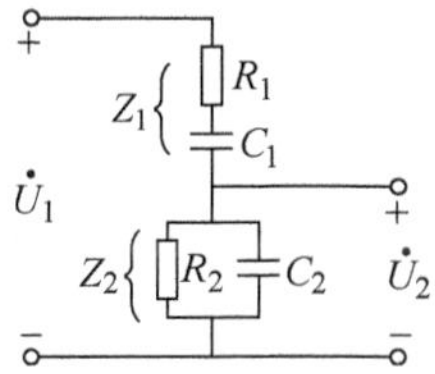

图 5-3　*RC* 串并联网络

$$Z_1=R_1+\frac{1}{j\omega C_1}\qquad Z_2=\frac{R_2}{1+j\omega C_2R_2}$$

$$\dot{F}=\frac{\dot{U}_2}{\dot{U}_1}=\frac{Z_2}{Z_1+Z_2}=\frac{\dfrac{R_2}{1+j\omega C_2R_2}}{R_1+\dfrac{1}{j\omega C_1}+\dfrac{R_2}{1+j\omega C_2R_2}}$$

$$=\frac{1}{1+\dfrac{R_1}{R_2}+\dfrac{C_2}{C_1}+j\left(\omega R_1C_2-\dfrac{1}{\omega R_2C_1}\right)}$$

若取 $C_1=C_2=C$、$R_1=R_2=R$，并令 $\omega_0=2\pi f_0=\dfrac{1}{RC}\left(即 f_0=\dfrac{1}{2\pi RC}\right)$，则上式化简为

$$\dot{F}=\frac{1}{3+j\left(\dfrac{f}{f_0}-\dfrac{f_0}{f}\right)}\tag{5-6}$$

其幅值和相角分别为

$$F=\frac{1}{\sqrt{3^2+\left(\dfrac{f}{f_0}-\dfrac{f_0}{f}\right)^2}}\tag{5-7}$$

$$\varphi_F = -\arctan\left[\frac{1}{3}\left(\frac{f}{f_0}-\frac{f_0}{f}\right)\right] \tag{5-8}$$

根据式（5-7）和式（5-8）可作出 RC 串并联网络的频率特性曲线，如图 5-4 所示。

当 $f<f_0$，即低频时，U_2 超前于 U_1；当 $f>f_0$，即高频时，U_2 滞后于 U_1。

当 $f=f_0=\dfrac{1}{2\pi RC}$时，$F=\dfrac{1}{3}$，达到最大值，而相位 $\varphi_F=0$。

二、RC 串并联网络正弦波振荡电路

1. 电路组成

RC 串并联网络正弦波振荡电路如图 5-5 所示，放大电路为同相比例电路，反馈网络和选频网络是由电阻 R 和电容 C 组成的串并联电路，两个二极管和电阻 R_2 组成稳幅电路。

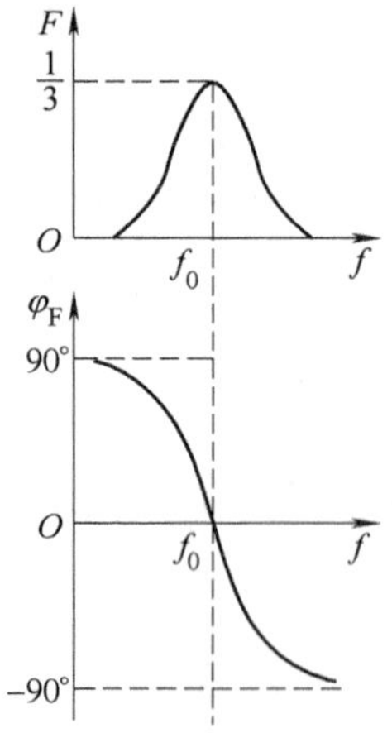

图 5-4　RC 串并联网络的频率特性曲线

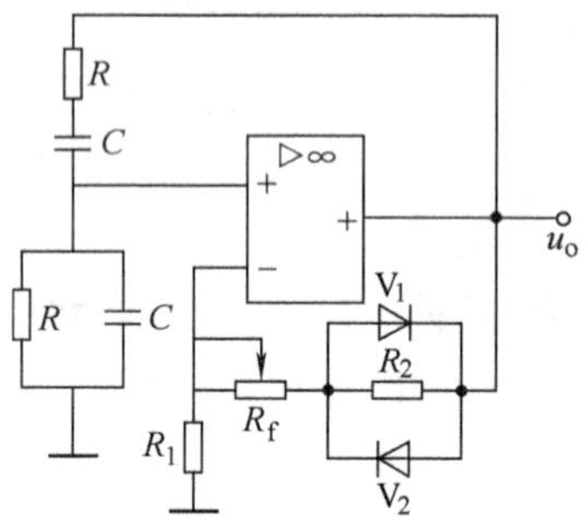

图 5-5　RC 串并联网络正弦波振荡电路

2. 相位条件

因为电路中的选频是 RC 串并联网络，当 $f=f_0=\dfrac{1}{2\pi RC}$时，其相位 $\varphi_F=0$，为了使振荡电路满足相位条件 $\varphi_A+\varphi_F=2n\pi$，要求放大电路的相位 $\varphi_A=0°$（或 $\varphi_A=360°$），所以放大器采用同相输入方式的集成运算放大器。

3. 选频网络

集成运放是一个同相放大器，它的输出电压 u_o 作为 RC 串并联网络的输入电压，RC 串并联网络的输出电压作为放大器的输入电压。当 $f=f_0=\dfrac{1}{2\pi RC}$时，RC 串并联网络的相位 $\varphi_F=0$，电路的总相位为零，满足相位平衡条件；而对于其他频率的信号，RC 串并联网络的相位不为零，不满足相位平衡条件。

4. 起振条件

因为这里的放大器为同相放大器，所以

$$A=1+\frac{R_f}{R_1} \tag{5-9}$$

又因为当 $f=f_0$ 时，$F=\dfrac{1}{3}$，根据起振的条件 $AF>1$ 得

$$A > 3 \tag{5-10}$$

由式（5-9）和式（5-10）得

$$R_f > 2R_1 \tag{5-11}$$

所以电路元件应满足 $R_f > 2R_1$ 才能起振。

5. 稳幅电路

稳幅电路是由两个二极管 V_1、V_2 反向并联，再与电阻 R_2 并联后接在负反馈的回路中构成的。它是利用二极管的非线性对电路实现自动稳幅控制。当振荡电路输出为负时，V_1 导通，由于与 R_2 并联，所以输出越负，二极管正向导通内阻越小，使负反馈加强，集成运放的闭环增益 A_f 下降，从而达到负向稳幅的目的。同理，输出为正时，V_2 导通，由于与 R_2 并联，所以输出幅值越大，二极管正向导通内阻越小，使负反馈加强，A_f 下降，从而达到正向稳幅。调节可调电阻 R_f 可改变输出幅值和失真情况。

任务 5.2.2 *LC* 正弦波振荡电路

LC 正弦波振荡电路是用来产生几兆赫兹以上的高频信号，根据引入正反馈的不同形式可分为变压器反馈式 *LC* 振荡电路、电感反馈式 *LC* 振荡电路和电容反馈式 *LC* 振荡电路。

一、变压器反馈式 *LC* 振荡电路

变压器反馈式 *LC* 振荡电路如图 5-6 所示。R_{b1}、R_{b2}、R_e 组成偏置电路，使晶体管工作在放大状态，绕组 L_1 接入直流电源 $+U_{CC}$，L_2 和 L_3 分别接反馈绕组和负载，C_1 和 C_e 分别是耦合电容和旁路电容。

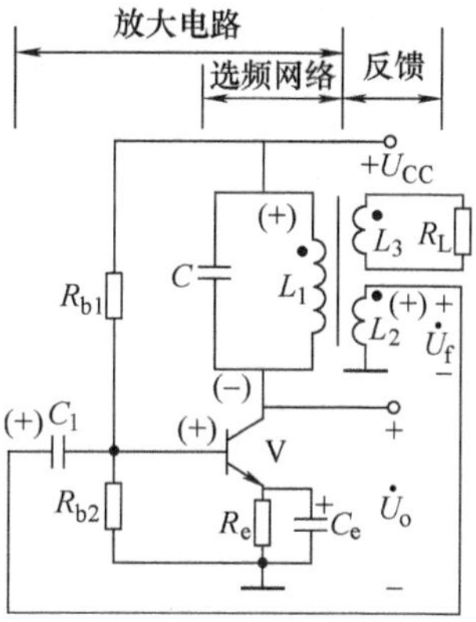

图 5-6 变压器反馈式 *LC* 振荡电路

1. 振荡条件

（1）相位平衡条件　如图 5-6 所示，设某一瞬时晶体管基极对地的电压为正极性“+”，则晶体管集电极为负极性“−”，即 $\varphi_A = 180°$。从 L_1 和 L_2 的同名端可知，反馈信号 $\dot{U}_f$ 与输出电压 $\dot{U}_o$ 极性相反，即 $\varphi_F = 180°$，所以 $\varphi_A + \varphi_F = 360°$，满足振荡条件的相位平衡条件。

振荡频率可由 *LC* 并联回路的固有谐振频率决定，即

$$f_0 = \frac{1}{2\pi\sqrt{L_1 C}} \tag{5-12}$$

（2）幅度平衡条件　为满足幅度平衡条件，对晶体管的 β 有一定的要求，一般 β 值较大即可。

2. 电路特点

易起振，输出电压较大；调频方便，一般在 *LC* 回路中采用接入可变电容器的方法来实现，调频范围较宽，工作频率通常在几兆赫左右；输出波形不理想，在输出波形中含有较多高次谐波成分。

二、电感反馈式 *LC* 振荡电路

电感反馈式 *LC* 振荡电路又称电感三点式 *LC* 振荡电路。所谓三点式振荡电路是指晶体管的三个电极分别与调谐回路的三个端点相连，电感反馈式 *LC* 振荡电路如图 5-7 所示。

R_{b1}、R_{b2}、R_e 组成偏置电路，C_e 是旁路电容，C_1 为隔直电容，以防止 $+U_{CC}$ 经 L_2 与基极相连，L_1、L_2、C 组成选频反馈网络作为集电极的负载，并利用 L_2 将谐振电压反馈回基极。

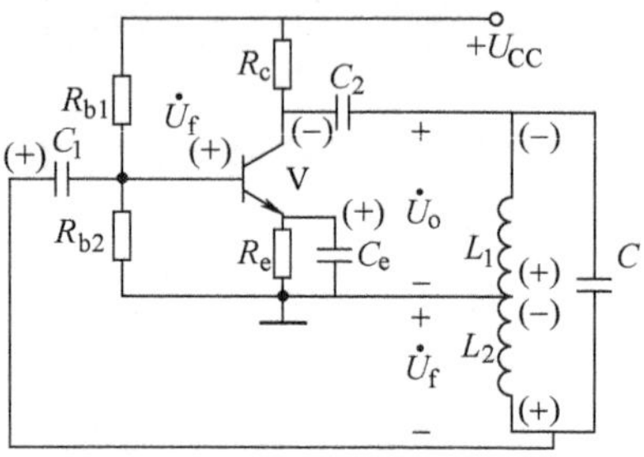

图 5-7　电感反馈式 LC 振荡电路

1. 振荡条件

（1）相位平衡条件　设晶体管的基极瞬间极性为正，则集电极电位为负，电感 L_1 的上端为负，下端为公共端，L_2 的下端为正，反馈电压由此端引至晶体管的基极，故为正反馈，满足相位平衡条件。其振荡频率为

$$f_0=\frac{1}{2\pi\sqrt{LC}} \tag{5-13}$$

式中，L 是电路的总电感，$L=L_1+L_2+2M$（M 为 L_1 和 L_2 的互感）。

（2）幅度平衡条件　由于反馈电压取自电压 L_2 的两端，所以只要改变绕组抽头的位置，即改变 L_2 的大小，就可以调节反馈电压的大小，当满足 $|AF|>1$ 时，电路便可起振。

2. 电路特点

由于 L_1 和 L_2 之间的耦合很紧，故电路易起振，输出幅度大；电容 C 若采用可变电容器，就能获得较大的频率调节范围，故调频方便；由于反馈电压取自电感 L_2 的两端，它对高次谐波的阻抗大，反馈也强，因此在输出波形中含有较多的高次谐波成分，输出波形不理想。

三、电容反馈式 LC 振荡电路

电容反馈式 LC 振荡电路又称电容三点式 LC 振荡电路，其振荡电路如图 5-8 所示。R_{b1}、R_{b2}、R_e 与晶体管构成放大电路，C_1 和 C_e 分别是隔直电容和旁路电容，$+U_{CC}$ 经集电极电阻 R_c 构成直流通路，L、C_1、C_2 构成的选频反馈回路作为集电极负载，通过电容 C_2 将谐振电压的一部分反馈到基极。

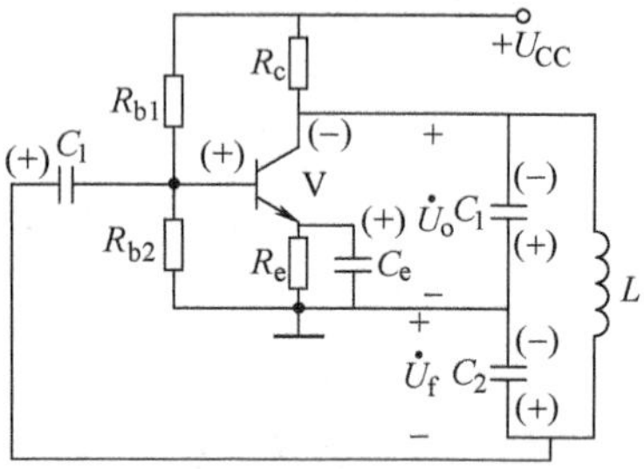

图 5-8　电容反馈式 LC 振荡电路

1. 振荡条件

（1）相位平衡条件　判断是否满足相位平衡的方法与电感反馈式相同，从图中可看出，电路为正反馈，满足相位平衡条件。

其振荡频率为

$$f_0=\frac{1}{2\pi\sqrt{LC}} \tag{5-14}$$

式中，C 是电路的总电容，$C=\dfrac{C_1C_2}{C_1+C_2}$。

（2）幅度平衡条件　从图 5-8 可看出，反馈电压 $\dot{U}_f$ 取自电容 C_2，所以适当地选择 C_1、C_2 的数值，电路便可起振。

2. 电路特点

容易起振，振荡频率高，可达 100MHz 以上；由于 C_2 对高次谐波的阻抗小，反馈电路中的谐波成分少，故振荡输出波形较好；因为 C_1、C_2 的大小与振荡频率和反馈量有关，C_1

或 C_2 的改变会影响反馈系数，从而影响反馈电压的大小，造成工作性能不稳定，所以此电路的频率调节不方便。

四、改进的电容反馈式 LC 振荡电路

在要求振荡频率较高时，谐振回路 C_1、C_2 就要求选得很小，这样与它们并联的电路中的寄生电容就会影响谐振频率，使电路不稳定。为了克服上述缺点并获得较高的谐振频率，在谐振回路中增加了一个较小的可调电容 C_x，如图 5-9 所示。

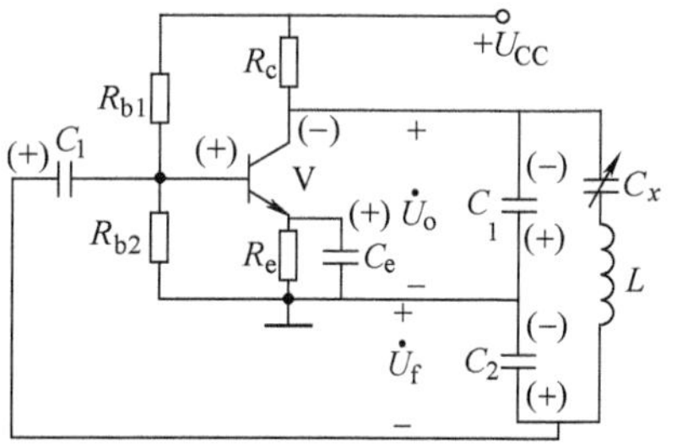

图 5-9　改进的电容反馈式 LC 振荡电路

若 $C_x << C_1$、$C_x << C_2$，则振荡频率主要取决于 C_x，即

$$f_0 = \frac{1}{2\pi\sqrt{LC_x}} \tag{5-15}$$

任务 5.2.3　石英晶体振荡电路

上述振荡电路的振荡频率基本是由选频网络的元件参数决定的，就是说提高了选频网络的稳定性，也就提高了振荡频率的稳定性。但在 LC 振荡电路中，不管采用什么措施，其频率稳定性（即 $\Delta f/f_0$）很难到达 10^{-5} 的精度。为此，引入石英晶体振荡器来代替 LC 振荡电路，其精度可达到 $10^{-9} \sim 10^{-11}$。

常用的石英钟或石英表中的“电子摆”就是石英晶体振荡器（简称晶振），除此之外，石英晶体振荡器还广泛用于标准频率发生器、脉冲计数器和电子计算机中的时钟信号发生器等精密设备中。

石英晶体的外形及结构如图 5-10 所示。

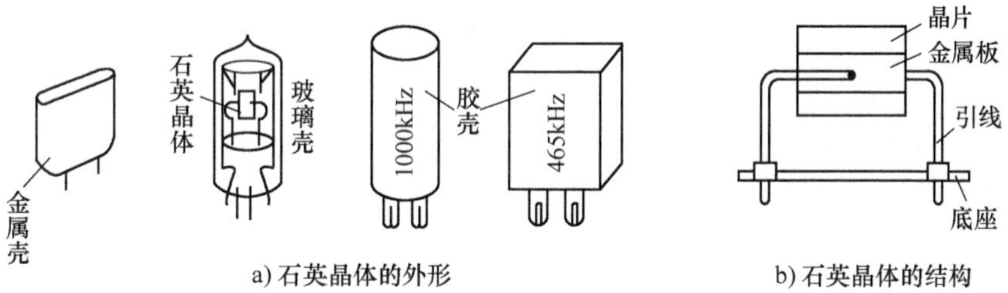

图 5-10　石英晶体的外形及结构

一、石英晶体的特性及等效电路

石英晶体的符号如图 5-11a 所示。它具有正、反压电效应，即当在石英晶体的某一个方向施加压力时，在与此垂直的表面上就会产生一个电场，这种现象称为压电效应。反之，在石英晶体的某一个方向施加一交变电场，在与此垂直的表面上就会产生机械振动。

因此，当在石英晶体两极之间加上交变电压时，它就会产生机械振动，与此同时，机械振动又会使晶体产生交变电场。一般情况下这种机械振动的振幅和交变电场的幅值都非常微小，只有在外加交变电压的频率等于某一特定频率时，振幅才会突然增大很多，这种现象称为压电谐振。

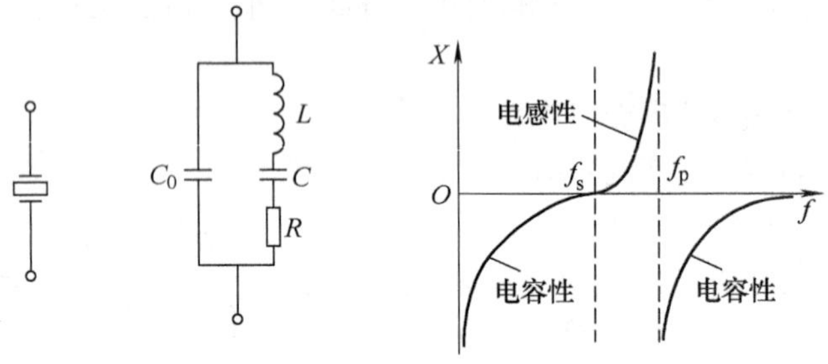

图 5-11　石英晶体

石英晶体的内部等效电路如图 5-11b 所示。它有两个谐振频率：串联谐振频率 f_s 和并联谐振频率 f_p。

低频时，可把电容 C_0 看做开路。若 $f=f_s$ 时，L、C、R 构成串联电路，发生串联谐振，即 $X_L=X_C$，其总阻抗 $Z_0=R$，串联谐振频率 f_s 为

$$f_s=\frac{1}{2\pi\sqrt{LC}} \tag{5-16}$$

当频率高于 f_s 时，$X_L>X_C$，C_0 与 LC 构成并联谐振电路，其并联谐振频率 f_p 为

$$f_p=\frac{1}{2\pi\sqrt{LC'}} \tag{5-17}$$

式中，C'是总电容，$C'=\dfrac{CC_0}{C+C_0}$。

在 $f_s<f<f_p$ 之间，石英晶体呈电感性，在其他范围呈电容性。石英晶体振荡器就是利用 f_s 与 f_p 之间的等效电感和等效电容来决定振荡频率的。

二、典型的石英晶体应用电路

石英晶体电路可分为两类：一类是并联式，其频率在 f_s 与 f_p 之间，把石英晶体作为电感来组成振荡电路；另一类是串联式，其振荡频率在 f_s 处，把石英晶体作为反馈元件来组成振荡电路。

1. 并联型石英晶体振荡电路

并联型石英晶体振荡电路如图 5-12 所示。电容 C_1、C_2 和石英晶体振荡器构成振荡回路，其频率在 f_s 与 f_p 之间，石英晶体相当于电感，这样，C_1、C_2 和石英晶体振荡器构成电容反馈式振荡电路。

2. 串联型石英晶体振荡电路

串联型石英晶体振荡电路如图 5-13 所示。石英晶体接在 V_1、V_2 组成的正反馈电路中。当振荡频率 $f=f_s$ 时，石英晶体的阻抗最小，为纯电阻，因此反馈最强，且相移 $\varphi_F=0$，满足振荡条件，振荡频率为 f_s。调节电阻 RP 可改变反馈强弱，RP 过大，反馈量小，电路不满足振幅平衡条件，不易产生振荡；RP 过小，反馈量太大，输出波形易失真。若 RP 为热敏电阻，则具有自动稳幅的作用。

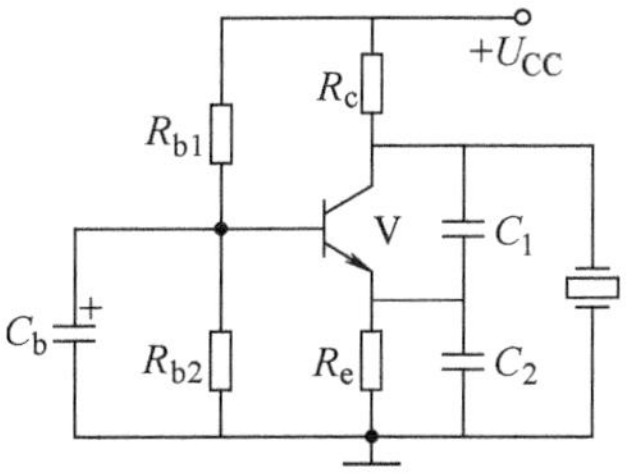

图 5-12　并联型石英晶体振荡电路

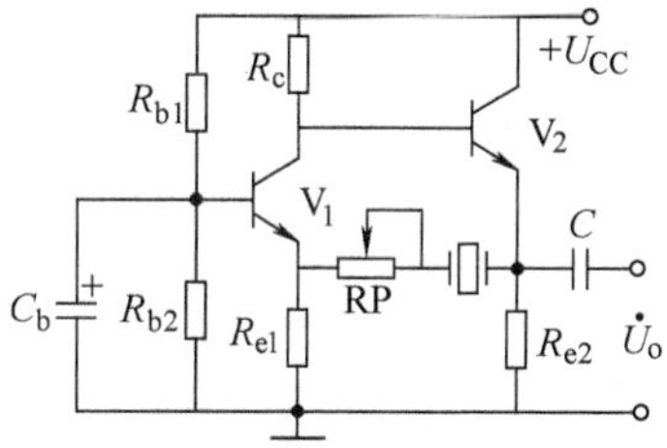

图 5-13　串联型石英晶体振荡电路

模块 5.3　非正弦信号发生器的分析与测试

非正弦信号发生电路常见的有矩形波、三角波、锯齿波等信号发生电路。

任务 5.3.1　矩形波发生电路

矩形波发生电路也称方波发生电路，其电路如图 5-14a 所示。集成运放工作在非线性区，输出值有两个：$+U_z$ 和 $-U_z$。

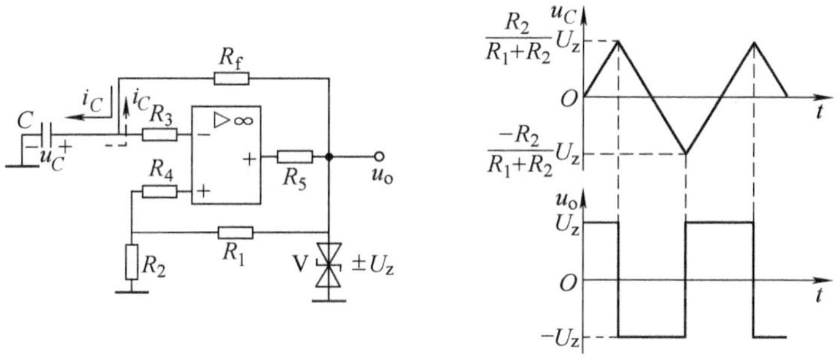

a) 电路　　b) 波形

图 5-14　矩形波发生电路及其波形

在刚接通电源时，电容上的电压为零，输出为正饱和电压 $+U_z$，同相输入端的电压为 $u'_+ = \dfrac{R_1}{R_1+R_2}U_z$，在输出电压 $+U_z$ 的作用下，经电阻 R_f 对电容 C 充电，充电电流为 i_C（图中实线所示）。

当电容上电压升至 $u_C = u'_+$ 时，由于 $u_- > u_+$，电路翻转，输出电压由 $+U_z$ 变为 $-U_z$，同相输入端的电压变为 $u''_+ = -\dfrac{R_1}{R_1+R_2}U_z$，此时电容开始放电，$u_C$ 开始下降，放电电流为 i_C（图中虚线所示）。

当电容上电压降至 $u_C = u''_+$ 时，由于 $u_- < u_+$，电路再次翻转，输出电压又变为 $+U_z$。输出电压的波形如图 5-14b 所示。

电路输出电压的周期 T 取决于充、放电的 RC 时间常数，即

$$T = 2.2RC \tag{5-18}$$

振荡频率为

$$f=\frac{1}{2.2RC} \tag{5-19}$$

任务 5.3.2　三角波发生电路

三角波发生电路如图 5-15a 所示。集成运放 A_2 构成一个积分电路，集成运放 A_1 构成滞回电压比较器，其同相输入端电压 u_+ 由 u_o 和 u_{o1} 共同决定，即

$$u_+=\frac{R_2}{R_1+R_2}u_{o1}+\frac{R_1}{R_1+R_2}u_o \tag{5-20}$$

由于 A_1 的反相输入端接地，所以，当 $u_+>0$ 时，$u_{o1}=+U_z$；当 $u_+<0$ 时，$u_{o1}=-U_z$，其波形如图 5-15b 所示。

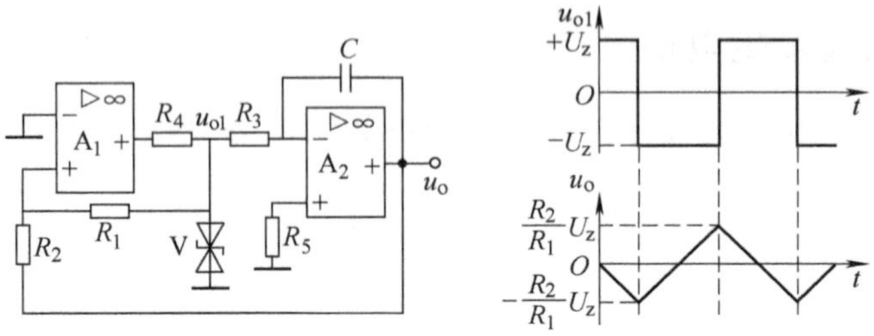

a) 电路　　b) 波形

图 5-15　三角波发生电路及其波形

当电源刚接通时（设电容的初始电压为零），A_1 的输出电压为 $+U_z$，积分器输入为 $+U_z$，电容 C 开始充电，输出电压 u_o 开始减小，由式（5-20）可知，u_+ 也随之减小，当 u_o 减小到 $-\frac{R_2}{R_1}$ 时，u_+ 由正值变为零，滞回电压比较器 A_1 翻转，其输出电压 $u_{o1}=-U_z$。

当 $u_{o1}=-U_z$ 时，积分器输入为负电压，输出电压 u_o 开始增大，u_+ 也随之增大，当 u_o 增大到 $\frac{R_2}{R_1}$ 时，u_+ 由负值变为零，滞回电压比较器 A_1 翻转，其输出电压 $u_{o1}=+U_z$。

三角波的频率为

$$f=\frac{R_1}{4R_2R_3C} \tag{5-21}$$

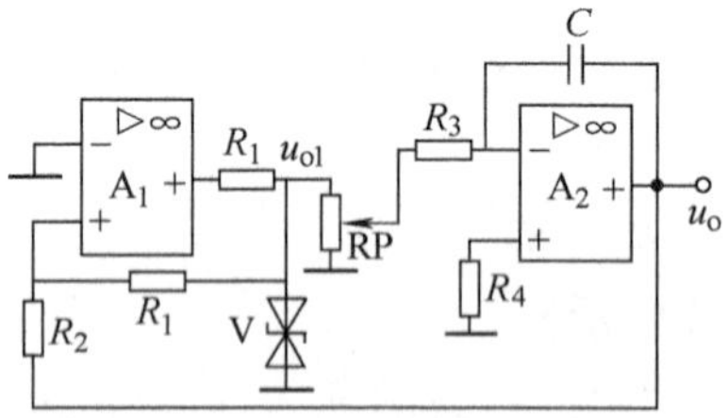

图 5-16　改进的三角波发生电路

改变频率的方法有两种：一种是改变 R_1、R_2 或 R_3 的数值；另一种是在积分器的输入端加入电位器，如图 5-16 所示，调节电位器 RP 会使积分器的输入电压值变化，积分到电压所需的时间也随之改变，从而改变波形的频率。

任务 5.3.3　锯齿波发生电路

图 5-15 所示的三角波发生电路的输出是等腰三角形，如果人为地使三角形两边不对称，即为锯齿波。锯齿波发生电路如图 5-17a 所示。

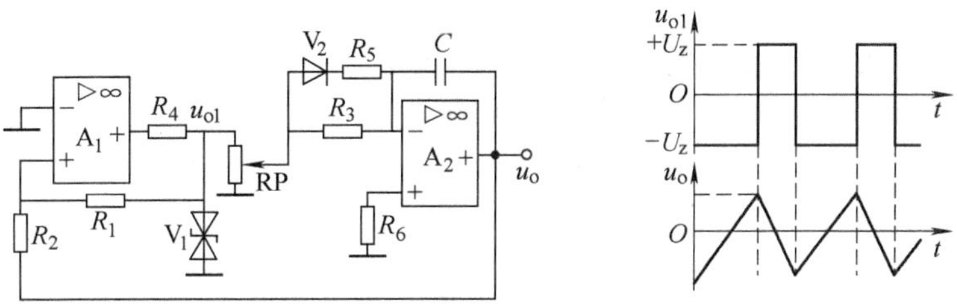

a) 电路　　b) 波形

图 5-17　锯齿波发生电路及其波形

锯齿波发生电路的工作过程与三角波发生电路基本相同，只是在集成运放 A_2 的反相输入端电阻 R_3 上并联由二极管 V_2 和电阻 R_5 组成的支路，这样能使正向积分和反向积分的速度不同。当 $u_{o1}=-U_z$ 时，V_2 反偏截止，正向积分时间常数为 R_3C；当 $u_{o1}=+U_z$ 时，V_2 正偏导通，反向积分时间常数为 $(R_3 /\!/ R_5)C$，若 $R_3 >> R_5$，则反向积分时间小于正向积分时间，就形成了锯齿波，如图 5-17b 所示。

模块 5.4　综合技能训练

任务 5.4.1　*LC* 正弦波振荡器的测试

一、训练目的

1）掌握变压器反馈式 *LC* 正弦波振荡器的调整和测试方法。

2）研究电路参数对 *LC* 振荡器起振条件及输出波形的影响。

二、训练仪器及设备

1）12V 直流电源	1 个
2）双踪示波器	1 台
3）交流毫伏表	1 块
4）直流电压表	1 块
5）频率计	1 个
6）振荡线圈	1 个
7）晶体管：3DG6	1 个
3DG12	1 个
8）电阻	若干
9）电容	若干

三、训练原理

图 5-18 为变压器反馈式 *LC* 正弦波振荡器的电路。其中晶体管 V_1 组成共射放大电路，变压器 T 的一次绕组 L_1（振荡绕组）与电容 *C* 组成调谐回路，它既作为放大器的负载，又起选频作用，二次绕组 L_2 为反馈绕组，L_3 为输出绕组。

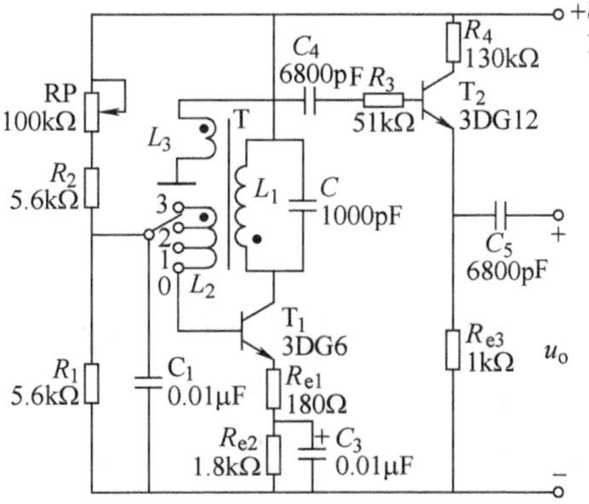

图 5-18　*LC* 正弦波振荡电路

该电路是靠变压器一、二次绕组同名端的正确连接（如图 5-18 中所示），来满足自激振荡的相位条件，即满足正反馈条件。振幅条件的满足，一是靠合理选择电路参数，使放大器建立合适的静态工作点；二是改变绕组 L_2 的匝数，或它与 L_1 之间的耦合程度，以得到足够强的反馈量。稳幅作用是利用晶体管的非线性来实现的。

振荡器的振荡频率由谐振回路的电感和电容决定，即

$$f_0 = \frac{1}{2\pi\sqrt{LC}}$$

式中，L 是并联谐振回路的等效电感（即考虑其他绕组的影响）。

四、训练内容和步骤

按图 5-18 连接实验电路。电位器 RP 调到最大位置，振荡电路的输出端接示波器。

1. 静态工作点的调整

1）接通 $+U_{CC}=12V$ 电源，调节电位器 RP，使输出端得到不失真的正弦波形。如不起振，可改变 L_2 的首末端位置，使之起振。测量两管的静态工作点及正弦波的有效值 U_o，记入表 5-1 中。

2）把 RP 调小，观察输出波形的变化。测量有关数据，记入表 5-1 中。

3）调大 RP，使振荡波形刚刚消失，测量有关数据，记入表 5-1 中。

表 5-1　静态工作点的测定

		U_B/V	U_E/V	U_C/V	I_C/mA	U_o/V	U_o 波形
RP 居中	T_1						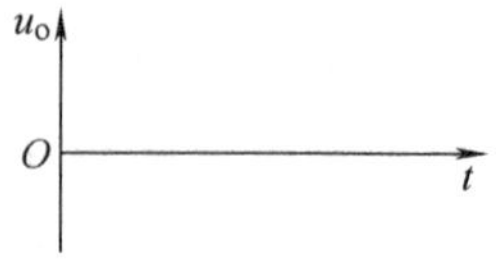
	T_2						
RP 小	T_1						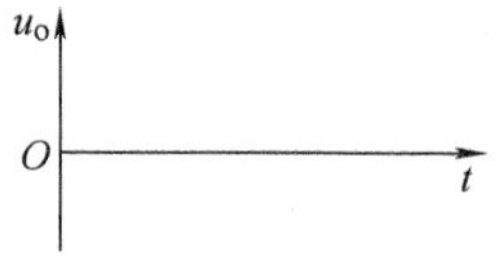
	T_2						
RP 大	T_1						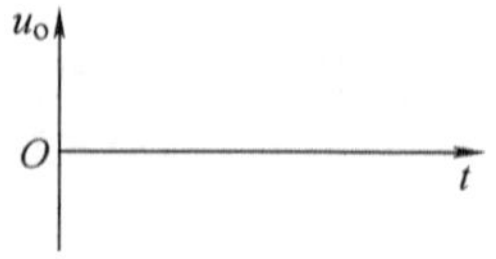
	T_2						

2. 反馈量大小对输出波形的影响

将反馈绕组 L_2 分别扳到“0”（无反馈）、“1”（反馈量不足）、“2”（反馈量合适）、“3”（反馈量过强），测量相应的输出电压波形，记入表 5-2 中。

3. 振荡频率的测量

调节 RP 使电路正常起振，同时用示波器和频率计测量 $C=1000pF$ 和 $C=100pF$ 两种情

况下的振荡频率 f_0，记入表 5-3 中。

表 5-2　反馈量大小对输出波形的影响的测定

L_2 位置	"0"	"1"	"2"	"3"
u_o 波形	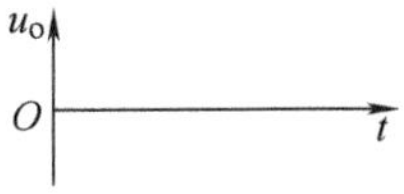	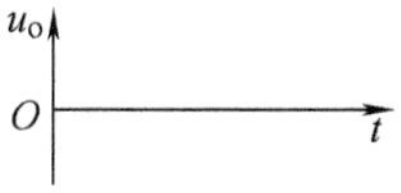	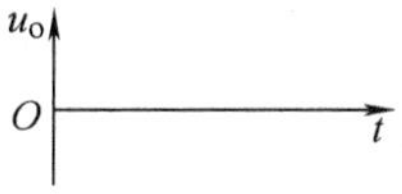	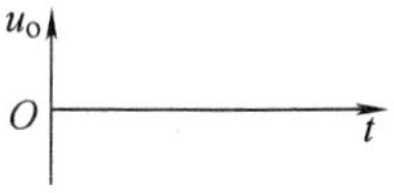

表 5-3　振荡频率的测量

C/pF	1000	100
f_0/kHz		

五、思考题

1）根据表 5-1 的三组数据，分析静态工作点对电路起振、输出波形幅度和失真的影响。

2）LC 正弦波振荡器的相位条件和幅值条件是什么？

3）电路参数对 LC 振荡器起振条件及输出波形有何影响？

4）LC 振荡器是怎样进行稳幅的？在不影响起振的条件下，晶体管的集电极电流是大一些好，还是小一些好？

任务 5.4.2　*RC* 正弦波振荡器的测试

一、训练目的

1）掌握 RC 正弦波振荡器的调整和测试方法。

2）掌握使用频率计和示波器测量信号频率的方法。

二、训练仪器及设备

1）直流电源　1 个

2）双踪示波器　1 台

3）交流毫伏表　1 块

4）频率计　1 个

5）集成运放　1 个

6）二极管　2 个

7）电位器　3 个

8）电阻　4 个

9）电容　2 个

三、训练原理

RC 正弦波振荡电路如图 5-19 所示，LM741 为集成运放，各引脚的功能如下：1、5 脚为调零端，2 脚为反相输入端，3 脚为同相输入端，4 脚为负电源 $-U_{EE}$，6 脚为输出端，7 脚为正电源 $+U_{CC}$。

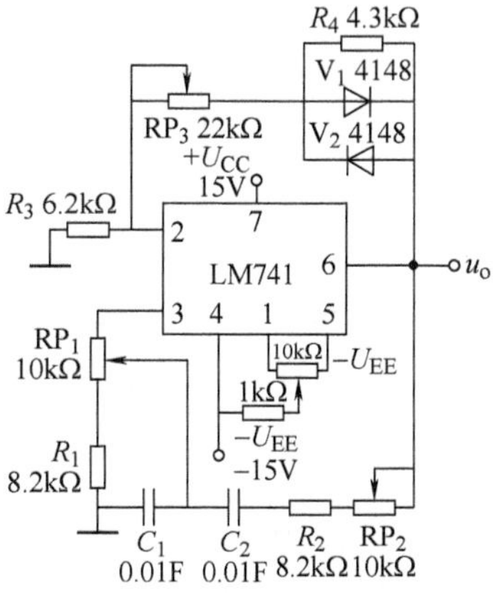

图 5-19　*RC* 正弦波振荡电路

四、训练内容和步骤

接通电源，调节电位器 RP，同时用示波器观察振荡器的输出电压，使电路起振，并使输出波形不失真。

1. 振荡频率范围的测定

调节电位器 RP_1 和 RP_2，分别用示波器和频率计测量振荡电路输出正弦波时的最高频率和最低频率，将数据记入表 5-4 中。

表 5-4　振荡频率范围的测定

	f_{max}	f_{min}
用示波器测量		
用频率计测量		

2. 输出电压的测量

调节电位器 RP_1 和 RP_2，使振荡频率为 1kHz，再调节 RP_3，分别用示波器和交流毫伏表测量不失真的输出电压的范围，将数据记入表 5-5 中。

表 5-5　输出电压的测量

	U_{omax}	U_{omin}
用示波器测量		
用交流毫伏表测量		

五、思考题

1）为什么调节电位器能改变输出信号的幅值？

2）电路中哪些参数与振荡频率有关？将振荡频率的实测值与理论估算值比较，分析产生误差的原因。

3）总结改变负反馈深度对振荡器起振的幅值条件及输出波形的影响。

任务 5.4.3　波形发生器的设计

一、训练目的

1）学会用集成运算放大器构成方波和三角波发生器。

2）掌握方波和三角波发生器电路的调试与测量方法。

二、训练仪器及设备

1）直流电源　　1 个

2）双踪示波器　　1 台

3）集成运放　　2 个

4）稳压管　　2 个

5）电阻　　若干

6）电容　　2 个

三、训练原理

1. 四运放集成电路 LM324 简介

四运放集成电路 LM324 是 14 脚双列直插塑料封装，它的内部包含四组形式完全相同的运算放大器，除电源共用外，四组运放相互独立，其引脚如图 5-20 所示。

2. 方波发生电路

基本方波发生电路如图 5-21 所示。双向稳压管 V 的稳定电压是 5V，正向压降为 0.7V。电阻 R_2 和 R_3 组成正反馈支路，电阻 R_1 和电容 C 组成充放电回路，是运算放大器的负反馈支路，电阻 R_4 是为了防止输出电流过大而设。

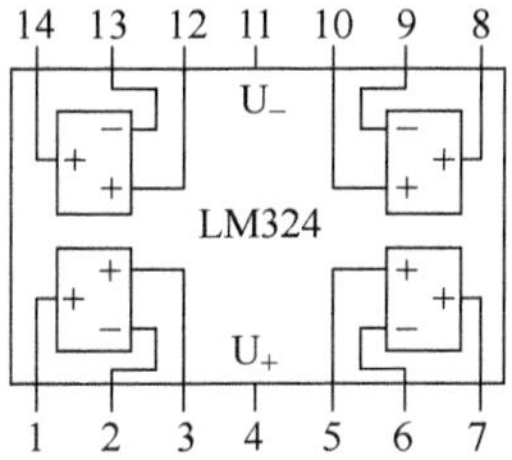

图 5-20　LM324 引脚排列

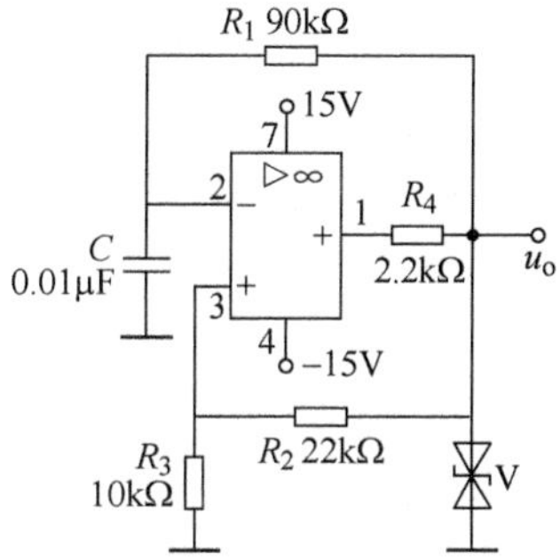

图 5-21　方波发生电路

输出电压 u_o 的极性由 u_+ 与 u_- 比较的结果而定：若 $u_+ > u_-$，则 u_o 为正；若 $u_+ < u_-$，则 u_o 为负。在接通电源的瞬间，输出电压 u_o 为正值，$u_o = +U_{om}$，则同相输入端的电压 u_+ 为

$$u_+ = \frac{R_3}{R_2 + R_3} u_o = +\frac{R_3}{R_2 + R_3} U_{om}$$

输出电压 u_o 经过电阻 R_1 向电容 C 充电时，电容上的电压 u_C 按指数规律增长。当 $u_C = u_o$ 时，输出电压开始翻转，R_2 和 R_3 支路的正反馈作用使翻转过程在很短的时间内完成，输出电压 u_o 由 $+U_{om}$ 跃变为 $-U_{om}$，使输出电压 u_o 保持在 $-U_{om}$。此时 u_+ 变为

$$u_+ = -\frac{R_3}{R_2 + R_3} U_{om}$$

同时，电容 C 通过电阻 R_1 放电，u_C 下降。当 u_C 下降到 u_+ 时，输出电压再次翻转，使 $u_o = +U_{om}$，如此反复，输出电压 u_o 为周期性的方波，如图 5-22 所示。

方波的上升沿和下降沿与集成电路的转换速率有关，方波的幅值由集成运放的饱和压降 U_{om} 决定，其值限制在 $\pm U_{om}$ 之间。由于电容 C 的充放电都是通过电阻 R_1 进行的，充放电的时间相等，因此，其周期为

$$T = 2R_1 C \ln\left(1 + \frac{2R_3}{R_2}\right)$$

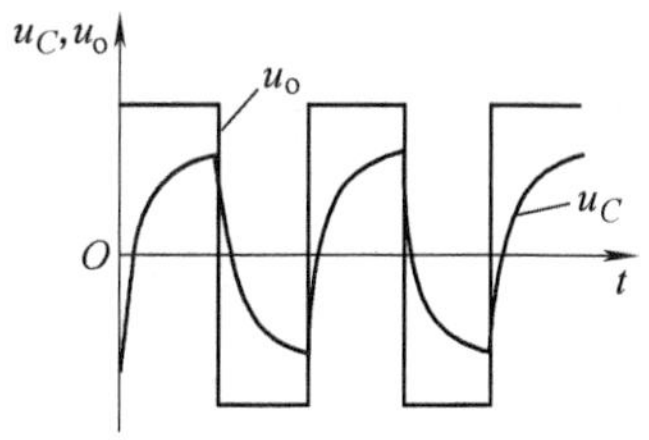

图 5-22　u_o 和 u_C 波形

频率为

$$f = \frac{1}{T} = \frac{1}{2R_1 C \ln\left(1 + \frac{2R_3}{R_2}\right)} \tag{5-22}$$

由式（5-22）可知，改变 R_1、R_2、R_3 或 C 的数值即可改变方波的频率。

3. 三角波与方波发生器

三角波与方波发生器由电压比较器和积分器构成，电路如图 5-23 所示。

集成运算放大器 A_1 与电阻 R_1、R_2、R_3、R_4 及双向稳压管 V 组成电压比较器。当积分器是输入为方波时，输出是一个上升速率与下降速率相等的三角波，比较器与积分器首尾相连，形成闭环电路，能自动产生方波和三角波。方波和三角波的频率为

$$f = \frac{1}{T} = \frac{R_3}{4R_2R_5C}$$

上式表明，要维持三角波的幅值不变，则 R_2、R_3 的比值应固定，调节 R_4 或 C 的数值可以改变三角波或方波的频率。

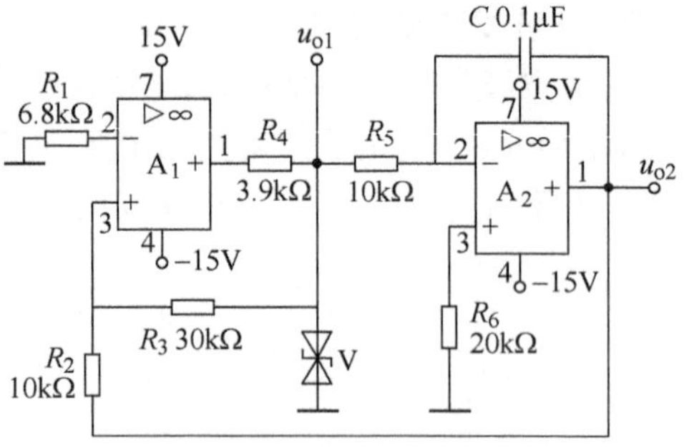

图 5-23　三角波与方波发生器

四、训练内容和步骤

1. 方波发生器的测试

按图 5-21 所示的电路接线，用双踪示波器同时观察并绘出输出电压 u_o 和电容上电压 u_C 的波形，读出周期 T、方波电压的峰峰值 $U_{op\text{-}p}$ 和电容上电压的峰峰值 $U_{Cp\text{-}p}$，并计算出方波的频率，填入表 5-6 中。

表 5-6　方波发生器的测试

次　数	测　量　值				计　算　值
	T/ms	f/Hz	$U_{op\text{-}p}$/V	$U_{Cp\text{-}p}$/V	f_0/Hz
1					
2					

2. 三角形发生器的测试

按图 5-23 所示的电路接线，用双踪示波器同时观察并绘出输出电压 u_{o1} 和积分器的输出电压 u_{o2} 的波形，用示波器测出三角波的周期 T、方波电压的峰峰值 $U_{Cp\text{-}p}$ 和电容上电压的峰峰值 $U_{Cp\text{-}p}$，计算出三角波的频率，填入表 5-7 中，并与理论值比较。

表 5-7　三角波发生器的测试

次　　数	测　量　值				计　算　值
	T/ms	f/Hz	$U_{op\text{-}p}$/V	$U_{Cp\text{-}p}$/V	f_0/Hz
1					
2					

五、思考题

1）在方波发生器中，要改变方波的频率，可改变哪些元件的数值？方波频率改变时，方波的幅值会不会改变？

2）在方波、三角波发生器中，要保持三角波的幅值不变，又要改变三角波的频率，应改变电路中的哪一个元件的数值？

练习与思考题

5.1　判断以下几种说法是否正确。

（1）振荡电路与放大电路的主要区别之一是：放大电路的输出信号与输入信号频率相同，而振荡电路一般不需要输入信号。(　　)

（2）只要满足相位平衡条件，且$\dot{A}\dot{F}>1$，则可产生自激振荡。(　　)

（3）负反馈电路不能产生自激振荡。(　　)

（4）只要有正反馈就能产生自激振荡。(　　)

（5）对于正弦波振荡电路，只要不满足相位平衡条件，即使放大电路的放大倍数很大，也不能产生正弦波振荡。(　　)

5.2　如图5-24所示的串并联正弦波振荡电路。

（1）判断电路能否产生正弦波振荡；

（2）推导产生正弦波振荡频率的表达式；

（3）判断若$R_1'=2R_2$，RP=0时电路能否起振，如不能，应怎样调节RP的值?

5.3　判断图5-25中的各电路能否产生正弦波振荡，并说明理由。如不能，应如何改正?

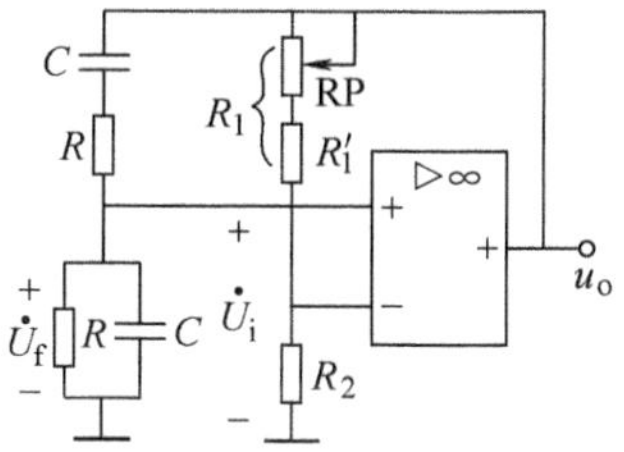

图　5-24

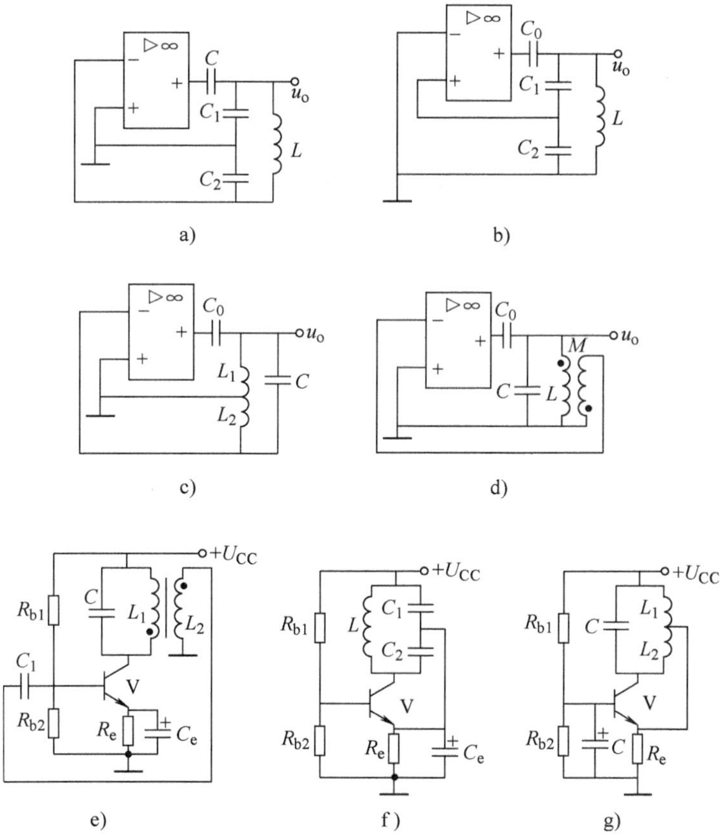

图　5-25

5.4　画出图 5-26 所示电路的电压传输特性。

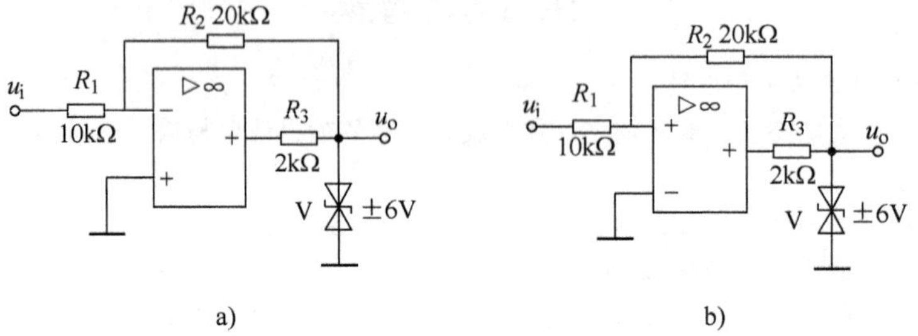

图　5-26

下篇　数字电子电路应用与设计

项目 6　逻辑代数的表示与应用

知识目标： 掌握逻辑代数的表示方法；
掌握逻辑代数的化简方法。

能力目标： 绘制卡诺图化简函数；
分析问题和解决实际问题的能力。

模块 6.1　数制与编码的分析

任务 6.1.1　数字电路的初步认识

一、模拟信号和数字信号

1. 模拟信号

模拟信号是指在时间上和数值上都是连续变化的信号，如电话、广播、电视中传递的各种声音信号和图像信号，如图 6-1 所示。

2. 数字信号

数字信号是指在时间上和数值上都是断续变化的离散信号，如图 6-2 所示。

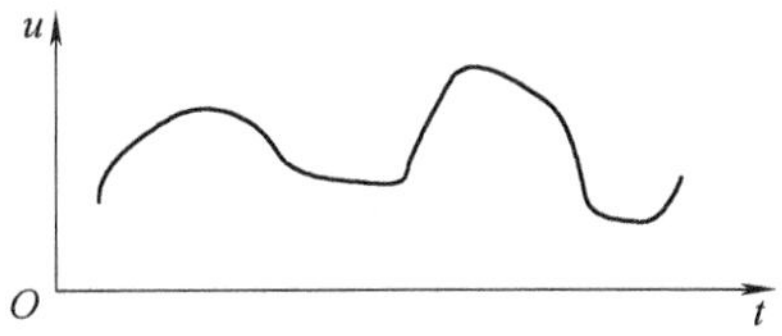

图 6-1　模拟信号

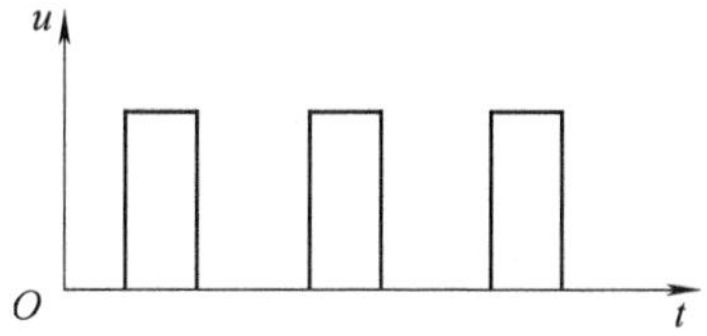

图 6-2　数字信号

二、数字电路

用数字信号完成对数字量进行算术运算和逻辑运算的电路称为数字电路或数字系统。由于它具有逻辑运算和逻辑处理功能，所以又称数字逻辑电路。现代的数字电路由半导体工艺制成的若干数字集成器件构造而成。

1. 数字电路的分类

（1）按电路结构分类　数字电路按组成的结构可分为分立元器件电路和集成电路两大类。分立元器件电路是将晶体管、电阻、电容等元器件由导线连接形成的电路；集成电路是将上述元器件和导线放在一块硅片上形成的一个不可分割的整体电路。

（2）按集成电路的集成度进行分类　按集成电路的集成度，可分为小规模集成数字电路（SSI）、中规模集成数字电路（MSI）、大规模集成数字电路（LSI）和超大规模集成数字电路（VLSI），见表6-1。

表6-1　集成电路分类表

集成电路分类	集　成　度	电路规模与范围
小规模集成电路 SSI	1～10门/片或10～100个元件/片	逻辑单元电路 包括：逻辑门电路、集成触发器
中规模集成电路 MSI	10～100门/片或100～1000个元件/片	逻辑部件 包括：计数器、译码器、编码器、数据选择器、寄存器、算术运算器、比较器、转换电路等
大规模集成电路 LSI	100～1000门/片或1000～10万个元件/片	数字逻辑系统 包括：中央控制器、存储器、各种接口电路等
超大规模集成电路 VLSI	大于1000门/片或大于10万个元件/片	高集成度的数字逻辑系统 例如：各种型号的单片机，即在一片硅片上集成一个完整的微型计算机

（3）按构成电路的半导体器件分类　按构成电路的半导体器件，可分为双极型晶体管集成电路和单极型MOS集成电路。

（4）按电路是否有记忆功能分类　按电路是否有记忆功能，可分为组合逻辑电路和时序逻辑电路。

2. 数字电路的特点

1）工作可靠，抗干扰能力强。因为数字电路只有0和1两个电平信号，受噪声和环境条件的影响极小。

2）电路结构简单，集成度高，成本低。数字电路中的电子元器件主要工作在开关状态，对元器件本身的参数要求不高，便于大规模集成和生产。

3）数字信息便于长期保存和加密，便于用计算机来处理大量的不同信息。

4）数字集成电路产品系列齐全，通用性强，且价格越来越便宜。

5）数字电路不仅能完成数值运算，而且还能进行逻辑判断。

6）工作效率高。数字电路智能化后能够“时分复用”、“频分复用”，即可以利用同一个数字信号处理器同时处理多个通道的信号。

任务6.1.2　数制与编码

一、数制

数制是人们对数量计算的一种统计规律。在日常生活中，人们最熟悉的是十进制，而在数字系统中广泛使用的是二进制、八进制和十六进制。

1. 十进制

十进制的特点：

1）它的数码共有十个，用0，1，2，3，4，5，6，7，8，9表示。

2）相邻位的关系是高位为低位的十倍，逢十进一，借一当十，即十进制的基数等于10。

3）任何一个十进制都可以写成以10为底的幂之和的形式，即

$$(N)_{10} = \sum_{i=-m}^{n-1} a_i \times 10^i \tag{6-1}$$

式中，a_i是第i位的系数，它是0~9中的任意数码；n表示整数部分的位数；m表示小数部分的位数；10^i表示数码在不同位置的数值大小，称为位权或权。十进制数用$(N)_D$或$(N)_{10}$表示。

十进制数可表示为各位加权系数之和，称为按权展开式，如

$$(246.134)_{10} = 2\times10^2 + 4\times10^1 + 6\times10^0 + 1\times10^{-1} + 3\times10^{-2} + 4\times10^{-3}$$

2. 二进制

二进制数是以2为基数的计数体制。它只有0和1两个数码，采用“逢二进一”的计数规律。二进制数用$(N)_B$或$(N)_2$表示。

任意一个二进制数的按权展开式为

$$(N)_2 = \sum_{i=-m}^{n-1} a_i \times 2^i \tag{6-2}$$

例如，$(1011.11)_2 = 1\times2^3 + 0\times2^2 + 1\times2^1 + 1\times2^0 + 1\times2^{-1} + 1\times2^{-2}$。

在数字电路中，数可以用电路的状态来表示。找一个具有十种状态的电子器件比较难，而找一个具有两种状态的器件很容易，故数字电路中广泛使用二进制。

3. 八进制

八进制数是以8为基数的计数体制，它用0，1，2，3，4，5，6，7这八个数码表示，采用“逢八进一”的计数规律。三位二进制码可用一位八进制码表示。八进制数用$(N)_O$或$(N)_8$表示。

任意一个八进制数的按权展开式为

$$(N)_8 = \sum_{i=-m}^{n-1} a_i \times 8^i \tag{6-3}$$

例如，$(573.46)_8 = 5\times8^2 + 7\times8^1 + 3\times8^0 + 4\times8^{-1} + 6\times8^{-2}$。

4. 十六进制

十六进制数是以16为基数的计数体制，它用0，1，2，3，4，5，6，7，8，9，A，B，C，D，E，F这十六个数码表示，采用“逢十六进一”的计数规律。四位二进制码可用一位十六进制码表示。十六进制数用$(N)_H$或$(N)_{16}$表示。

任意一个十六进制数按权展开式为

$$(N)_{16} = \sum_{i=-m}^{n-1} a_i \times 16^i \tag{6-4}$$

例如，$(5EC.D4)_{16} = 5\times16^2 + 14\times16^1 + 12\times16^0 + 13\times16^{-1} + 4\times16^{-2}$。

二、数制转换

1. 二进制、八进制、十六进制数转换为十进制数

将一个二进制、八进制或十六进制数转换成十进制数，只要写出该进制数的按权展开式，然后按十进制数的计数规律相加，就可得到所求的十进制数。

例6-1　将二进制数$(11010.011)_2$转换成十进制数。

解：$(11010.011)_2 = 1\times2^4 + 1\times2^3 + 0\times2^2 + 1\times2^1 + 0\times2^0 + 0\times2^{-1} + 1\times2^{-2} + 1\times2^{-3} = (26.375)_{10}$

例 6-2　将八进制数 $(137.504)_8$ 转换成十进制数。

解：$(137.504)_8 = 1\times8^2 + 3\times8^1 + 7\times8^0 + 5\times8^{-1} + 0\times8^{-2} + 0\times8^{-3} = (95.6318125)_{10}$

例 6-3　将十六进制数 $(12AF.B4)_{16}$ 转换成十进制数。

解：$(12AF.B4)_{16} = 1\times16^3 + 2\times16^2 + 10\times16^1 + 15\times16^0 + 11\times16^{-1} + 4\times16^{-2} = (26.375)_{10}$

2. 十进制数转换为二进制、八进制、十六进制数

整数部分采用“除基取余”法，即将十进制数的整数部分逐次被基数 C 除，每次除完后所得的余数便为要转换的数码，直到商为 0 时止。第 1 个余数为最低位，最后 1 个余数为最高位。

小数部分则采用“乘基取整”法，即将十进制数的小数部分乘以基数 C，乘积的整数部分作 C 进制数的小数部分。第 1 个取出的整数为最高位，最后一个取出的整数为最低位。

例 6-4　将十进制数 $(35)_{10}$ 转换成二进制数。

解：

2	35	…余 1…$K_0=1$	↑ 低位
2	17	…余 1…$K_1=1$	
2	8	…余 0…$K_2=0$	
2	4	…余 0…$K_3=0$	
2	2	…余 0…$K_4=0$	
2	1	…余 1…$K_5=1$	高位
	0		

所以，$(35)_{10} = (K_5K_4K_3K_2K_1K_0)_2 = (100011)_2$。

例 6-5　将十进制小数 $(0.8125)_{10}$ 转换为二进制小数。

解：$0.8125\times2 = 1.625$　　取整数位 1

$0.625\times2 = 1.25$　　取整数位 1

$0.25\times2 = 0.5$　　取整数位 0

$0.5\times2 = 1.0$　　取整数位 1

所以，$(0.8125)_{10} = (0.1101)_2$。如果出现乘积的小数部分一直不为“0”，则可以根据精度的要求截取一定的位数即可。

3. 八进制数、十六进制数与二进制数的相互转换

因为 $2^3 = 8$，所以对三位的二进制数来讲，从 000 ~ 111 共有 8 种组合状态，可以分别将这 8 种状态用来表示八进制数码 0，1，2，…，7。这样，每一位八进制数正好相当于三位二进制数。反过来，每三位二进制数又相当于一位八进制数。

同理，$2^4 = 16$，所以四位二进制数共有 16 种组合状态，可以分别用来表示十六进制的 16 个数码。这样，每一位十六进制数正好相当于四位二进制数。反过来，每四位二进制数等值为一位十六进制数。

例 6-6　将八进制数 $(625)_8$ 转换为二进制数。

解：$(625)_8=(110010101)_B$。

例 6-7　将二进制数 $(110100111)_2$ 转换为十六进制数。

解：$(110100111)_2=(1A7)_{16}$。

当要求将八进制数和十六进制数互相转换时，可通过二进制数来完成。

三、编码

在二进制数字系统中，每一位数只有 0 或 1 两个数码，只限于表达两个不同的信号。如果用若干位二进制数码来表示数字、文字符号以及其他不同的事物，我们称这种二进制码为代码。赋予每个代码以固定含义的过程称为编码。

1. 二进制编码

一位二进制代码可以表示两个信号，二位二进制代码可以表示四个信号，……依此类推，n 位二进制代码可以表示 2^n 个不同的信号。将具有特定含义的信号用二进制代码来表示的过程称为二进制编码。

2. 二-十进制编码

所谓二-十进制编码，就是用四位二进制代码来表示一位十进制数码，简称 BCD 码。由于四位二进制码有 0000，0001，…，1111 等 16 种不同的组合状态，故可以选择其中任意 10 个状态以代表十进制中 0 ~9 的 10 个数码，其余 6 种组合是无效的。因此，按选取方式的不同，可以得到不同的二-十进制编码。最常用的是 8421 码。

这种编码是选用四位二进制码的前 10 个代码 0000 ~1001 来表示十进制的这 10 个数码，此编码的特点如下：

1）这种编码实际上就是四位二进制数前 10 个代码按其自然顺序所对应的十进制数，十进制数每一位的表示和通常的二进制数相同。

例如，十进制数 845 的 8421 码形式为 $(845)_D=(100001000101)_{BCD}$。

2）它是一种有权码。四位二进制编码中由高位到低位的权依次是 2^3，2^2，2^1，2^0（即 8，4，2，1），故称为 8421 码。在 8421 码这类有权码中，如果将其二进制码 0、1 乘以其对应的权后求和，就是该编码所表示的十进制数。

例如，$(1001)_{BCD}=1\times2^3+0\times2^2+0\times2^1+1\times2^0=(9)_{10}$。

3）在这种编码中，1010 ~1111 这 6 种组合状态是不允许出现的，故称禁止码。

8421 码是最基本的和最常用的，其他编码还有 2421 码、5421 码等，见表 6-2。

表 6-2　常见编码对照表

十进制数	有权码				无权码
	8421 码	5421 码	2421(A)码	2421(B)码	余 3 码
0	0000	0000	0000	0000	0011
1	0001	0001	0001	0001	0100
2	0010	0010	0010	0010	0101
3	0011	0011	0011	0011	0110
4	0100	0100	0100	0100	0111
5	0101	1000	0101	1011	1000
6	0110	1001	0110	1100	1001
7	0111	1010	0111	1101	1010
8	1000	1011	1110	1110	1011
9	1001	1100	1111	1111	1100

模块 6.2　逻辑代数的运算

任务 6.2.1　逻辑变量与逻辑函数

逻辑代数是按一定逻辑规律进行运算的代数，它和普通代数一样有自变量和因变量。虽然自变量都可用字母 A、B、C、…来表示，但是只有两种取值，即 0 和 1。这里的 0 和 1 不代表数量的大小，而是表示两种对立的逻辑状态。例如，用“1”和“0”表示事物的“真”与“假”、电位的“高”与“低”、脉冲的“有”与“无”、开关的“闭合”与“断开”等。这种仅有两个取值的自变量具有二值性，称为逻辑变量。

普通代数中的函数是“随着自变量变化而变化的因变量”。同理，逻辑函数就是逻辑代数的因变量。它也只有 0 和 1 两种取值。

如果逻辑变量 A、B、C、…的取值确定之后，逻辑函数 Y 的值也被唯一地确定了，那么，我们称 Y 是 A、B、C、…的逻辑函数，写作

$$Y=F(A, B, C, \cdots) \tag{6-5}$$

任务 6.2.2　基本逻辑运算

所谓逻辑，是指“条件”与“结果”的关系。在数字电路中，利用输入信号反映“条件”，用输出信号反映“结果”，从而输入和输出之间就存在一定的因果关系，我们称它为逻辑关系。在逻辑代数中，有与逻辑、或逻辑、非逻辑三种基本逻辑关系，相应的基本逻辑运算为与、或、非，对应的门电路有与门、或门、非门。

1. 与逻辑

“与逻辑”又称“与运算”或“逻辑乘”。

图 6-3a 所示的开关电路中，只有当开关 A 和 B 都闭合，灯 Y 才亮；A 和 B 中只要有一个断开，灯就灭。如果以开关闭合作为条件，灯亮作为结果，图 6-3a 所示电路可以表示这样一种因果关系：只有当决定一件事情（灯亮）的所有条件（开关 A、B）都具备（都闭合）时，这件事情才能实现。这种逻辑关系称为“与逻辑”，其逻辑真值表见表 6-3，记为

$$Y=A\cdot B \tag{6-6}$$

式中，“·”表示“与运算”或“逻辑乘”，与普通代数中的乘号一样，它可省略不写，也可省略不读。与运算的逻辑符号如图 6-3b 所示。

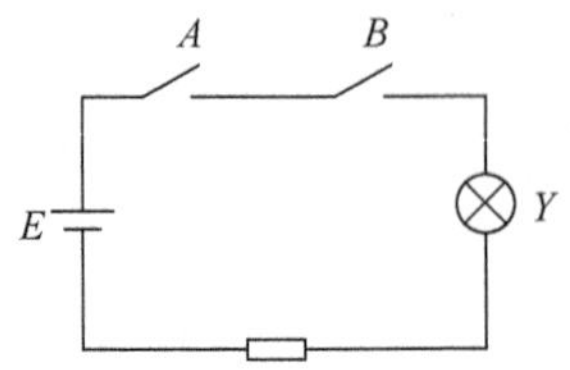

a) 与逻辑电路

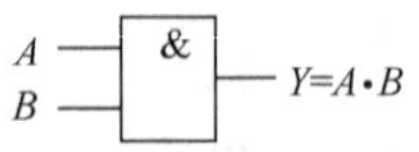

b) 与运算符号

图 6-3　与逻辑关系

表 6-3　与运算真值表

输入		输出
A	B	Y
0	0	0
0	1	0
1	0	0
1	1	1

2. 或逻辑

若决定一件事情的所有条件中只要有一个具备，这件事情就能实现，这种因果关系称为或逻辑，也称“或运算”或“逻辑加”。其逻辑真值表见表6-4。

图6-4a所示的开关电路中，开关A和B中只要有一个闭合，灯Y就会亮，则Y与A和B的关系属于或逻辑。其逻辑表达式为

$$Y = A + B \tag{6-7}$$

式中，“+”表示或逻辑的运算符号。或逻辑的逻辑符号如图6-4b所示。

表6-4　或运算真值表

输入		输出
A	B	Y
0	0	0
0	1	1
1	0	1
1	1	1

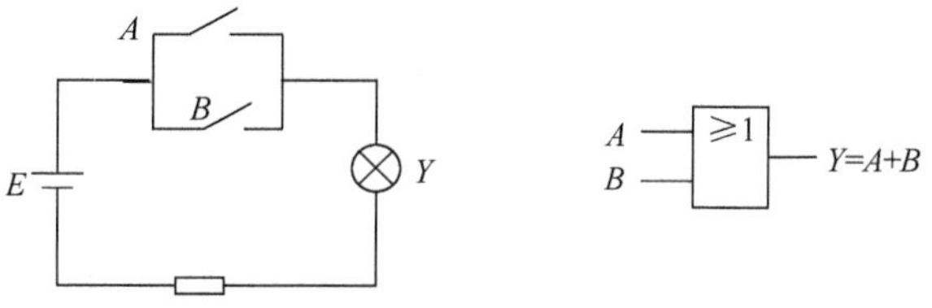

a) 或逻辑电路　　b) 或运算符号

图6-4　或逻辑关系

3. 非逻辑

条件的具备与事情的实现刚好相反，这种因果关系称为非逻辑，也称为“非运算”或“逻辑反”。其逻辑真值表见表6-5。

图6-5a所示的开关电路中，当开关A闭合时，灯Y就不会亮；当开关A断开时，灯Y就会亮，则Y与A的关系属于非逻辑。其逻辑表达式为

$$Y = \overline{A} \tag{6-8}$$

式中，字母A上方的横线表示“非逻辑”，读作“非”，即“$\overline{A}$”读作“A非”。非逻辑的逻辑符号如图6-5b所示。

表6-5　非运算真值表

输入	输出
A	Y
0	1
1	0

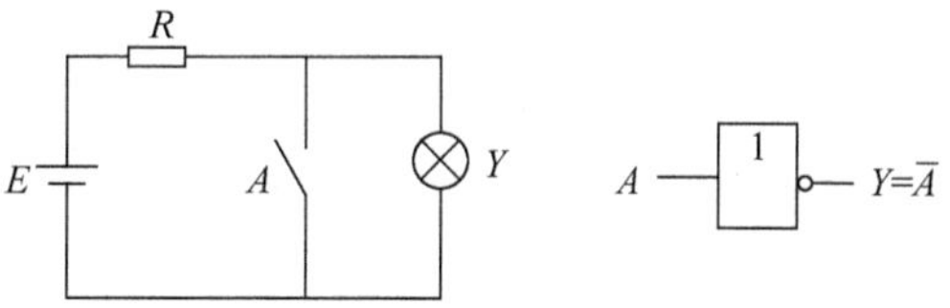

a) 非逻辑电路　　b) 非运算符号

图6-5　非逻辑关系

4. 复合逻辑

用“与”、“或”、“非”三种基本逻辑运算的各种不同组合可以构成“与非”、“或非”、“与或非”、“异或”、“同或”等复合逻辑，并构成相应的“复合门”电路。

（1）与非逻辑　将“与”和“非”运算组合在一起可以构成“与非运算”，或称“与非逻辑”。其逻辑函数表达式为

$$Y = \overline{A \cdot B \cdot C} \tag{6-9}$$

与非运算的真值表见表6-6，运算逻辑符号如图6-6所示。

表 6-6　与非运算真值表

输　入			输　出	输　入			输　出
A	*B*	*C*	*Y*	*A*	*B*	*C*	*Y*
0	0	0	1	1	0	0	1
0	0	1	1	1	0	1	1
0	1	0	1	1	1	0	1
0	1	1	1	1	1	1	0

（2）或非逻辑　将“或”和“非”运算组合在一起则可以构成“或非运算”，或称“或非逻辑”。逻辑表达式为

$$Y=\overline{A+B+C} \tag{6-10}$$

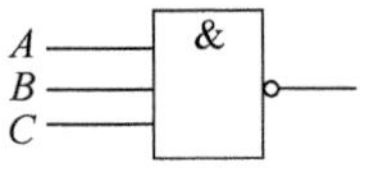

图 6-6　与非运算符号

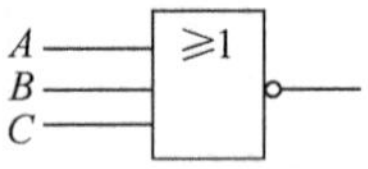

图 6-7　或非运算符号

或非运算的真值表见表 6-7，运算逻辑符号如图 6-7 所示。

表 6-7　或非运算的真值表

输　入			输　出	输　入			输　出
A	*B*	*C*	*Y*	*A*	*B*	*C*	*Y*
0	0	0	1	1	0	0	0
0	0	1	0	1	0	1	0
0	1	0	0	1	1	0	0
0	1	1	0	1	1	1	0

（3）与或非逻辑　将“与”、“或”、“非”三种运算组合在一起则可以构成“与或非运算”，或称“与或非逻辑”。其逻辑表达式为

$$Y=\overline{A\cdot B+C\cdot D} \tag{6-11}$$

实现与或非运算的电路称为与或非门，其逻辑符号如图 6-8 所示。

（4）异或逻辑　“异或逻辑”也称“异或运算”，它是两个变量的逻辑函数。其逻辑关系是当两个输入量不同时，输出为 1；当两个输入量相同时，输出为 0。

异或运算的真值表见表 6-8，函数表达式为

$$Y=A\overline{B}+\overline{A}B=A\oplus B \tag{6-12}$$

式中，运算符号“$\oplus$”表示“异或运算”，读作“异或”。异或运算的逻辑符号如图 6-9 所示，真值表见表 6-8。

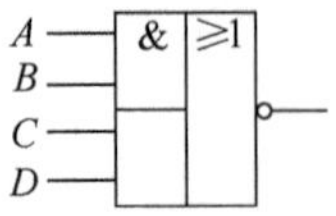

图 6-8　与或非运算逻辑符号

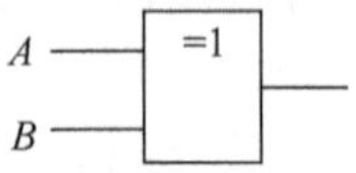

图 6-9　异或运算逻辑符号

表 6-8　异或运算的真值表

输　入		输　出	输　入		输　出
A	B	Y	A	B	Y
0	0	0	1	0	1
0	1	1	1	1	0

（5）同或逻辑　两个输入变量 A、B 的取值相同时，输出变量 Y 为 1；若 A、B 的取值不同时，输出变量 Y 为 0。这种逻辑关系称为同或逻辑，其逻辑表达式为

$$Y = AB + \overline{A}\,\overline{B} = A \odot B \tag{6-13}$$

式中，符号“⊙”表示同或运算，读作“同或”。同或的真值表见表 6-9，逻辑符号如图 6-10 所示。

表 6-9　同或运算的真值表

输　入		输　出
A	B	Y
0	0	1
0	1	0
1	0	0
1	1	1

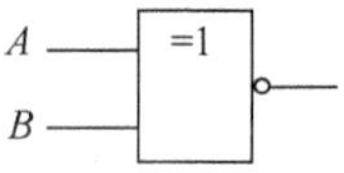

图 6-10　同或运算逻辑符号

任务 6.2.3　逻辑代数的基本定律

1. 基本公式

根据基本逻辑运算，可推导出逻辑代数的基本定律，见表 6-10。这些公式的正确性可以借助真值表来验证。

表 6-10　逻辑代数的基本定律表

定 律 名 称	逻辑代数表达式	
交换律	$A \cdot B = B \cdot A$	$A + B = B + A$
结合律	$A(BC) = (AB)C$	$A + (B + C) = (A + B) + C$
分配律	$A(B + C) = AB + AC$	$A + BC = (A + B)(A + C)$
0—1 律	$1 \cdot A = A$ $0 \cdot A = 0$	$0 + A = A$ $1 + A = 1$
互补律	$\overline{A} \cdot A = 0$	$\overline{A} + A = 1$
重叠律	$A \cdot A = A$	$A + A = A$
反演律(德·摩根定律)	$\overline{A \cdot B} = \overline{A} + \overline{B}$	$\overline{A + B} = \overline{A} \cdot \overline{B}$
还原律	$\overline{\overline{A}} = A$	
吸收律	$A + A \cdot B = A$ $A + \overline{A}B = A + B$	$A(A + B) = A$ $A \cdot (\overline{A} + B) = A \cdot B$
还原律	$AB + \overline{A}B = B$	$(A + B)(A + \overline{B}) = A$
冗余律	$AB + \overline{A}C + BC = AB + \overline{A}C$	

2. 基本规则

逻辑代数中有三个主要的基本规则：代入规则、反演规则、对偶规则。

（1）代入规则　在任何一个含有变量 X（假设某变量）的等式中，如果将等式两边所有出现变量 X 的位置都代之以一个逻辑函数 Y，则此等式仍然成立。

利用代入规则可扩大公式的应用范围。

例如，在 $A+BC=(A+B)(A+C)$ 中，用 $Y=B+D$ 来取代等式中的变量 A，则有

等式左边：$A+BC=(B+D)+BC=B+D$

等式右边：$(A+B)(A+C)=(B+D+B)(B+D+C)=(B+D)(B+D+C)=B+D$

可见等式仍然成立。

（2）反演规则　对逻辑函数 Y 求其反函数的过程叫做反演。

将一个逻辑函数 Y 中的运算符号“·”变“+”、“+”变“·”，“0”变“1”、“1”变“0”，原变量变反变量、反变量变原变量，那么所得到的新函数即为原函数 Y 的反函数，这个规则就是反演规则。

利用反演规则，可较容易地求出一个逻辑函数的反函数，但要注意两点：

1）变换过程中要保持原式中的运算顺序。

2）不是一单个变量上的“非”号应保持不变。

例如，$Y=A+\overline{B+\overline{C+\overline{D}}}$，则反函数 $\overline{Y}=\overline{A}\,\overline{\overline{B}\,\overline{\overline{C}\,\overline{\overline{D}}}}$。

（3）对偶规则　如果将任何一个逻辑函数 Y 中的“·”变“+”、“+”变“·”，“0”变“1”、“1”变“0”，所有的变量保持不变，这样所得到的新的函数式就是原逻辑函数 Y 的对偶式，记作 Y'。

由原式求对偶式时，要注意原式中的运算顺序。

例如，$Y=A\overline{B}+\overline{A}B$，则 $Y'=(A+\overline{B})(\overline{A}+B)$。

模块 6.3　逻辑函数的化简——代数法

设有两个逻辑函数，$Y_1=F(A、B、C、\cdots)$，$Y_2=F(A、B、C、\cdots)$，它们的变量都是 A、B、C、…，如果对应于 A、B、C、…的任何一组变量取值，Y_1 和 Y_2 的值都相同，则称 Y_1 和 Y_2 是相等的，记为 $Y_1=Y_2$。显然，若两个逻辑函数相等，那么它们的真值表一定相同；反过来，若两个函数的真值表完全相同,那么这两个函数一定相等。这个概念为逻辑函数的化简提供了基础。

任务 6.3.1　化简的意义和最简的概念

在实际问题中，直接根据逻辑要求而归纳的逻辑函数是比较复杂的，含有较多的逻辑变量和逻辑运算符。逻辑函数的表达式并不是唯一的，可以写成各种不同的形式，因而实现同一种逻辑关系的数字电路也可以有多种形式。为了提高数字电路的可靠性，尽可能地减少所用的元器件数目，希望能求得逻辑函数最简单的表达式。通过化简的方法可找出逻辑函数的最简形式。例如，下列两式是同一逻辑函数的两个不同表达式：

$$Y=\overline{A}\,\overline{B}\,\overline{C}+A\,\overline{B}\,\overline{C}+\overline{A}BC+\overline{A}\,\overline{B}C+A\,\overline{B}C$$

$$Y=\overline{B}+\overline{A}C$$

一个给定的逻辑函数，其真值表是唯一的，但其表达式可以有许多不同的形式，如

$$Y=AB+\overline{A}C=(A+C)(\overline{A}+B)=\overline{\overline{AB}\cdot\overline{\overline{A}C}}=\overline{\overline{A+C}+\overline{\overline{A}+B}}=\overline{\overline{A}\,\overline{C}+A\,\overline{B}}$$

在各种逻辑函数表达式中，最常用的是与或表达式，由它很容易推导出其他形式的表达式。与或表达式就是用逻辑函数的原变量和反变量组合成多个逻辑乘积项，再将这些逻辑乘积项相加而成的表达式。例如，$F=A\bar{B}+\bar{A}B$ 就是与或表达式。所谓化简，一般就是指化为最简的与或表达式。

判断与或表达式是否最简的条件是逻辑乘积项最少、每个乘积项中变量最少。

任务 6.3.2　代数法化简

代数法化简也称公式法化简，就是利用逻辑代数的基本公式和常用公式来简化逻辑函数。

1. 并项法

利用公式 $AB+A\bar{B}=A$，将两项合并成一项，消去一个变量。

例 6-8　化简 $Y=A(BC+\bar{B}\bar{C})+A(B\bar{C}+\bar{B}C)$。

解： $Y=A(BC+\bar{B}\bar{C})+A(B\bar{C}+\bar{B}C)=A(B\bar{C}+\bar{B}C)+A(\overline{B\bar{C}+\bar{B}C})=A(\overline{B\bar{C}+\bar{B}C}+B\bar{C}+\bar{B}C)=A$。

2. 吸收法

利用公式 $A+AB=A$，消去多余的乘积项。

例 6-9　化简 $Y=A\bar{B}+A\bar{B}CD\ (E+\bar{F})$。

解： $Y=A\bar{B}+A\bar{B}CD\ (E+\bar{F})\ =A\bar{B}$。

3. 消去法

利用公式 $A+\bar{A}B=A+B$，消去多余的因子。

例 6-10　化简 $Y=AB+\bar{A}C+\bar{B}C$。

解： $Y=AB+\bar{A}C+\bar{B}C=AB+\ (\bar{A}+\bar{B})\ C=AB+\overline{AB}C=AB+C$。

4. 配项法

利用 $A=A\ (B+\bar{B})$，对不能直接应用公式化简的乘积项配项进行化简。

例 6-11　化简 $Y=A\bar{B}+B\bar{C}+\bar{B}C+\bar{A}B$。

解：

$$
\begin{aligned}
Y&=A\bar{B}+B\bar{C}+\bar{B}C+\bar{A}B=A\bar{B}+B\bar{C}+(A+\bar{A})\bar{B}C+\bar{A}B(C+\bar{C})\\
&=A\bar{B}+B\bar{C}+A\bar{B}C+\bar{A}\bar{B}C+\bar{A}BC+\bar{A}B\bar{C}\\
&=(A\bar{B}+A\bar{B}C)+(B\bar{C}+\bar{A}B\bar{C})+(\bar{A}\bar{B}C+\bar{A}BC)\\
&=A\bar{B}+B\bar{C}+\bar{A}C
\end{aligned}
$$

逻辑函数化简的途径并不是唯一的，上述四种方法可以任意选用或综合运用。

例 6-12　化简 $Y=AD+A\bar{D}+AB+\bar{A}C+BD+ACEF+ACEF+\bar{B}EF+DEFG$。

解：

$$
\begin{aligned}
Y&=AD+A\bar{D}+AB+\bar{A}C+BD+ACEF+ACEF+\bar{B}EF+DEFG\\
&=A+AB+\bar{A}C+BD+ACEF+ACEF+\bar{B}EF+DEFG\\
&=A+\bar{A}C+BD+\bar{B}EF+DEFG\\
&=A+C+BD+\bar{B}EF+DEFG\\
&=A+C+BD+\bar{B}EF
\end{aligned}
$$

模块 6.4　逻辑函数的化简——卡诺图法

卡诺图是按一定规则画出来的框图，也是逻辑函数的一种表示方法。它可以直观而方便地化简逻辑函数。

任务 6.4.1　逻辑函数的最小项

1. 最小项的定义

在逻辑函数中，设有 n 个逻辑变量，由这 n 个逻辑变量所组成的乘积项（与项）中的每个变量只是以原变量或反变量的形式出现一次，且仅出现一次，那么这个乘积项称为 n 个变量的一个最小项。

对于三个变量函数来讲，$\overline{A}\,\overline{B}\,\overline{C}$、$\overline{A}\,\overline{B}C$、$\overline{A}B\,\overline{C}$、$\overline{A}BC$、$A\,\overline{B}\,\overline{C}$、$A\,\overline{B}C$、$AB\,\overline{C}$、$ABC$ 都符合最小项的定义，因此把这八个乘积项称为三个变量 A、B、C 的最小项。除此之外，$\overline{A}C$、$\overline{A}(B+C)$、$A\,\overline{B}BC$ 和 $A\,\overline{B}\,\overline{A}$ 等项就不是最小项。

n 变量的逻辑函数，有 2^n 个最小项。若 $n=2$，$2^n=4$，二变量的逻辑函数就有 4 个最小项，若 $n=4$，$2^n=16$，四变量的逻辑函数就有 16 个最小项，……依此类推。

2. 最小项的性质

1）对于任意一个最小项，有且仅有一组变量的取值使它的值等于 1。

2）任意两个不同最小项的乘积恒为 0。

3）n 变量的所有最小项之和恒为 1。

3. 最小项编号

n 个变量有 2^n 个最小项。为了叙述和书写方便，通常对最小项进行编号。最小项用“m_i”表示，并按如下方法确定下标“i”：把最小项取值为 1 所对应的那一组变量取值的组合当成二进制数，将其转换成相应的十进制数，就是 i 的值。例如，三变量 A、B、C 的最小值 $\overline{A}\,\overline{B}C$，使它的值为 1 的变量取值为 001，对应的十进制数为 1，则其最小项的编号为“m_1”。同理，$AB\,\overline{C}$的编号为“m_6”。

任务 6.4.2　卡诺图

1. 卡诺图的组成和特点

卡诺图是逻辑函数的一种表示方式，是根据真值表按一定的规则画出来的一种方块图。此规则是使逻辑相邻的关系表现为几何位置上的相邻，利用卡诺图使化简工作变得直观。

所谓逻辑相邻，是指两个最小项中除了一个变量取值不同外，其余的都相同，那么这两个最小项具有逻辑上的相邻性。所谓几何相邻，是指在卡诺图中排列位置相邻的那些最小项。

要把逻辑相邻用几何相邻实现，在排列卡诺图上输入变量的取值顺序时，就不能按自然二进制顺序排列，而应对排列顺序进行适当调整。对行或列是两个变量的情况，自变量取值按 00，01，11，10 排列；对行或列是三个变量的情况，自变量取值按 000，001，011，010，110，111，101，100 排列。

n 个变量的逻辑函数，具有 2^n 个最小项，对应的卡诺图也应有 2^n 个小方块。二变量的

最小项有 $2^2=4$ 个，其对应的二变量卡诺图由4个小方块组成，并对应表示4个最小项 m_0 ~ m_3，如图6-11所示。

三变量的最小项有 $2^3=8$ 个，对应的三变量卡诺图由8个小方块组成，并对应表示8个最小项，如图6-12所示。四变量最小项的个数为 $2^4=16$ 个，对应的四变量卡诺图由16个小方块组成，并对应表示16个最小项，如图6-13所示。

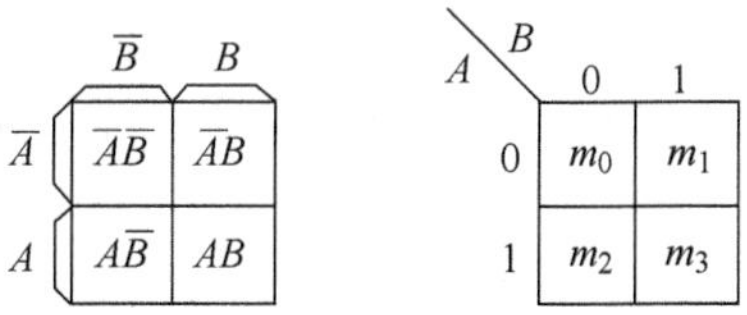

图6-11　二变量卡诺图的表示

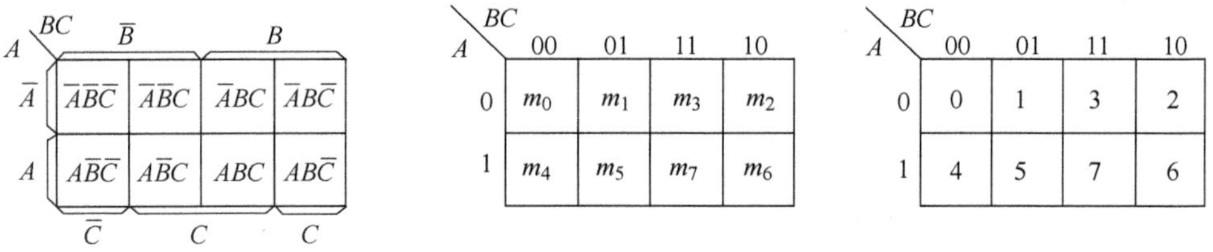

图6-12　三变量卡诺图的表示

由卡诺图的组成可知，卡诺图具有如下特点：

1）n 变量的卡诺图具有 2^n 个小方块，分别表示 2^n 个最小项。每个原变量和反变量总是各占整个卡诺图区域的一半。

2）在卡诺图中，任意相邻小方块所表示的最小项都仅有一个变量不同，即这两个最小项具有“相邻性”。相邻的小方块数是随着变量的增加而增加的，且等于变量个数 n。

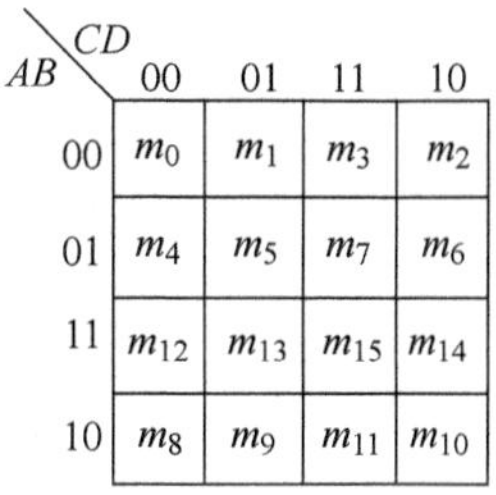

图6-13　四变量卡诺图的表示

2. 利用卡诺图表示逻辑函数

一个逻辑函数 Y 不仅可以用逻辑表达式、真值表、逻辑图来表示，而且还可以用卡诺图表示。其基本方法是根据给定逻辑函数画出对应的卡诺图框，按构成逻辑函数最小项的下标在相应的方格中填写“1”，其余的方格填写“0”，便得到相应逻辑函数的卡诺图。在画卡诺图时，通常有三种情况。

（1）根据逻辑函数的真值表画卡诺图　具体画法是先画出给定函数变量数相同的卡诺图，然后根据真值表来填写每一个方块的值，也就是在相应的变量取值组合的每一小方格中，函数值为1的填上“1”，为0的填上“0”，就可以得到函数的卡诺图。

例6-13　已知三输入量 A、B、C 与输出量 Y 的关系见表6-11，试画出其卡诺图。

解： 根据题意画出的卡诺图如图6-14所示。

表6-11　例6-13表

输入			输出
A	*B*	*C*	*Y*
0	0	0	0
0	0	1	0
0	1	0	0
0	1	1	1
1	0	0	0
1	0	1	1
1	1	0	1
1	1	1	1

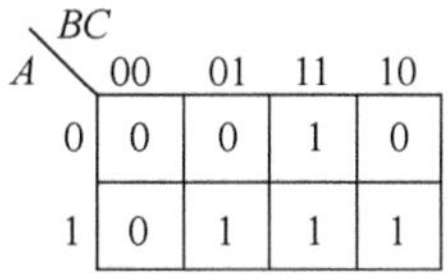

图6-14　例6-13的卡诺图

（2）根据逻辑函数最小项的表达式画卡诺图　把逻辑函数的最小项填入相应变量的卡诺图中，也就是将表达式中所包含的最小项在对应的小方格中填入“1”，其他的小方格填入“0”，这样所得到的图形就是逻辑函数的卡诺图。

例 6-14　已知 $Y(A, B, C, D) = \sum m(0, 2, 5, 7, 8, 10, 13, 15)$，试画出其卡诺图。

解：根据题意画出的卡诺图如图 6-15 所示。

（3）根据逻辑函数表达式画卡诺图　先将一般逻辑函数表达式变换为与或表达式，然后再变换为最小项表达式，则可得到相应的卡诺图。

根据一般逻辑表达式画卡诺图时，可以从一般与或式直接画卡诺图。其方法是：把每一个乘积项所包含的那些最小项所对应的小方格都填上“1”，其余的填“0”，就可以直接得到函数的卡诺图。

例 6-15　已知 $Y(A, B, C) = \overline{\overline{A} + CB} + \overline{A}B\overline{C} + AC$，试画出其卡诺图。

解：对上式进行化简，得

$$Y(A, B, C) = \overline{\overline{A} + CB} + \overline{A}B\overline{C} + AC = A\overline{CB} + \overline{A}B\overline{C} + AC(B + \overline{B}) = AB\overline{C} + \overline{A}B\overline{C} + ABC + A\overline{BC}$$

画出的卡诺图如图 6-16 所示。

AB \ CD	00	01	11	10
00	1	0	0	1
01	0	1	1	0
11	0	1	1	0
10	1	0	0	1

图 6-15　例 6-14 的卡诺图

A \ BC	00	01	11	10
0	0	0	0	1
1	0	1	1	1

图 6-16　例 6-15 的卡诺图

任务 6.4.3　利用卡诺图化简逻辑函数

1. 合并最小项的规律

利用卡诺图合并最小项，实质上就是反复运用公式 $AB + A = A$，消去相异的变量，从而得到最简的“与或”式。

1）当 2 个（2^1）相邻小方格的最小项合并时，消去 1 个互反变量。

2）当 4 个（2^2）相邻小方格的最小项合并时，消去 2 个互反变量。

3）当 8 个（2^3）相邻小方格的最小项合并时，消去 3 个互反变量。

4）当 2^n 个相邻小方格的最小项合并时，消去 n 个互反变量，n 为正整数。

2. 利用卡诺图化简逻辑函数

利用卡诺图化简逻辑函数的步骤：

1）画出逻辑函数的卡诺图。

2）按合并最小项的规律合并最小项，将可以合并的最小项分别用包围圈（复合圈）圈出来。

3）将每个包围圈所得的乘积项相加，就可得到逻辑函数最简“与或”表达式。

例 6-16　用卡诺图化简逻辑函数 $Y(A, B, C, D) = \sum m(0, 2, 3, 5, 7, 8, 10, 11, 15)$

解：第一步，画出 Y 的卡诺图，如图 6-17 所示；

第二步，按合并最小项的规律画出相应的包围圈；

第三步，将每个包围圈的结果相加，得 $Y(A, B, C, D) = CD + \overline{B}\,\overline{D} + \overline{A}BD$。

例 6-17　用卡诺图化简逻辑函数 $Y(A, B, C, D) = \sum m(3, 4, 5, 7, 9, 13, 14, 15)$。

解： 首先画出 Y 的卡诺图，如图 6-18 所示。

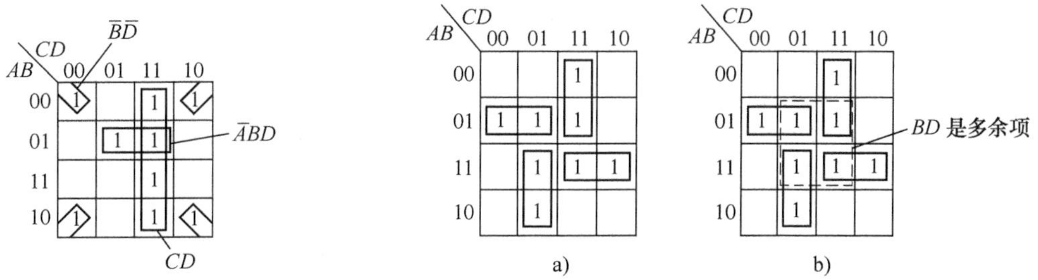

图 6-17　例 6-16 的卡诺图化简　　图 6-18　例 6-17 的卡诺图化简

然后合并最小项。图 6-18a、b 是两种不同的圈法，图 6-18a 是最简的，图 6-18b 不是最简的，因为只注意对 1 画包围圈应尽可能大，但没注意复合圈的个数应尽可能少，实际上包含 4 个最小项的复合圈是多余的。

最后写出最简与或式 $Y(A, B, C, D) = \overline{A}B\overline{C} + A\overline{C}D + ABC + \overline{A}CD$。

从上述例题可知，利用卡诺图化简逻辑函数，对最小项画包围圈是比较重要的。圈的最小项越多，消去的变量就越多；圈的数量越少，化简后所得到的乘积项就越少。

综上所述，合并最小项应遵循的原则是：

1）按合并最小项的规律，对函数所有的最小项画包围圈。

2）包围圈的个数要最少，使得函数化简后的乘积项最少。

3）一般情况下，应使每个包围圈尽可能大，则每个乘积项中变量的个数最少。

4）最小项可以被重复使用，但每一个包围圈至少要有一个新的最小项（即尚未被圈过的最小项）。

3. 具有无关项的逻辑函数的化简

（1）无关项概念　在前面所讨论的逻辑函数中，我们认为逻辑变量的取值是独立的，不受其他变量取值的制约。但是，在某些实际问题的逻辑关系中，变量和变量之间存在一定的制约关系，即对应于 n 个输入变量的某些取值，不一定所有的变量取值组合都会出现，函数仅与其中的一部分有关，与另一部分无关，通常把那些与函数逻辑值无关的最小项称为无关项。

例如，用 8421BCD 码表示十进制数，只用 0000 ~ 1001 十组编码来表示 0 ~ 9 十个十进制数，其余 1010 ~ 1111 六组编码未使用，它们是与 8421BCD 码无关的组合，在正常工作时，它们是不会（也不允许）出现的，因此 1010 ~ 1111 六种状态所对应的最小项即为无关项。

对于上述含有无关项的函数可写为

$$Y(A, B, C, D) = \sum m(0, 1, 2, 3, 4, 5, 6, 7, 8, 9) + \sum d(10, 11, 12, 13, 14, 15)$$

既然无关项对应的变量取值的组合不会出现，那么，无关项的处理就可以是任意的，可以认为是“1”，也可以认为是“0”。当对含有无关项的逻辑函数进行化简时，要考虑无关项，当它对函数的化简有利时，认为它是“1”，反之认为是“0”。通常把对应的函数值记作“×”或“ϕ”。

（2）具有无关项的逻辑函数的化简方法　对于具有无关项的逻辑函数，可以利用无关项进行化简，使得表达式简化。

例 6-18　设输入 A、B、C、D 是十进制数 X 的二进制编码，当 $X\geqslant 5$ 时，输入 Y 为 1，否则为 0，求 Y 的最简与或表达式。

解：（1）根据题意列真值表，见表 6-12。

表 6-12　例 6-18 的真值表

X	A	B	C	D	Y	X	A	B	C	D	Y
0	0	0	0	0	0	8	1	0	0	0	1
1	0	0	0	1	0	9	1	0	0	1	1
2	0	0	1	0	0	—	1	0	1	0	×
3	0	0	1	1	0	—	1	0	1	1	×
4	0	1	0	0	0	—	1	1	0	0	×
5	0	1	0	1	1	—	1	1	0	1	×
6	0	1	1	0	1	—	1	1	1	0	×
7	0	1	1	1	1	—	1	1	1	1	×

从表中看出：

1）当 A、B、C、D 的取值为 0000～0100 时，$Y=0$。

2）当 A、B、C、D 的取值为 0101～1001 时，$Y=1$。

3）当 A、B、C、D 的取值为 1010～1111 时，因为十进制数只有 0～9 这 10 个数码，对应的二进制编码是 0000～1001，所以对于 A、B、C、D 的这六组取值是不允许出现的。也就是说，这六个最小项是无关项。

由真值表得 Y 的表达式为 $Y(A,B,C,D)=\sum m(5,6,7,8,9)+\sum d(10,11,12,13,14,15)$。

（2）用卡诺图化简。不考虑无关项的化简如图 6-19a 所示，化简结果为 $Y(A,B,C,D)=\overline{A}BD+\overline{A}BC+A\overline{B}\,\overline{C}$。考虑无关项的化简如图 6-19b 所示，化简结果为 $Y(A,B,C,D)=A+BD+BC$。可见，利用无关项的表达式较为简单。

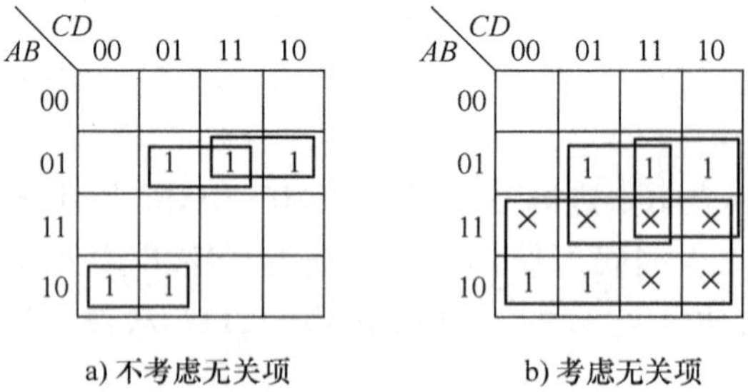

图 6-19　例 6-18 的卡诺图化简

练习与思考题

6.1　将十进制数 2075 和 20.75 转换成二进制数、八进制数和十六进制数。

6.2　将下列各数转换成十进制数：$(101.1)_2$、$(101.1)_8$、$(101.1)_{16}$。

6.3　将二进制数 110111.0101 和 1001101.101 转换成十进制数、八进制数和十六进制数。

6.4　将十进制数 3692 转换成用二进制的 8421BCD 码表示。

6.5　有一数码 100100101001，作为二进制码或 8421BCD 码时，其相应的十进制数各为多少?

6.6　利用真值表证明下列等式。

(1) $A\overline{B}+\overline{A}B=(\overline{A}+\overline{B})(A+B)$

(2) $A+\overline{\overline{A}(B+C)}=A+\overline{B+C}$

6.7　用公式法化简下列函数:

(1) $AC+\overline{A}BC$

(2) $A+ABC+A\overline{BC}+BC+\overline{B}C$

(3) $BC+A\overline{C}+AB+BCD$

(4) $\overline{\overline{\overline{A}+B}+\overline{A+\overline{B}}+\overline{\overline{A}B\,\overline{A\,\overline{B}}}}$

(5) $(A+C+D)(A+C+\overline{D})(A+\overline{C}+D)(A+\overline{B})$

(6) $A+B+ABD+A\overline{C}+BCD$

6.8　用卡诺图化简下列函数，并写出最简与或表达式。

(1) $F=ABD+\overline{A}\,\overline{C}\,\overline{D}+\overline{A}B+\overline{A}CD+A\overline{B}\,\overline{D}$

(2) $\overline{A}B+\overline{B}C+\overline{B}\,\overline{C}$

(3) $F(A,B,C)=\sum(2,3,6,7)$

(4) $F(A,B,C,D)=\sum(7,13,14,15)$

(5) $F(A,B,C,D)=\sum(0,2,5,7,8,10,13,15)$

(6) $F(A,B,C,D)=\sum(1,3,4,6,7,9,11,12,14,15)$

6.9　试用卡诺图对已知函数做逻辑运算。

已知: $G(A,B,C,D)=\sum(4,5,7,9,13,14)+\sum d(1,3,8,10)$

$F(A,B,C,D)=\sum(2,4,6,9,13,14)+\sum d(0,1,3,8,11,15)$

试求: (1) $F+G$; (2) $F\cdot G$; (3) $F\oplus G$

项目 7　集成门电路的分析与测试

知识目标： 掌握分立元器件门电路原理；

掌握 TTL 和 CMOS 集成门电路原理。

能力目标： 掌握门电路的测试方法；

分析问题和解决实际问题的能力。

模块 7.1　分立元器件门电路的分析

任务 7.1.1　基本逻辑门电路

1. 与门电路

能实现“与”逻辑功能的电路称为与门电路。二极管构成的与门电路如图 7-1 所示。

若假定二极管的正向压降 $U_D=0$，输入端对地的高电平和低电平分别为 $U_{IH}=3V$、$U_{IL}=0$，电源电压 $U_{CC}=5V$，则根据图 7-1 给出的电路分析得：

当 $U_A=U_B=0$ 时，二极管 V_1、V_2 均导通，$U_Y=0$。

当 $U_A=0$，$U_B=3V$ 时，二极管 V_1 优先导通，$U_Y=0$，而 V_2 反偏截止。

当 $U_B=0$，$U_A=3V$ 时，二极管 V_2 优先导通，$U_Y=0$，而 V_1 反偏截止。

当 $U_A=U_B=3V$ 时，二极管 V_1、V_2 均截止，$U_Y=3V$。

由上述输出与输入间的逻辑电平关系可知，只要输入 *A*、*B* 端中的任意一端为低电平，输出 *Y* 都为低电平；只有当输入 *A*、*B* 端均为高电平时，输出 *Y* 才为高电平，满足与逻辑关系。与门电路的逻辑符号和工作波形图如图 7-2 所示。

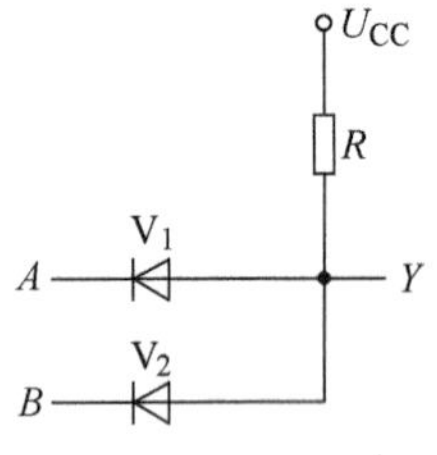

图 7-1　二极管与门电路

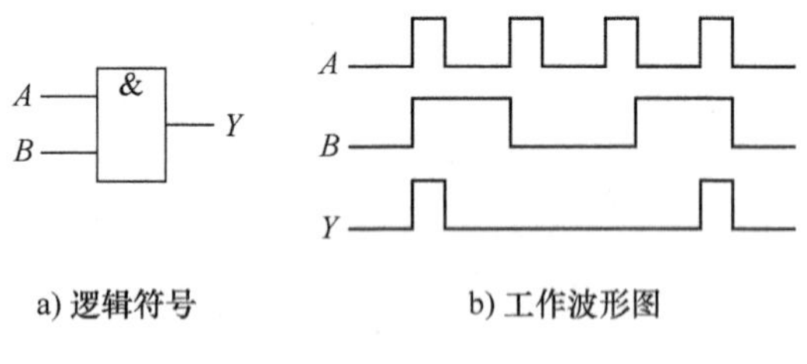

图 7-2　与门逻辑符号和工作波形图

2. 或门电路

能实现“或”逻辑功能的电路称为或门。二极管组成的或门电路如图 7-3 所示。当输入端 *A*、*B* 中的任何一端为高电平时，输出端 *Y* 为高电平；只有当输入 *A*、*B* 都为低电平时，输出端 *Y* 才为低电平，满足或逻辑关系。

或门电路的逻辑符号和工作波形图如图 7-4 所示。

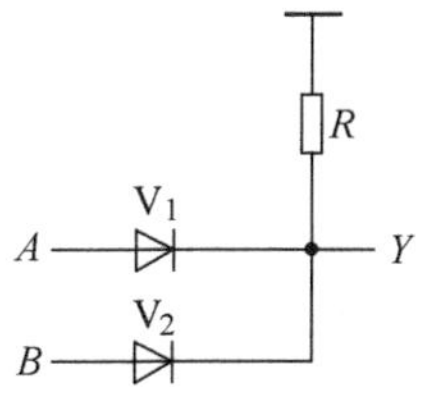

图 7-3　二极管或门电路

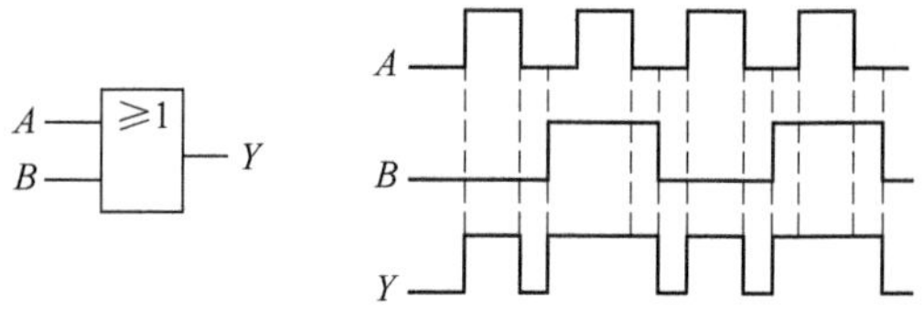

a) 逻辑符号　　b) 工作波形图

图 7-4　或门电路的逻辑符号和工作波形图

3. 非门电路

能实现“非”逻辑功能的电路称为非门电路。图 7-5 所示的是晶体管构成的非门电路，晶体管为一反相器，即晶体管工作在开关状态，当输入 $U_A=0$ 时，晶体管基极电位 $U_B<0$，V 截止，$I_C=0$，$U_Y=U_{CC}$；当输入 $U_A=3V$ 时，晶体管的基极电流 I_B 由 U_A、U_B、R_1、R_2 共同决定，只要合理选择 R_1、R_2，就可使晶体管工作在饱和状态，则 $U_Y=U_{CES}\approx 0$。

非门电路的逻辑符号和工作波形图如图 7-6 所示。

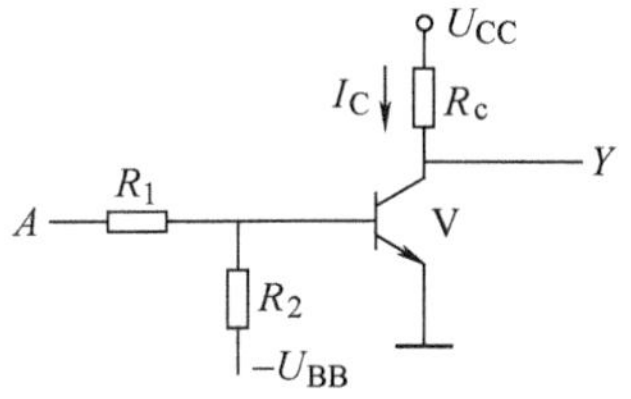

图 7-5　非门电路

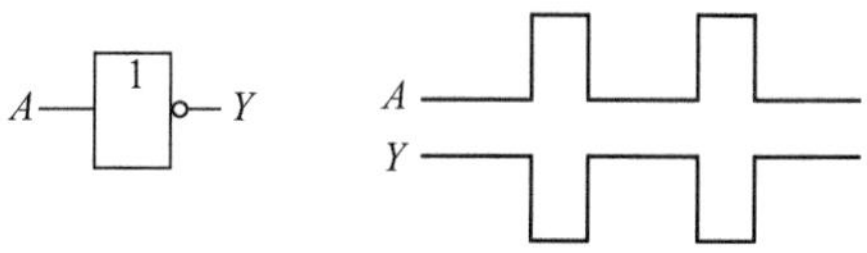

a) 逻辑符号　　b) 工作波形图

图 7-6　非门电路的逻辑符号和工作波形图

任务 7.1.2　复合逻辑门电路

1. 与非门电路

能实现“与非”逻辑功能的电路称为与非门电路。电路如图 7-7 所示，它是在二极管与门的输出端连接了一个晶体管非门。它的逻辑功能是由与门和非门的共同作用来实现的。

A、B 为与非门的输入端，Y 为与非门的输出端。当输入 A、B 中有低电平 0 时，输出 Y 为高电平 1；只有当输入 A、B 均为高电平 1 时，输出 Y 才为低电平 0。

与非门的逻辑符号和工作波形图如图 7-8 所示。

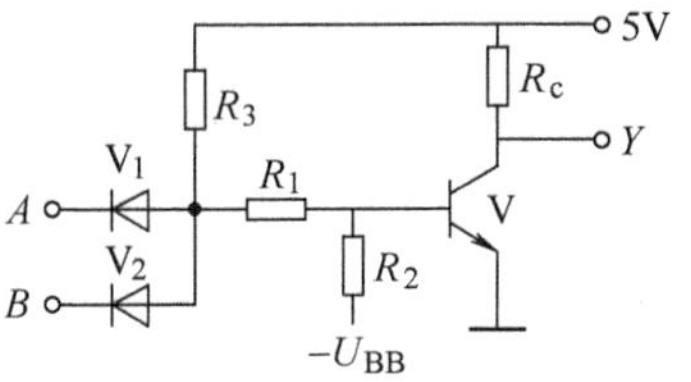

图 7-7　与非门电路图

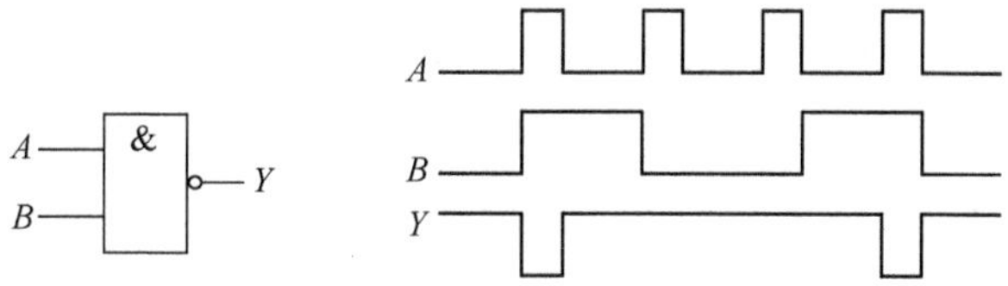

a) 逻辑符号　　b) 工作波形图

图 7-8　与非门电路的逻辑符号和工作波形图

2. 或非门电路

能实现“或非”逻辑功能的电路称为或非门电路。图 7-9 为或非门电路，它是在二极管或门的输出端连接了一个晶体管非门。A、B 为或非门的输入端，Y 为与或门的输出端；当输入 A、B 中有高电平 1 时，输出 Y 为低电平 0；只有当输入 A、B 均为低电平 0 时，输出 Y

才为高电平 1。

或非门电路的逻辑符号和工作波形图如图 7-10 所示。

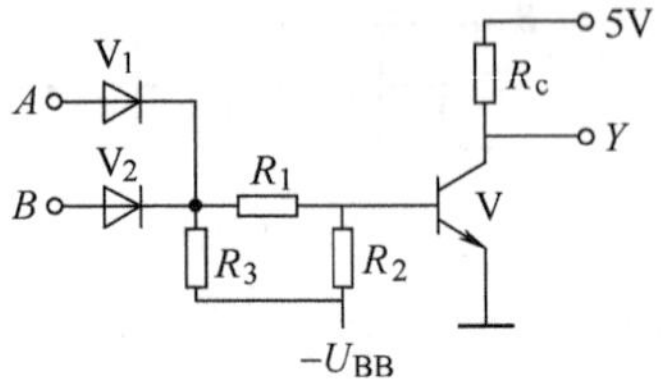

图 7-9　或非门电路

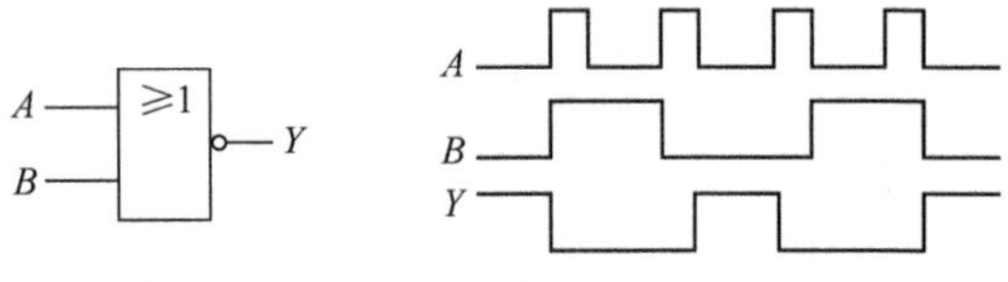

a) 逻辑符号　　b) 工作波形图

图 7-10　或非门电路的逻辑符号和工作波形图

3. 与或非门电路

能实现“与或非”逻辑功能的电路称为与或非门电路。图 7-11 所示为与或非门电路及其逻辑符号，它是由与门、或门和非门组成的，共同实现其逻辑功能。

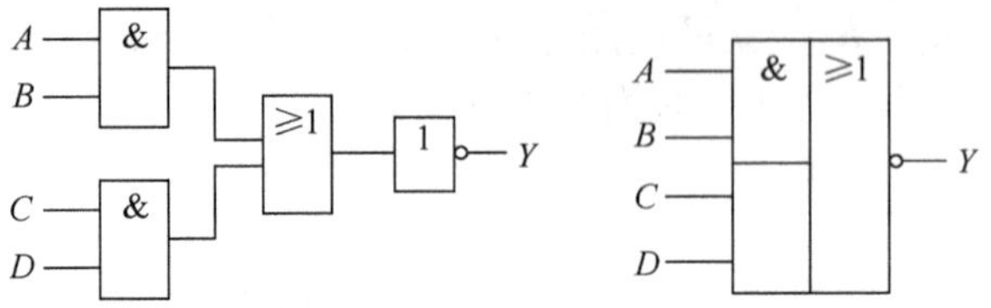

a) 与或非门电路　　b) 逻辑符号

图 7-11　与或非门电路及其逻辑符号

图 7-11a 中，A、B 相与，C、D 相与，其结果为或门的输入，最后经过非门输出。

模块 7.2　集成门电路的分析

任务 7.2.1　集成门电路的概念与类型

1. 集成门电路的概念

将具有一定数字逻辑功能的数字电路的元器件和连接线制造在一块半导体材料的芯片上，再把这个芯片封装在一个壳体中，引出引脚，制成了一个集成门电路，一般称为集成电路。1961 年美国德克萨斯仪器公司率先制作成了集成电路。由于集成电路具有体积小、耗电少、质量轻、可靠性高等优点，因而在大多数领域迅速取代了分立元器件电路，并越来越受到人们的重视，得到了广泛应用。

2. 集成门电路的类型

自集成电路诞生以来，半导体技术取得了飞速发展，数以千万计的晶体管被集成在一块面积只有几十平方毫米的硅片上。

按照构成集成电路半导体器件材料来分，集成门电路可分为双极型器件和单极型器件两大类。

双极型器件包括晶体管-晶体管逻辑电路（TTL）、发射极耦合逻辑电路（ECL）、高阈值集成电路（HTL）和集成注入逻辑电路（IIL）等。其中 TTL 是一种应用最早的半导体集成电路，并得到广泛的应用。但 TTL 在高速、高抗干扰和高集成度方面还远远不能满足需要。与 TTL 电路相比较，ECL 是一种非饱和型的高速数字集成电路，也是目前唯一能够提供亚纳秒开关速度的实用电路，主要应用于每秒运算百万次以上的大型高速计算机、数字通信系统、高精密测量设备以及频率合成器等方面。ECL 具有速度快、输出内阻低、带负载能力强、开关噪声低等优点。但也存在功耗大、输出电平稳定性差和噪声容限比较低等缺点。IIL 集成电路的每个逻辑单元结构都非常简单，功耗非常低，因而一般用来构成集成度很高的数字电路。IIL 的集成度可达到 500 门/mm^2 以上，能够在低电压、微电流下工作。因此，IIL 具有电路结构简单、功耗低、易于集成等优点，但也存在抗干扰能力差、开关速度慢等缺点。HTL 电路的特点则是阈值电压高，因此它是一种噪声容限比较大、抗干扰较强的数字集成电路，但工作速度比较低，多用在对工作速度要求不高而抗干扰性能要求较高的设备中，目前几乎被 CMOS 集成电路所取代。

单极型器件通常包括 NMOS、PMOS、CMOS 集成电路等。CMOS 集成电路具有功耗低、输入阻抗高、噪声容限高、工作温度范围宽和输出幅度接近电源电压等优点，因而得到飞速发展，目前，已从普通的 CMOS 集成电路发展到了高速 CMOS 集成电路和超高速 CMOS 集成电路。

任务 7.2.2　TTL 与非门电路

TTL 集成电路是双极型集成电路的典型代表，它在结构上采用半导体晶体管器件。下面以 TTL 集成与非门电路为例，分析 TTL 集成电路的工作情况。

1. TTL 与非门电路组成

图 7-12 是典型 TTL 与非门电路，它由输入级、中间级和输出级三部分组成。输入级由多发射极管 V_1 和电阻 R_1 组成，完成与逻辑功能；中间级由 V_2、R_2、R_3 组成，其作用是将输入级送来的信号分成两个相位相反的信号来驱动 V_3 和 V_5 管；输出级由 V_3、V_4、V_5、R_4 和 R_5 组成，其中 V_5 为反相管，V_3、V_4 组成的复合管是 V_5 的有源负载，完成逻辑上的“非”。

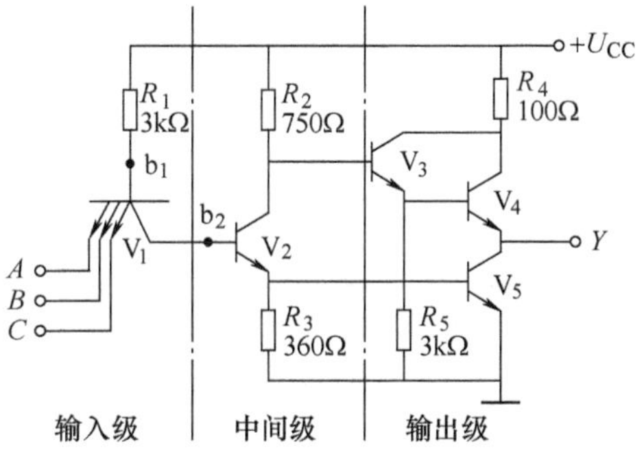

图 7-12　TTL 与非门电路原理图

2. TTL 与非门电路工作原理

（1）当输入端有低电平时　在图 7-12 所示的电路中，若输入信号 A 为低电平，即 $U_A=0.3V$，$U_B=U_C=3.6V$（$A=0$，$B=C=1$）时，则对应于 A 端的 V_1 管的发射结导通，V_1 管基极电压 U_{B1} 被钳位在 $U_{B1}=U_A+U_{beA}=(0.3+0.7)V=1V$，该电压不足以使 V_1 管集电结、V_2 及 V_5 管导通，所以 V_2 及 V_5 管截止。由于 V_2 管截止，U_{C2} 约为 5V，此时，输出电压 $U_o=U_{oH}\approx U_{C2}-U_{be3}-U_{beA}=(5-0.7-0.7)V=3.6V$，即输入有低电平时，输出为高电平。

（2）当输入端全为高电平时　若输入信号 $A=B=C=1$，即 $U_A=U_B=U_C=3.6V$，V_1 管的基极电位升高，使 V_2 及 V_5 管导通，这时 V_1 管的基极电压钳位在 $U_{b1}=U_{bc1}+U_{e2}+U_{be5}=(0.7+0.7+0.7)V=2.1V$。

于是 V_1 的三个发射结均反偏截止，电源 U_{CC} 经过 R_1、V_1 的集电结向 V_2、V_5 提供基流，使 V_2、V_5 管饱和，输出电压 $U_o=U_{oL}\approx U_{CES5}=0.3V$，故输入全为高电平时，输出为低电平。

任务 7.2.3　常用的 TTL 集成电路芯片

1. TTL 集成与非门电路芯片

目前，计算机所用的各种门电路一般是小规模集成电路，即在一块芯片上集成了多个门电路。常用的 TTL 集成与非门电路 74LS00 的引脚排列图如图 7-13 所示，这是一个具有 4 个独立的两输入端与非门电路的芯片。

2. TTL 集成非门电路芯片

常用的 TTL 集成非门电路 74LS04 的引脚排列图如图 7-14 所示，这是一个具有 6 个独立的非门电路的芯片。

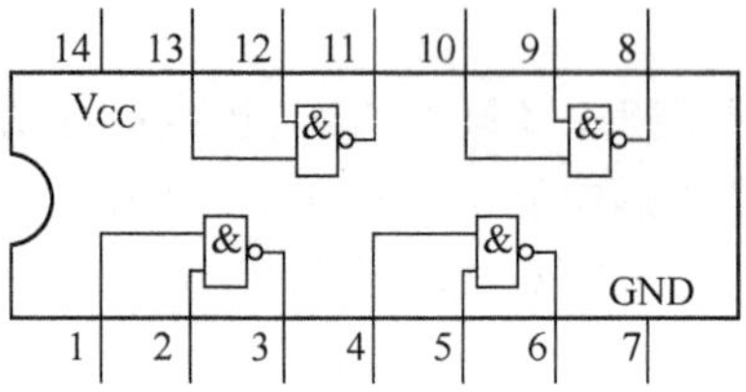

图 7-13　74LS00 的引脚排列图

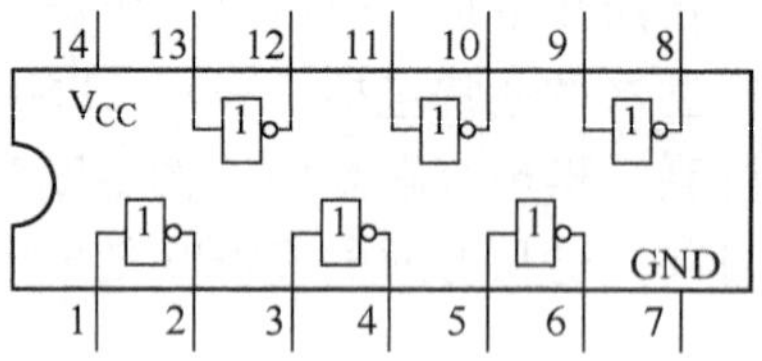

图 7-14　74LS04 的引脚排列图

3. TTL 集成或非门电路芯片

常用的 TTL 集成或非门电路 74LS02 的引脚排列图如图 7-15 所示，这是一个具有 4 个独立的或非门电路的芯片。

4. TTL 集成与或非门电路芯片

常用的 TTL 集成与或非门电路 74LS51 的引脚排列图如图 7-16 所示，这是一个具有两个独立的 2-2 输入的与或非门电路的芯片。

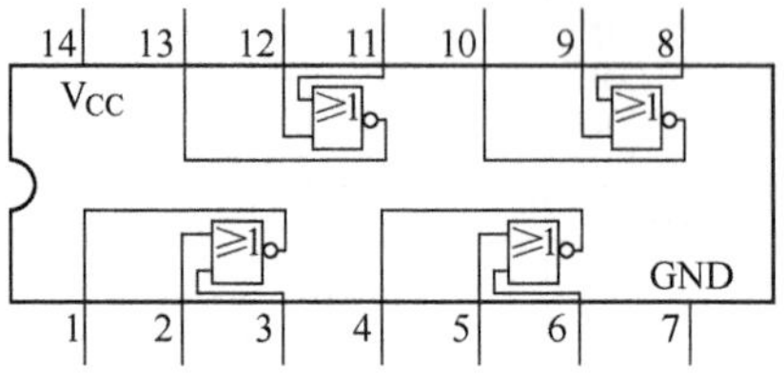

图 7-15　74LS02 的引脚排列图

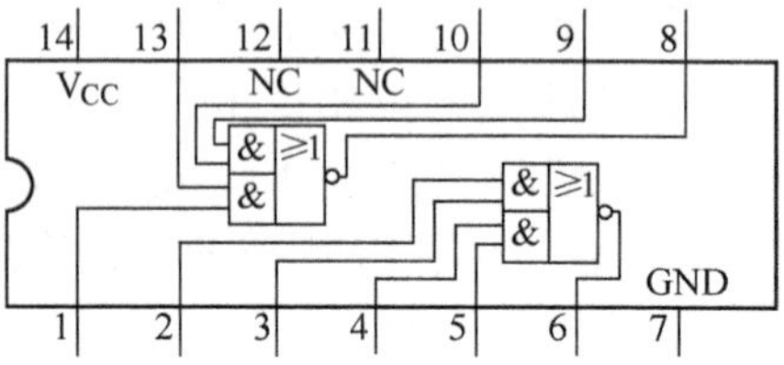

图 7-16　74LS51 的引脚排列图

任务 7.2.4　CMOS 系列门电路

以 MOS 管作为开关器件的门电路称为 MOS 门电路。由于 MOS 型集成门电路具有制造工艺简单、集成度高、功耗小以及抗干扰能力强等优点，因此它在数字集成电路产品中占据相当大的比例。与 TTL 门电路相比，MOS 门电路的速度较低。MOS 门电路有三种类型：使用 P 沟道管的 PMOS 电路、使用 N 沟道管的 NMOS 电路和同时使用 PMOS 与 NMOS 管的 CMOS 电路。其中 CMOS 电路性能更优，因此 CMOS 门电路是应用较为普遍的逻辑电路之一。CMOS 逻辑门电路是互补金属氧化物半导体场效应晶体管门电路的简称。

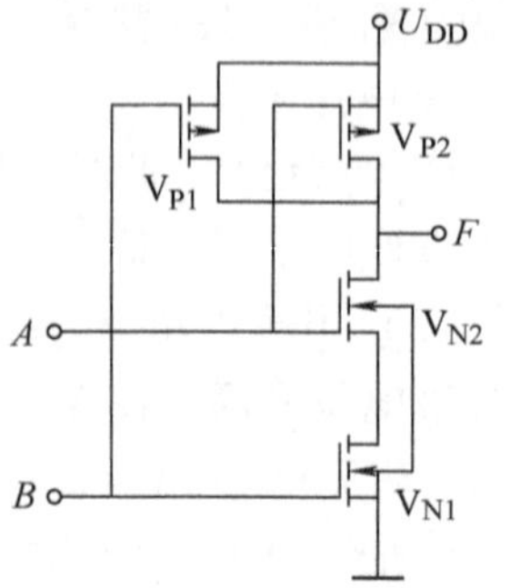

图 7-17　CMOS 与非门电路

图 7-17 所示为一个两输入端的 CMOS 与非门电路，它由两个串联的 NMOS 管和两个并联的 PMOS 管构成。每个输入端连

到一个 PMOS 管和一个 NMOS 管的栅极。当输入 A、B 均为高电平时，V_{N1} 和 V_{N2} 导通，V_{P1} 和 V_{P2} 截止，输出端为低电平；当输入 A、B 中至少有一个为低电平时，对应的 V_{N1} 和 V_{N2} 中至少有一个截止，V_{P1} 和 V_{P2} 中至少有一个导通，输出 F 为高电平。因此，该电路实现了与非逻辑功能。

模块 7.3　综合技能训练——集成逻辑门的逻辑功能与参数测试

一、实验目的

1）掌握 TTL 集成与非门的逻辑功能和主要参数的测试方法。

2）掌握 TTL 器件的使用规则。

3）进一步熟悉数字电路实验装置的结构、基本功能和使用方法。

二、实验原理

本实验采用四输入双与非门 74LS20，即在一块集成块内含有两个互相独立的与非门，每个与非门有四个输入端。其逻辑框图、逻辑符号及引脚排列如图 7-18 所示。

1. 与非门的逻辑功能

与非门的逻辑功能是：当输入端中有一个或一个以上是低电平时，输出端为高电平；只有当输入端全部为高电平时，输出端才是低电平（即有“0”得“1”，全“1”得“0”）。

其逻辑表达式为 $Y=\overline{AB\cdots}$。

2. TTL 与非门的主要参数

（1）低电平输出电源电流 I_{CCL} 和高电平输出电源电流 I_{CCH}　与非门处于不同的工作状态，电源提供的电流是不同的。I_{CCL} 是指所有输入端悬空，输出端空载时，电源提供给器件的电流。I_{CCH} 是指输出端空载，每个门各有一个以上的输入端接地，其余输入端悬空时，电源提供给器件的电流。通常 $I_{CCL}>I_{CCH}$，它们的大小标志着器件静态功耗的大小。器件的最大功耗为 $P_{CCL}=V_{CC}I_{CCL}$。手册中提供的电源电流和功耗值是指整个器件总的电源电流和总的功耗。I_{CCL} 和 I_{CCH} 测试电路如图 7-19a、b 所示。

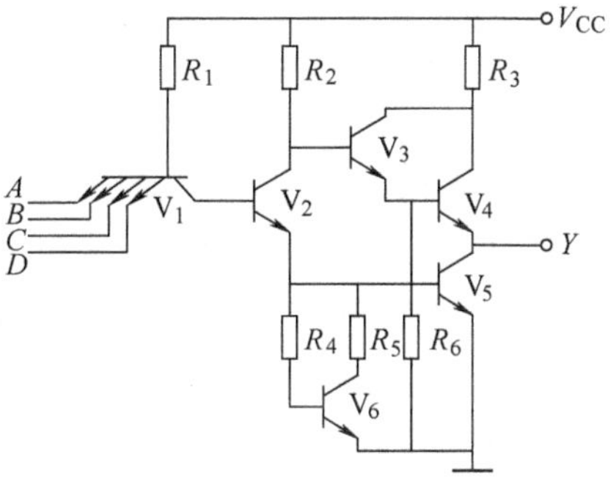

a) 74LS20 逻辑框图

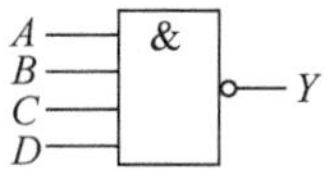

b) 74LS20 逻辑符号

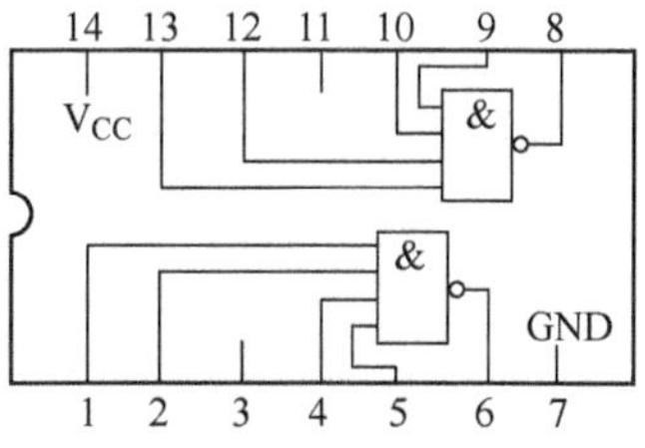

c) 74LS20 引脚排列

图 7-18　74LS20 逻辑框图、逻辑符号及引脚排列

注意，TTL 电路对电源电压要求较严，电源电压 V_{CC} 只允许在 $+5(1\pm10\%)$ V 的范围内工作，超过 5.5V 将损坏器件，低于 4.5V 器件的逻辑功能将不正常。

（2）低电平输入电流 I_{iL} 和高电平输入电流 I_{iH}　I_{iL} 是指被测输入端接地，其余输入端悬空，输出端空载时，由被测输入端流出的电流值。在多级门电路中，I_{iL} 相当于前级门输出低电平时，后级向前级门灌入的电流，因此它关系到前级门的灌电流负载能力，即直接影响前级门电路带负载的个数，因此希望 I_{iL}小些。

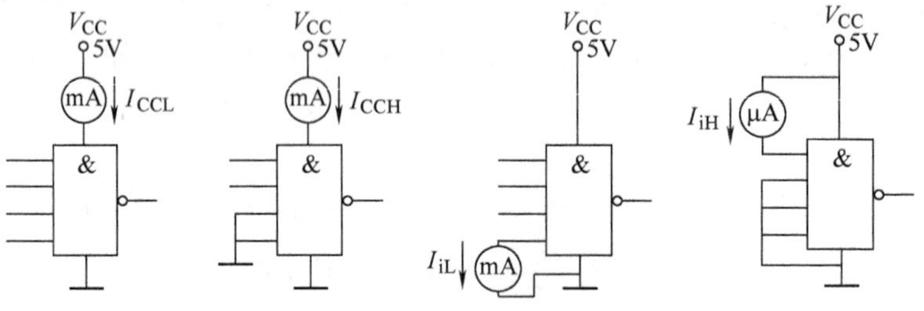

图 7-19　TTL 与非门静态参数测试电路

I_{iH}是指被测输入端接高电平，其余输入端接地，输出端空载时，流入被测输入端的电流值。在多级门电路中，它相当于前级门输出高电平时，前级门的拉电流负载，其大小关系到前级门的拉电流负载能力，通常希望 I_{iH}小些。由于 I_{iH}较小，难以测量，一般免于测试。

I_{iL}与 I_{iH}的测试电路如图 7-19c、d 所示。

（3）扇出系数 N_o　扇出系数 N_o 是指门电路能驱动同类门的个数，它是衡量门电路负载能力的一个参数，TTL 与非门有两种不同性质的负载，即灌电流负载和拉电流负载，因此有两种扇出系数，即低电平扇出系数 N_{oL}和高电平扇出系数 N_{oH}。通常 $I_{iH} < I_{iL}$，则 $N_{oH} > N_{oL}$，故常以 N_{oL}作为门的扇出系数。

N_{oL}的测试电路如图 7-20 所示，门的输入端全部悬空，输出端接灌电流负载 R_L，调节 R_L 使 I_{oL}增大，V_{oL}随之增高，当 V_{oL}达到 V_{oLm}（手册中规定低电平规范值为 0.4V）时的 I_{oL}就是允许灌入的最大负载电流，则

$$N_{oL} = \frac{I_{oL}}{I_{iL}}$$

通常 $N_{oL} \geqslant 8$。

（4）电压传输特性　门的输出电压 V_o 随输入电压 V_i 而变化的曲线 $V_o = f(V_i)$ 称为门的电压传输特性，通过它可读得门电路的一些重要参数，如输出高电平 V_{oH}、输出低电平 V_{oL}、关门电平 V_{Off}、开门电平 V_{ON}、阈值电平 V_T 及抗干扰容限 V_{NL}、V_{NH}等值。测试电路如图 7-21 所示，采用逐点测试法，即调节 RP，逐点测得 V_i 及 V_o，然后绘成曲线。

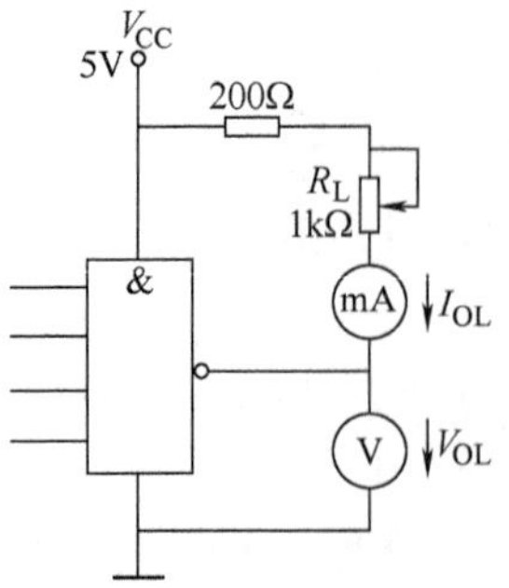

图 7-20　扇出系数测试电路

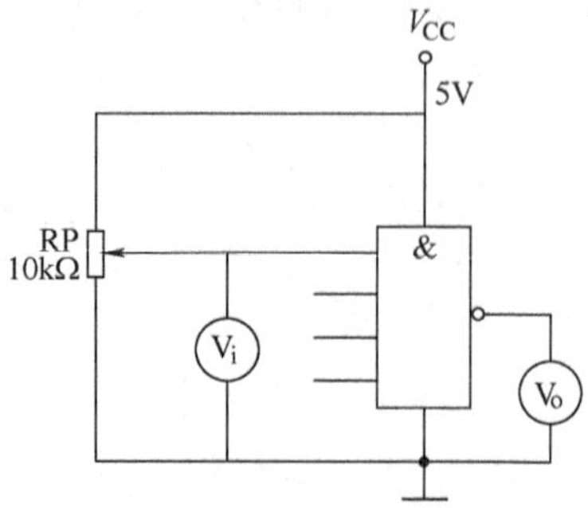

图 7-21　传输特性测试电路

（5）平均传输延迟时间 t_{pd}　t_{pd}是衡量门电路开关速度的参数，它是指输出波形边沿的 $0.5V_m$ 至输入波形对应边沿 $0.5V_m$ 点的时间间隔，如图 7-22 所示。

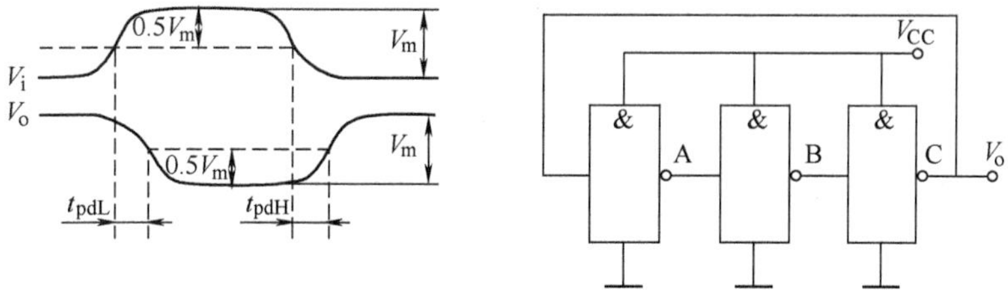

a) 传输延迟特性　　b) t_{pd}的测试电路

图 7-22　平均传输延迟时间 t_{pd}测试图

图 7-22a 中的 t_{pdL}为导通延迟时间，t_{pdH}为截止延迟时间，平均传输延迟时间为

$$t_{pd}=\frac{1}{2}(t_{pdL}+t_{pdH})$$

t_{pd}的测试电路如图 7-22b 所示，由于 TTL 门电路的延迟时间较小，直接测量时对信号发生器和示波器的性能要求较高，故实验采用测量由奇数个与非门组成的环形振荡器的振荡周期 T 来求得。其工作原理是：假设电路在接通电源后某一瞬间，电路中的 A 点为逻辑“1”，经过三级门的延迟后，使 A 点由原来的逻辑“1”变为逻辑“0”；再经过三级门的延迟后，A 点电平又重新回到逻辑“1”。电路中其他各点电平也跟随变化。说明使 A 点发生一个周期的振荡，必须经过 6 级门的延迟时间。因此平均传输延迟时间为

$$t_{pd}=\frac{T}{6}$$

TTL 电路的 t_{pd}一般在 10～40ns 之间。

74LS20 主要电参数规范见表 7-1。

表 7-1　74LS20 主要电参数规范

参数名称和符号			规范值	单　位	测 试 条 件
直流参数	通导电源电流	I_{CCL}	<14	mA	V_{CC}=5V,输入端悬空,输出端空载
	截止电源电流	I_{CCH}	<7	mA	V_{CC}=5V,输入端接地,输出端空载
	低电平输入电流	I_{iL}	≤1.4	mA	被测输入端接地,其他输入端悬空,输出端空载
	高电平输入电流	I_{iH}	<50	μA	V_{CC}=5V,被测输入端 V_{in}=2.4V,其他输入端接地,输出端空载
			<1	mA	V_{CC}=5V,被测输入端 V_{in}=5V,其他输入端接地,输出端空载
	输出高电平	V_{oH}	≥3.4	V	V_{CC}=5V,被测输入端 V_{in}=0.8V,其他输入端悬空,I_{oH}=400μA
	输出低电平	V_{oL}	<0.3	V	V_{CC}=5V,输入端 V_{in}=2.0V,I_{oL}=12.8mA
	扇出系数	N_o	4～8	V	同 V_{oH}和 V_{oL}
交流参数	平均传输延迟时间	t_{pd}	≤20	ns	V_{CC}=5V,被测输入端输入信号 V_{in}=3.0V,f=2MHz

三、实验设备与器件

5V 直流电源、逻辑电平开关、逻辑电平显示器、直流数字电压表、直流毫安表、直流微安表、74LS20 ×2、1kΩ/10kΩ 电位器、200Ω 电阻（0.5W）。

四、实验内容

在合适的位置选取一个 14P 插座，按定位标记插好 74LS20 集成块。

1. 验证 TTL 集成与非门 74LS20 的逻辑功能

按图 7-23 接线，门的四个输入端接逻辑开关输出插口，以提供“0”与“1”电平信号，开关向上输出逻辑“1”，向下为逻辑“0”。门的输出端接由 LED（发光二极管）组成的逻辑电平显示器（又称 0－1 指示器）的显示插口，LED 亮为逻辑“1”，不亮为逻辑“0”。按表 7-2 的真值表逐个测试集成块中两个与非门的逻辑功能。74LS20 有 4 个输入端，有 16 个最小项，在实际测试时，只要通过对输入 1111、0111、1011、1101、1110 五项进行检测就可判断其逻辑功能是否正常。

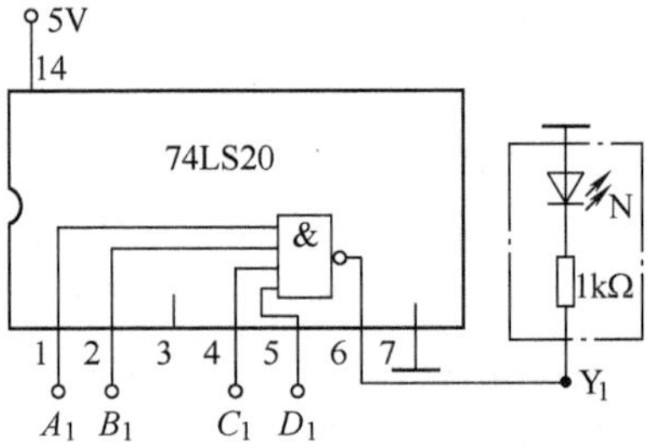

图 7-23 与非门逻辑功能测试电路

表 7-2 真 值 表

输入				输出	
A_1	B_1	C_1	D_1	Y_1	$\overline{Y_1}$
1	1	1	1		
0	1	1	1		
1	0	1	1		
1	1	0	1		
1	1	1	0		

2. 74LS20 主要参数的测试

1）分别按图 7-19、图 7-20、图 7-22b 接线并进行测试，将测试结果记入表 7-3 中。

表 7-3 主要参数的测试

I_{CCL}/mA	I_{CCH}/mA	I_{iL}/mA	I_{oL}/mA	$N_o=\frac{I_{oL}}{I_{iL}}$	$t_{pd}=\frac{T}{6}$/ns

2）按图 7-21 接线，调节电位器 RP，使 V_i 从 0V 向高电平变化，逐点测量 V_i 和 V_o 的对应值，记入表 7-4 中。

表 7-4 输出电压的测试

V_i/V	0	0.2	0.4	0.6	0.8	1.0	1.5	2.0	2.5	3.0	3.5	4.0
V_o/V												

五、实验报告

1）记录、整理实验结果，并对结果进行分析。

2）画出实测的电压传输特性曲线，并从中读出有关的参数值。

练习与思考题

7.1 什么是逻辑门电路？基本门电路是指哪几种逻辑门？

7.2 分立元器件门电路、TTL 门电路和 CMOS 门电路的主要区别是什么？

7.3　在图 7-24 所示的电路中，已知二极管 V_1、V_2 导通压降为 0.7V，请动手试验并回答下列问题：

（1）A 端接 10V，B 端接 0.3V 时，输出电压 U_o 为多少伏？

（2）A、B 端都接 10V 时，输出电压 U_o 为多少伏？

（3）A 端接 10V，B 端悬空，用万用表测 B 端电压，U_B 为多少伏？

（4）A 端接 0.3V，B 端悬空，U_B 为多少伏？

（5）A 端接 5kΩ 电阻，B 端悬空，U_B 为多少伏？

7.4　晶体管饱和导通和截止的条件是什么？

7.5　如图 7-25 所示，已知 $U_{CC}=12V$，$U_{BB}=-12V$，$R_1=1.5k\Omega$，$R_2=18k\Omega$，$R_c=1k\Omega$，$\beta=30$，试求：

（1）u_i 为何值时，V 管饱和（设 $u_{ces}\approx 0.1V$）？

（2）若 $u_i=0.3V$，u_o 端灌入电流 I_L 为多大时，V 管脱离饱和？

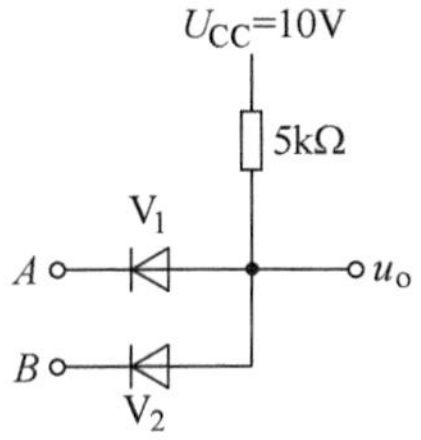

图　7-24

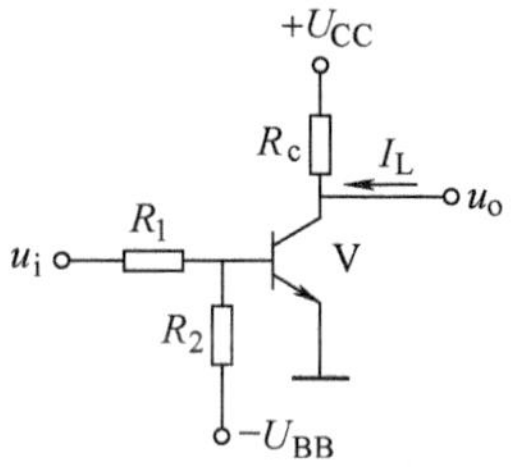

图　7-25

7.6　试写出图 7-26 所示电路的逻辑表达式，并画出电路的输出波形。

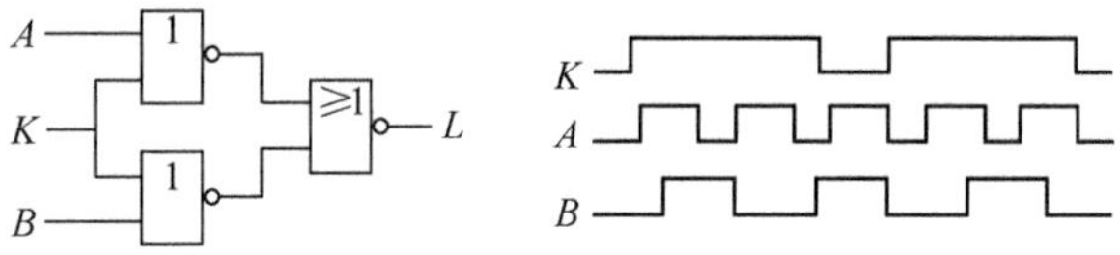

图　7-26

项目 8　组合逻辑电路的分析与设计

知识目标： 掌握组合逻辑电路的分析和设计方法；
　　　　　　掌握中规模集成组合逻辑电路。
能力目标： 掌握用中规模集成电路设计组合逻辑电路的方法；
　　　　　　分析问题和解决实际问题的能力。

模块 8.1　组合逻辑电路的分析

任务 8.1.1　组合逻辑电路的特点及功能描述

如果数字电路的输出只决定于电路当前输入，而与电路以前的状态无关，这类数字电路就是组合逻辑电路。组合逻辑电路的框图如图 8-1 所示。

组合逻辑电路的输出变量与输入变量之间的关系可用一组逻辑函数式表示：

$$\begin{cases} Y_1 = F_1(X_1, X_2, \cdots, X_n) \\ Y_2 = F_2(X_1, X_2, \cdots, X_n) \\ \quad\vdots \\ Y_m = F_m(X_1, X_2, \cdots, X_n) \end{cases} \tag{8-1}$$

图 8-1　组合逻辑电路的框图

任务 8.1.2　组合逻辑电路的分析方法

组合逻辑电路的分析，就是根据给定的逻辑电路找出输出与输入之间的逻辑关系，并判断出电路的逻辑功能。

组合逻辑电路的分析过程如图 8-2 所示，可概括为如下步骤：

1）根据给出的逻辑电路，从输入到输出逐级写出每个门的输出逻辑表达式，最后得到用输入变量表示的输出逻辑表达式。

2）将得到的逻辑表达式化简或变换，以使逻辑关系简单明了。

3）为了使电路的逻辑功能更加直观，列出化简后的逻辑关系真值表。

4）根据真值表或逻辑表达式判断电路的逻辑功能。

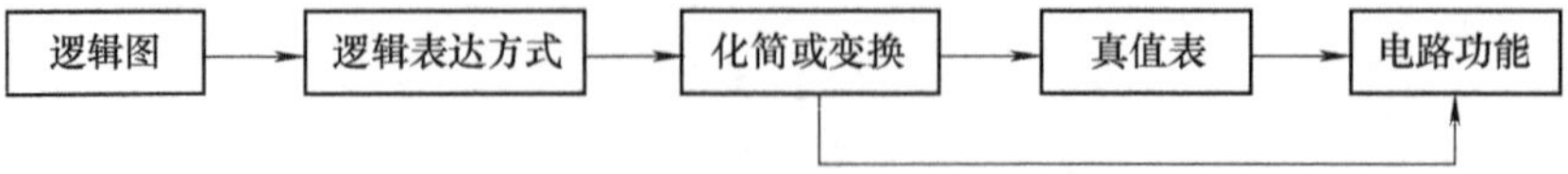

图 8-2　组合逻辑电路的分析过程

例 8-1　分析图 8-3 所示逻辑电路的功能。

解：（1）写逻辑表达式：

$$Y_1 = \overline{\overline{A} \cdot \overline{B}}$$

$$Y_2 = \overline{A \cdot B}$$

$$Y_3 = \overline{Y_2 \cdot \overline{C}} = \overline{\overline{AB} \cdot \overline{C}}$$

$$Y = \overline{Y_1 \cdot Y_3} = \overline{\overline{\overline{A} \cdot \overline{B}} \cdot \overline{\overline{AB} \cdot \overline{C}}}$$

（2）化简：$Y = \overline{\overline{\overline{A} \cdot \overline{B}} \cdot \overline{\overline{AB} \cdot \overline{C}}} = \overline{(A+B)(AB+C)} = \overline{A}\,\overline{B} + \overline{AB}\,\overline{C} = \overline{A}\,\overline{B} + (\overline{A} + \overline{B})\overline{C} = \overline{A}\,\overline{B} + \overline{A}\,\overline{C} + \overline{B}\,\overline{C}$。

（3）列真值表：例 8-1 的真值表见表 8-1。

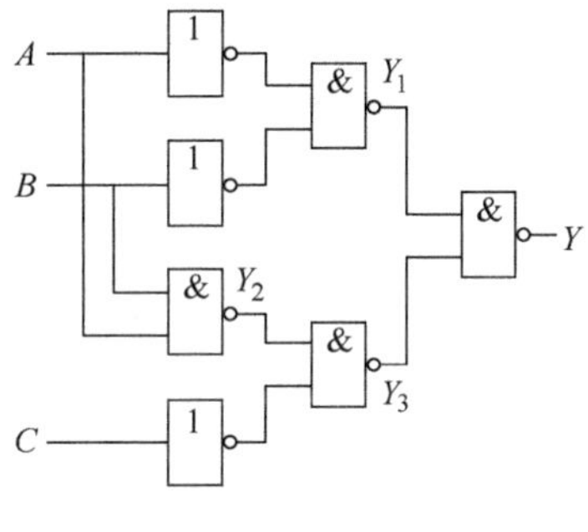

图 8-3　例 8-1 图

表 8-1　例 8-1 的真值表

A	B	C	Y
0	0	0	1
0	0	1	1
0	1	0	1
0	1	1	0
1	0	0	1
1	0	1	0
1	1	0	0
1	1	1	0

（4）分析功能。由真值表看出，当输入 A、B、C 中 1 的个数小于 2 时，输出 Y 为 1，否则为 0。

模块 8.2　组合逻辑电路的设计

组合逻辑电路的设计是组合逻辑电路分析的逆过程，其任务是对给出的实际逻辑问题进行分析，并设计出能实现这一逻辑要求的最简逻辑电路。

任务 8.2.1　组合逻辑电路的设计方法

设计组合逻辑电路的一般步骤如下：

1）根据设计要求的逻辑功能分析其逻辑关系，确定输入、输出变量，然后对它们进行状态赋值，即确定什么情况下为状态“0”，什么情况下为状态“1”。

2）根据逻辑功能列出真值表。

3）根据真值表写出输出逻辑函数表达式。

4）用代数法或卡诺图法对逻辑函数表达式进行化简。

5）根据化简后的逻辑函数表达式画出逻辑图。如果受到元器件的限制或对采用的门电路类型有特别要求，可以将逻辑函数表达式进行适当的变换，如与非表达式、或非表达式、与或非表达式或其他表达式，然后再画出其对应的表达式的逻辑图。

组合逻辑电路设计步骤可用图 8-4 所示的流程框图来表示。

图 8-4　组合逻辑电路设计流程框图

任务 8.2.2　组合逻辑电路设计举例

例 8-2　用与非门设计一个 3 人表决器电路，即 3 人中有两人或 3 人表示同意，则表决通过，否则不通过。

解：（1）分析设计要求。设输入变量为 A、B、C，变量为 0 表示不同意，变量为 1 表示同意；输出变量为 Y，Y 为 1 表示通过，Y 为 0 表示不通过。

（2）根据题意列出表 8-2 所示的真值表。

表 8-2　例 8-2 的真值表

输　入			输　出	输　入			输　出
A	B	C	Y	A	B	C	Y
0	0	0	0	1	0	0	0
0	0	1	0	1	0	1	1
0	1	0	0	1	1	0	1
0	1	1	1	1	1	1	1

（3）根据真值表写出逻辑函数表达式：$Y=\overline{A}BC+A\overline{B}C+AB\overline{C}+ABC$。

（4）对逻辑函数表达式化简。用图 8-5 所示的卡诺图进行化简，由此可得 $Y=AB+AC+BC$。将上式变换成与非表达式为 $Y=\overline{\overline{AB}\cdot\overline{AC}\cdot\overline{BC}}$。

（5）画出逻辑函数的逻辑图，如图 8-6 所示。

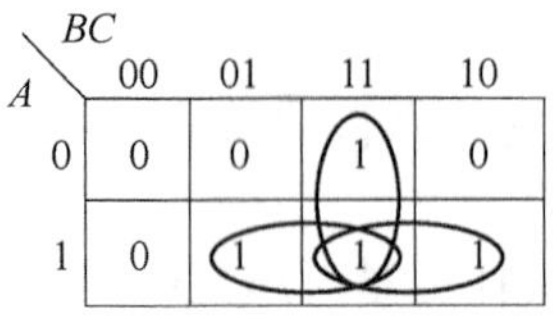

图 8-5　例 8-2 的卡诺图化简

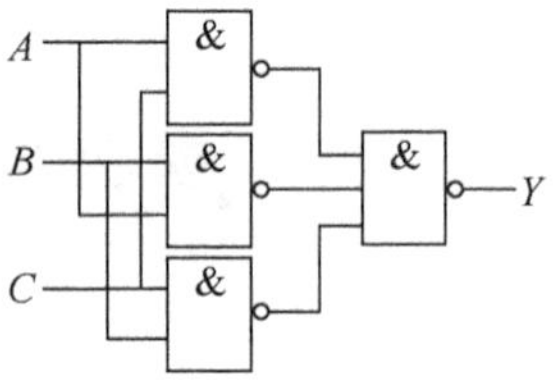

图 8-6　例 8-2 的逻辑电路

例 8-3　交叉路口的交通管制灯有三个，分红、黄、绿三色。正常工作时，应该只有一盏灯亮，其他情况均属电路故障。试设计故障报警电路。

解：设定灯亮用 1 表示，灯灭用 0 表示；报警状态用 1 表示，正常工作用 0 表示。红、黄、绿三灯分别用 R、Y、G 表示，电路输出用 Z 表示。列出真值表，见表 8-3。

表 8-3　例 8-3 的真值表

输　入			输　出	输　入			输　出
R	Y	G	Z	R	Y	G	Z
0	0	0	1	1	0	0	0
0	0	1	0	1	0	1	1
0	1	0	0	1	1	0	1
0	1	1	1	1	1	1	1

列出与或逻辑表达式 $Z=\overline{R}\,\overline{Y}\,\overline{G}+\overline{R}YG+R\overline{Y}G+RY\overline{G}+RYG$，用卡诺图（见图 8-7）化简，可得到与非逻辑表达式为 $Z=\overline{\overline{\overline{R}\,\overline{Y}\,\overline{G}}\cdot\overline{RY}\cdot\overline{YG}\cdot\overline{RG}}$。据此表达式作出逻辑电路图，如图 8-8

所示。

若限定电路用与非门组成，则逻辑函数式可改写成 $Z=\overline{\overline{R}\,\overline{Y}\,\overline{G}}+RY+YG+RG$。

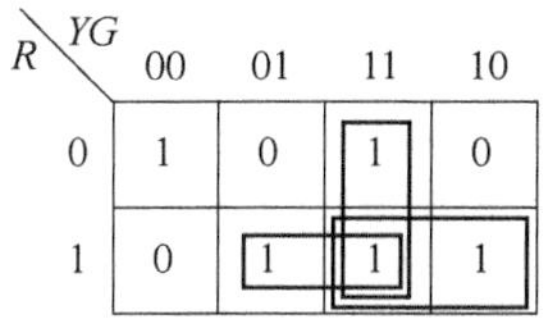

图 8-7　例 8-3 的卡诺图

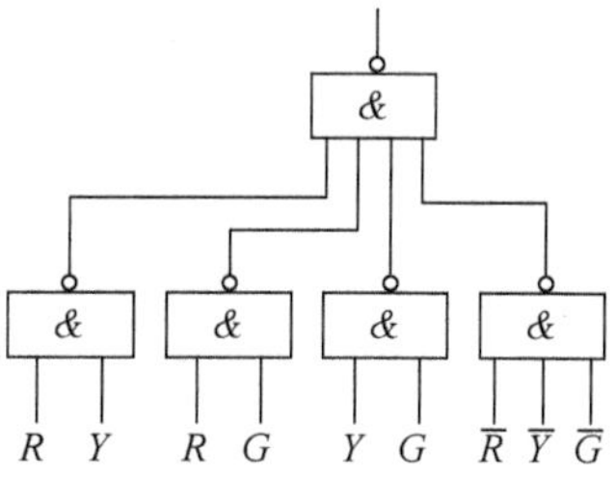

图 8-8　例 8-3 的逻辑电路

模块 8.3　编码器与译码器的分析与测试

任务 8.3.1　编码器

所谓编码，就是用二进制码来表示给定的数字、字符或信息。一位二进制码有 0、1 两种状态，n 位二进制码有 2^n 种不同的组合。用不同的组合来表示不同的信息，就是二进制编码。

下面以 8421BCD 码编码器为例，说明一般编码器的功能。在编码器的输入端输入一个一位十进制数，通过内部编码，输出四位 8421BCD 二进制代码，每组代码与相应的十进制数对应。

下面介绍集成 8421BCD 码编码器 C304。图 8-9 是其内部电路，图中 1 ~ 9 为对应于数字 1 ~ 9 的按键输入端。某一键按下，该输入端就向电路输入高电平。A、B、C、D 是编码输出端，A 是最低位，D 是最高位。当按下数字 3 的键时，则 $DCBA=0011$，这可以通过分析电路得到。

图 8-10 是 C304 的一个实用电路。在 C304 中，数字 0 是隐含输入的。当输入端 1 ~ 9 均为 0 时，电路输出即是 0 的编码。数字 1 ~ 9 的输入键接入 C304 的相应输入端，0 号键接空端（开路脚）NC。由于按 0 号键和不按任何键，BCD 码输出都是 0000，为了区别这种情况，电路中用了三个或门，形成群信号 G_s。当按动 0 ~ 9 这 10 个键中的任一键时，$G_s=1$；不按键时，$G_s=0$。这样，接收电路就可依此判定输出端的四个 0 是表示输入了数字 0 还是没有按键。有些计算机键盘的数字输入逻辑电路就用的是 C304。

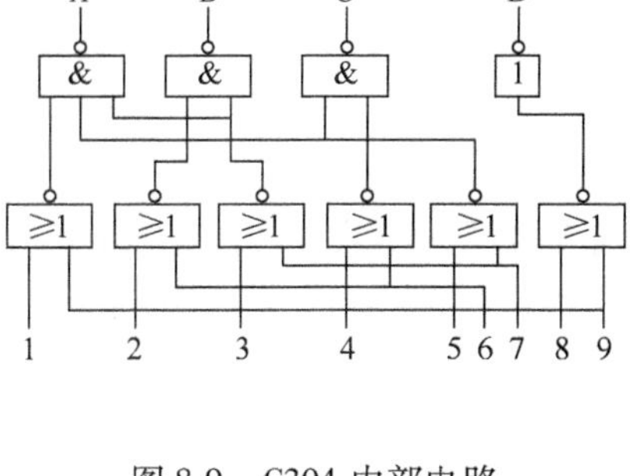

图 8-9　C304 内部电路

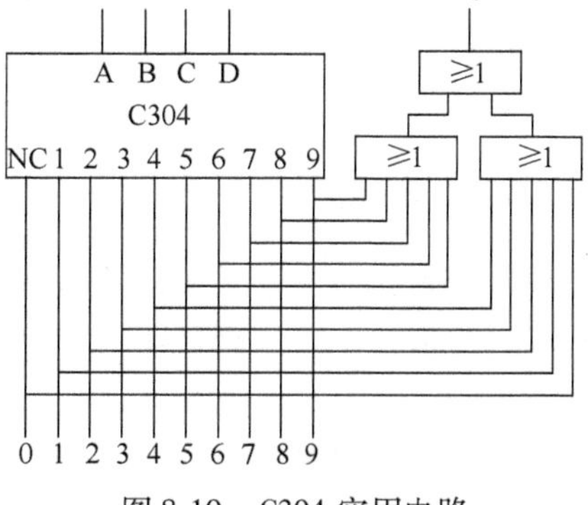

图 8-10　C304 实用电路

例 8-4　设计有 8 个输入信号的二进制编码器。

解：(1) 分析设计要求。$N=2^n=8$，则二进制代码数为 $n=3$。这种编码器有 8 个输入端（$I_0 \sim I_7$）和 3 个输出端（Y_0、Y_1、Y_2），称为 8-3 线编码器。

(2) 列出真值表。要求在某一时刻只能对 8 个输入信号中的一个为 1 的进行编码，而不允许有两个或两个以上信号同时为 1 的情况发生，否则输出编码会发生混乱。输入信号是相互排斥的，输出 3 位二进制代码对应 8 个输入信号，编码是任意的。然而其编码还是按二进制数的顺序进行的，其真值表见表 8-4。

表 8-4　8-3 线编码器真值表

输　入								输　出		
I_7	I_6	I_5	I_4	I_3	I_2	I_1	I_0	Y_2	Y_1	Y_0
0	0	0	0	0	0	0	1	0	0	0
0	0	0	0	0	0	1	0	0	0	1
0	0	0	0	0	1	0	0	0	1	0
0	0	0	0	1	0	0	0	0	1	1
0	0	0	1	0	0	0	0	1	0	0
0	0	1	0	0	0	0	0	1	0	1
0	1	0	0	0	0	0	0	1	1	0
1	0	0	0	0	0	0	0	1	1	1

(3) 写出逻辑表达式。将每个输出函数值为 1 的输入信号加起来就得到编码器的输出逻辑函数，即

$$Y_0 = I_1 + I_3 + I_5 + I_7$$
$$Y_1 = I_2 + I_3 + I_6 + I_7$$
$$Y_2 = I_4 + I_5 + I_6 + I_7$$

(4) 画出编码器逻辑电路图。这里采用与非门电路，先将上述表达式转换为与非表达式，即

$$Y_0 = \overline{\overline{I_1 + I_3 + I_5 + I_7}} = \overline{\overline{I_1} \cdot \overline{I_3} \cdot \overline{I_5} \cdot \overline{I_7}}$$
$$Y_2 = \overline{\overline{I_2 + I_3 + I_6 + I_7}} = \overline{\overline{I_2} \cdot \overline{I_3} \cdot \overline{I_6} \cdot \overline{I_7}}$$
$$Y_2 = \overline{\overline{I_4 + I_5 + I_6 + I_7}} = \overline{\overline{I_4} \cdot \overline{I_5} \cdot \overline{I_6} \cdot \overline{I_7}}$$

根据转换后的逻辑函数表达式画出编码器的逻辑电路图，如图 8-11 所示。因为在 $I_0 \sim I_7$ 为 0 时，输出就是 I_0 的编码，故 I_0 未画出。

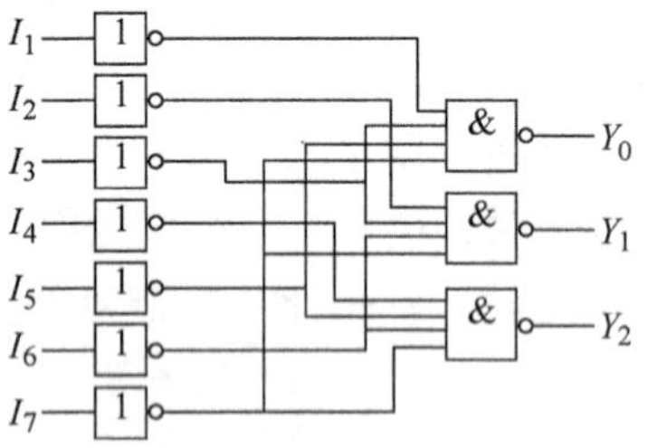

图 8-11　8-3 线编码器电路图

任务 8.3.2　译码器

译码是编码的逆过程。译码器是将输入的二进制代码转换成与代码对应信号的电路。若译码器输入的是 n 位二进制代码，则其输出端子数为 $N \leqslant 2^n$。$N=2^n$ 称为完全译码，$N<2^n$ 称为部分译码。

一、二进制译码器

二进制译码器是将二进制代码译成相应的输出信号的电路。

1. 二进制译码器的分析与应用

例 8-5　设计一个将 3 位二进制输入信号译为 8 个输出信号、高电平有效的译码器电路。

解：（1）分析设计要求，列出真值表，见表 8-5。

（2）写出逻辑表达式。

$$Y_0=\overline{I_2}\cdot\overline{I_1}\cdot\overline{I_0}\quad Y_1=\overline{I_2}\cdot\overline{I_1}\cdot I_0\quad Y_2=\overline{I_2}\cdot I_1\cdot\overline{I_0}\quad Y_3=\overline{I_2}\cdot I_1\cdot I_0$$

$$Y_4=I_2\cdot\overline{I_1}\cdot\overline{I_0}\quad Y_5=I_2\cdot\overline{I_1}\cdot I_0\quad Y_6=I_2\cdot I_1\cdot\overline{I_0}\quad Y_7=I_2\cdot I_1\cdot I_0$$

表 8-5　二进制译码器真值表

输　入			输　出							
I_2	I_1	I_0	Y_7	Y_6	Y_5	Y_4	Y_3	Y_2	Y_1	Y_0
0	0	0	0	0	0	0	0	0	0	1
0	0	1	0	0	0	0	0	0	1	0
0	1	0	0	0	0	0	0	1	0	0
0	1	1	0	0	0	0	1	0	0	0
1	0	0	0	0	0	1	0	0	0	0
1	0	1	0	0	1	0	0	0	0	0
1	1	0	0	1	0	0	0	0	0	0
1	1	1	1	0	0	0	0	0	0	0

（3）画出译码器的逻辑电路图。译码器的逻辑电路图如图 8-12 所示。如果是低电平有效的译码器，输出端为$\overline{Y_0}\sim\overline{Y_7}$，这时图 8-12 中的 8 个与门用与非门替代。

译码器主要采用集成电路，除了 3-8 线二进制译码器外，还有 2-4 线、4-16 线二进制译码器等。

2. 二进制译码器的集成芯片——74LS138

74LS138 集成芯片是一个 3-8 线二进制译码器，其引脚排列图如图 8-13 所示。该译码器有 3 个输入端 $I_0\sim I_2$ 和 8 个输出端$\overline{Y_0}\sim\overline{Y_7}$（低电平有效），$G_1$、$\overline{G_2}$、$\overline{G_3}$都是使能控制端。74LS138 译码器的真值表见表 8-6。

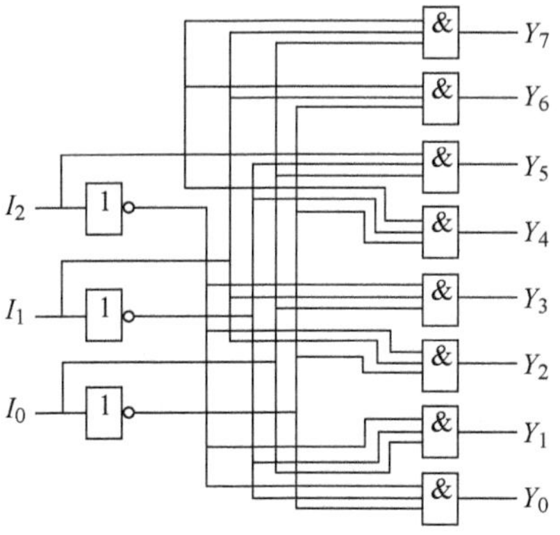

图 8-12　3-8 线译码器逻辑电路

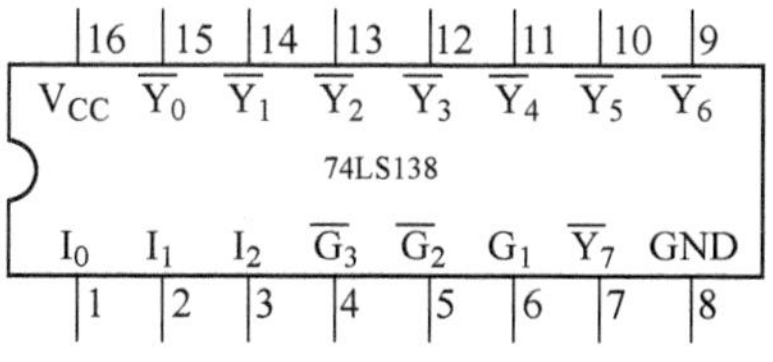

图 8-13　74LS138 的引脚排列图

表 8-6　74LS138 译码器的真值表

输　　入					输　　出							
G_1	$\overline{G_2}+\overline{G_3}$	I_2	I_1	I_0	$\overline{Y_0}$	$\overline{Y_1}$	$\overline{Y_2}$	$\overline{Y_3}$	$\overline{Y_4}$	$\overline{Y_5}$	$\overline{Y_6}$	$\overline{Y_7}$
×	1	×	×	×	1	1	1	1	1	1	1	1
0	×	×	×	×	1	1	1	1	1	1	1	1
1	0	0	0	0	0	1	1	1	1	1	1	1
1	0	0	0	1	1	0	1	1	1	1	1	1
1	0	0	1	0	1	1	0	1	1	1	1	1
1	0	0	1	1	1	1	1	0	1	1	1	1
1	0	1	0	0	1	1	1	1	0	1	1	1
1	0	1	0	1	1	1	1	1	1	0	1	1
1	0	1	1	0	1	1	1	1	1	1	0	1
1	0	1	1	1	1	1	1	1	1	1	1	0

当 G_1 为 0 时，无论输入是什么信号，输出$\overline{Y_0}\sim\overline{Y_7}$均为 1，即封锁了该译码器的输出，译码器被锁住不工作。当$\overline{G_2}+\overline{G_3}$为 1 时，输出$\overline{Y_0}\sim\overline{Y_7}$也均为 1，输出也都是无效信号。当 G_1 为 1，且$\overline{G_2}+\overline{G_3}$为 0 时，译码器被选通，译码器处于工作状态，输出信号$\overline{Y_0}\sim\overline{Y_7}$的状态才由输入信号$\overline{I_2}$、$\overline{I_1}$、$\overline{I_0}$的组合来决定。利用扩展方式，还可以用两片 74LS138 译码器构成 4-16 线译码器。

二、显示译码器

1. 显示译码器的分析

如果译码器的输出能驱动显示器发光，将译码器中的十进制数显示出来，这种译码器就是显示译码器。显示译码器的种类较多，下面以控制发光二极管显示的译码电路为例，来讨论显示译码器的工作过程。

图 8-14 所示为由发光二极管组成的七段显示器字型图及其接法。$a\sim g$ 七段是七个发光二极管，有共阴极和共阳极两种接法。共阴极接法时，哪个管子的阳极接收到高电平，哪个管子发光；共阳极接法时，哪个管子的阴极接收到低电平，哪个管子发光。例如，对共阴极接法中，当 $a\sim g=1011011$ 时，显示数字“5”。

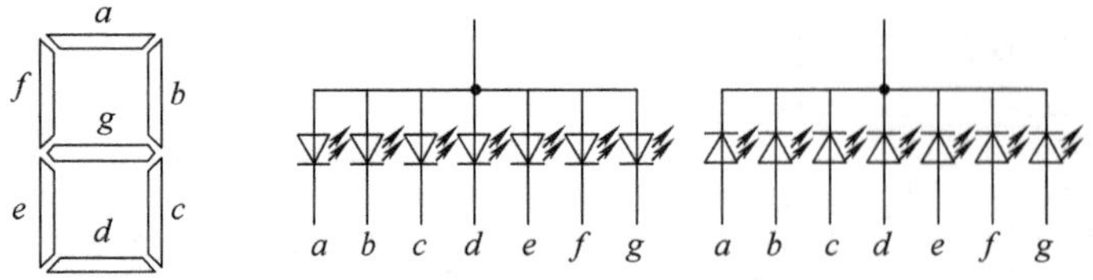

a) 外形　　b) 共阳极接法　　c) 共阴极接法

图 8-14　发光二极管组成的七段显示器及其接法

2. 显示译码器的集成芯片——74LS48

74LS48 是控制七段显示器显示的集成译码电路之一，其引脚排列如图 8-15 所示。A、

B、C、D 为 BCD 码输入端，A 为最低位，D 为最高位；$Y_a \sim Y_g$ 为输出端，分别驱动七段显示器的 $a \sim g$ 输入端，高电平触发显示，可驱动共阴极发光二极管组成的七段显示器显示；其他端为使能端。

74LS48 的功能表见表 8-7。分析功能表与七段显示器的关系可知，只有输入的二进制码是 8421BCD 码时，才能显示 0～9 的十进制数。当输入的四位码不在 8421BCD 码内时，显示的字符就不是十进制数。

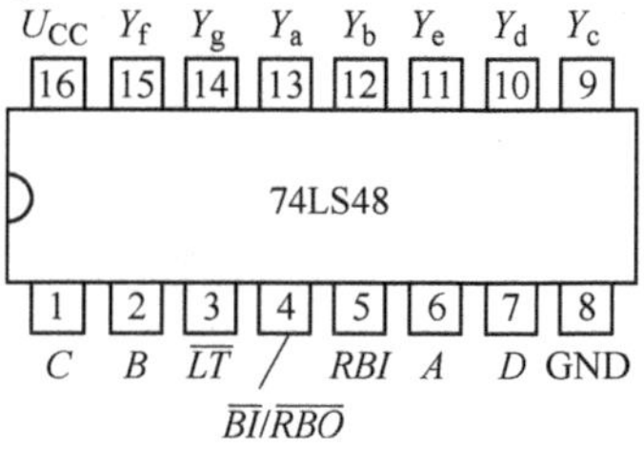

图 8-15　74LS48 引脚排列

表 8-7　74LS48 的功能表

十进制数或功能	输入						$\overline{BI}/\overline{RBO}$	输出							数字显示
	$\overline{LT}$	$\overline{RBI}$	D	C	B	A		Y_a	Y_b	Y_c	Y_d	Y_e	Y_f	Y_g	
0	H	H	0	0	0	0	H	1	1	1	1	1	1	0	
1	H	×	0	0	0	1	H	0	1	1	0	0	0	0	
2	H	×	0	0	1	0	H	1	1	0	1	1	0	1	
3	H	×	0	0	1	1	H	1	1	1	1	0	0	1	
4	H	×	0	1	0	0	H	0	1	1	0	0	1	1	
5	H	×	0	1	0	1	H	1	0	1	1	0	1	1	
6	H	×	0	1	1	0	H	0	0	1	1	1	1	1	
7	H	×	0	1	1	1	H	1	1	1	0	0	0	0	
8	H	×	1	0	0	0	H	1	1	1	1	1	1	1	
9	H	×	1	0	0	1	H	1	1	1	0	0	1	1	
10	H	×	1	0	1	0	H	0	0	0	1	1	0	1	
11	H	×	1	0	1	1	H	0	0	1	1	0	0	1	
12	H	×	1	1	0	0	H	0	1	0	0	0	1	1	
13	H	×	1	1	0	1	H	1	0	0	1	0	1	1	

74LS48 的使能端的功能如下。

（1）消隐输入 $\overline{BI}/\overline{RBO}$　当 $\overline{BI}=0$ 时，不论其他各使能端和输入端处于何种状态，$Y_a \sim Y_g$ 均输出低电平，显示器的七个字段全熄灭。

这个端子是个双功能端子，既可作输入端子，也可作输出端子。作输入端子用时，它是消隐输入 $\overline{BI}$；作输出端子用时，它是灭零输出 $\overline{RBO}$。

（2）灭零输出 $\overline{BI}/\overline{RBO}$　$\overline{RBO}$ 为灭零输出。当 $\overline{RBI}=0$，输入 $ABCD=0000$ 时，$\overline{RBO}=0$，利用该灭零输出信号可将多位显示中的无用零熄灭。

（3）试灯 $\overline{LT}$　当 $\overline{LT}=0$，$\overline{BI}/\overline{RBO}=1$ 时，$Y_a \sim Y_g$ 输出全高，七段显示器全亮，用来测试各发光段能否正常显示。

（4）灭零输入 $\overline{RBI}$　$\overline{RBI}$ 为低电平有效，作用是将能显示的 0 熄灭。例如，显示多位数字时，数字最前边的0和小数部分最后边的0不用显示，就把这些0熄灭。译码电路中，整数部分最高位和小数部分最低位数字的译码芯片的$\overline{RBI}$固定接0，而小数点前后两位的$\overline{RBI}$固定接1。

模块8.4　数据选择器与分配器的分析

任务8.4.1　数据选择器

根据地址码从多路数据中选择一路输出的器件，称为数据选择器。利用数据选择器，可将并行输入的数据转换成串行数据输出。图8-16所示为集成八选一数据选择器74LS251的逻辑符号。图8-17为集成八选一数据选择器74LS153的逻辑符号。

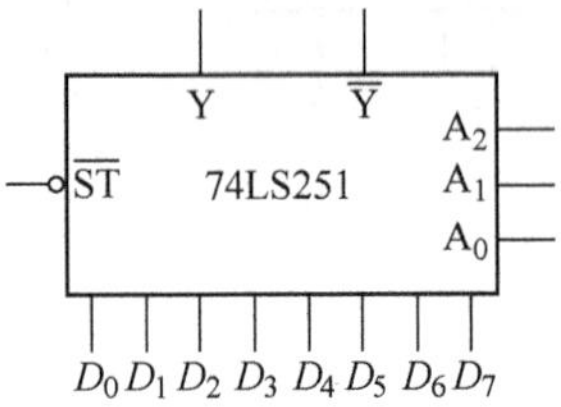

图8-16　74LS251的逻辑符号

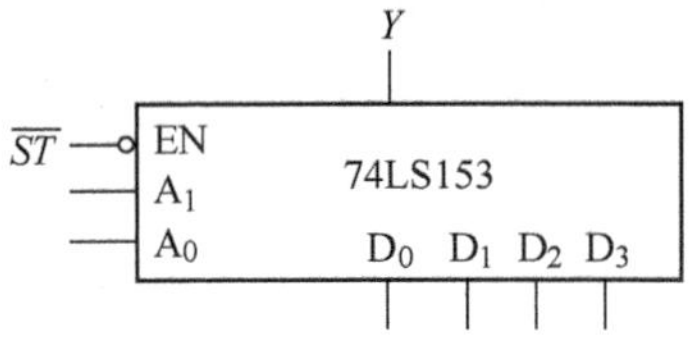

图8-17　74LS153的逻辑符号

分时传送四位十进制数并显示的电路如图8-18所示。四个七段显示器的输入端并接在显示译码器的七个输出端。千位的四位BCD码，在$A_1A_0=11$时由四块数据选择器的D_3传送。百位、十位、个位依次在A_1A_0为10、01、00时由各选择器的D_2、D_1、D_0传送。在千位数字被传送时，$A_1A_0=11$，权位选择译码器的Y_3被译出，选通千位七段显示器显示，随后其他各位依次显示。

四选一数据选择器的逻辑符号如图8-19所示。A_1、A_0为地址码，$D_0\sim D_3$为数据输入端，Y为输出端。

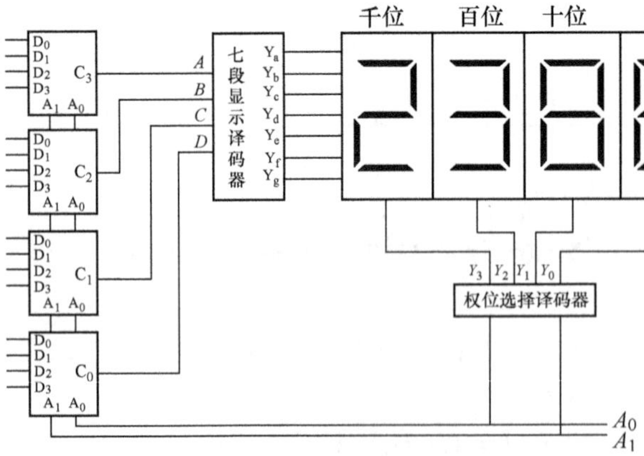

图8-18　分时数字显示

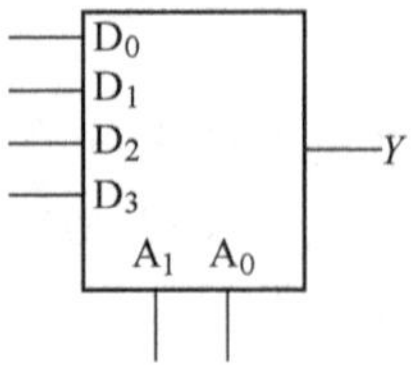

图8-19　四选一数据选择器的逻辑符号

例8-6　利用四选一数据选择器实现逻辑功能

$$Y=\overline{A}BC+A\overline{B}C+AB\overline{C}+ABC$$

解：若将逻辑变量 A、B 作为地址码 A_1、A_0，那么，输出函数就为

$$Y=\overline{A}\,\overline{B}D_0+\overline{A}BD_1+A\overline{B}D_2+ABD_3$$

要实现本题所要求的逻辑功能，须使

$$\overline{A}BC+A\overline{B}C+AB\overline{C}+ABC=\overline{A}\,\overline{B}D_0+\overline{A}BD_1+A\overline{B}D_2+ABD_3$$

这样，只要 $D_0=0$，$D_1=C$，$D_2=C$，$D_3=1$ 即可。

任务 8.4.2　数据分配器

数据分配器有一个输入端、多个输出端，由地址码对输出端进行选通，将一路输入数据分配到多路接收设备中的某一路。图 8-20 所示为八路数据分配器的逻辑符号。当地址码 $A_2A_1A_0=011$ 时，$Y_3=D$，其余类推。

分配器也能多级连接，实现多路多级分配。图 8-21 中五个四选一分配器构成 16 路分配器。五个分配器用同样的地址码 A_1、A_0。

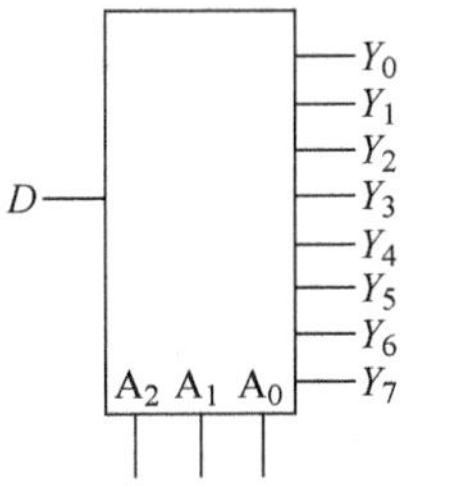

图 8-20　八路数据分配器的逻辑符号

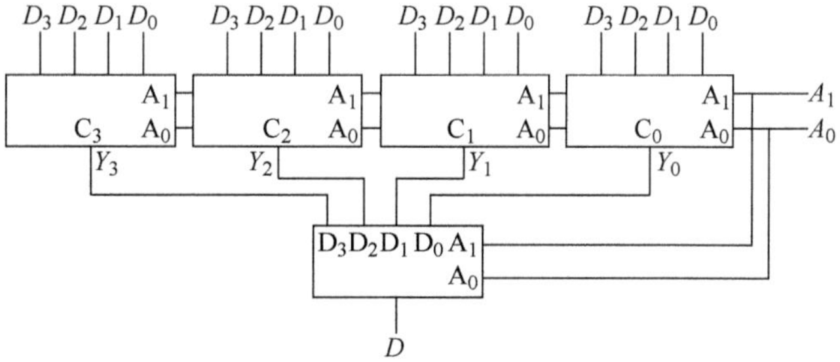

图 8-21　四选一分配器的输出扩展

模块 8.5　加法器的分析与测试

实现两个二进制数相加功能的电路称为加法器。加法器有一位加法器和多位加法器之分。

任务 8.5.1　一位加法器

实现两个一位二进制数相加的电路称为一位加法器。一位加法器又分为半加器和全加器。

1. 半加器

不考虑来自低位的进位，只考虑本位两个一位二进制数相加，叫做半加，实现半加功能的电路称为半加器。

半加器的真值表见表 8-8。其中 A、B 是两个加数，S 是本位的和，C_0 是本位向高位的进位。

由真值表可写出输出逻辑表达式为

$$\begin{cases}S=\overline{A}B+A\overline{B}=A\oplus B\\C_0=AB\end{cases}\tag{8-2}$$

由式（8-2）可知，半加器可由一个异或门和一个与门组成，其门电路的构成与逻辑符号如图 8-22 所示。

表 8-8　半加器的真值表

输　入		输　出	
A	B	S	C_0
0	0	0	0
0	1	1	0
1	0	1	0
1	1	0	1

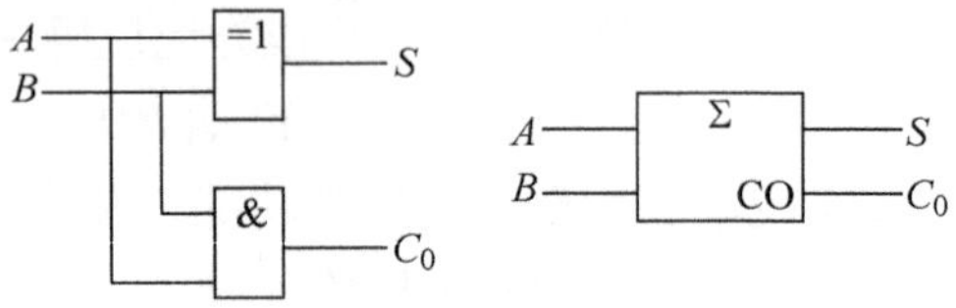

a) 门电路构成的半加器　　b) 半加器的逻辑符号

图 8-22　半加器的逻辑电路及其逻辑符号

2. 全加器

将本位两个一位二进制数和来自低位的进位相加，叫做全加，具有全加功能的电路称为全加器。

全加器的真值表见表 8-9。其中 A、B 是两个加数，C_I 是低一位向本位的进位，S 是本位的和，C_0 是本位向高位的进位。

图 8-23 是输出量 S 和 C_0 的卡诺图。

表 8-9　全加器的真值表

输　入			输　出	
C_I	A	B	S	C_0
0	0	0	0	0
0	0	1	1	0
0	1	0	1	0
0	1	1	0	1
1	0	0	1	0
1	0	1	0	1
1	1	0	0	1
1	1	1	1	1

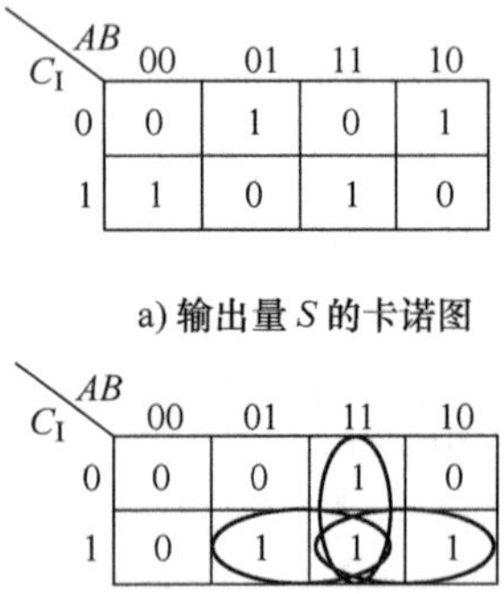

b) 输出量 C_0 的卡诺图

图 8-23　输出量 S 和 C_0 的卡诺图

由卡诺图可写出输出逻辑表达式为

$$\begin{cases} S = \overline{A}\,\overline{B}C_I + \overline{A}B\overline{C_I} + A\overline{B}\,\overline{C_I} + ABC_I \\ C_0 = AB + AC_I + BC_I = AB + (A+B)C_I \end{cases} \tag{8-3}$$

由式（8-3）可画出图 8-24a 所示的全加器逻辑图，其图形符号如图 8-24b 所示。

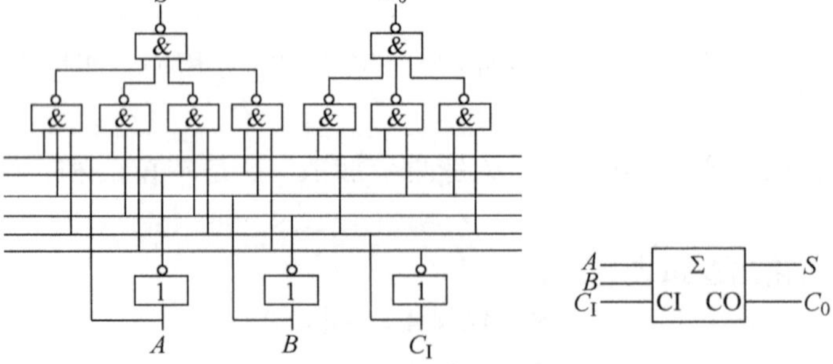

a) 逻辑电路图　　b) 逻辑符号

图 8-24　全加器逻辑电路图及符号

任务 8.5.2　多位加法器

实现两个多位二进制数相加的电路称为多位加法器。根据电路结构的不同，常见的多路加法器分为串行进位加法器和超前进位加法器。

1. 串行进位加法器

n 位串行进位加法器由 n 个一位加法器串联构成，图 8-25 所示的是一个四位串行进位加法器。在串行进位加法器中，采用串行运算方式，由低位至高位，每一位的相加都必须等到低一位的进位产生后才能完成。这种电路结构简单，但运算速度慢。一个 n 位串行进位加法器至少需要经过 n 个全加器的传输延迟时间才能得到可靠的运算结果。位数越多，运算速度越慢。

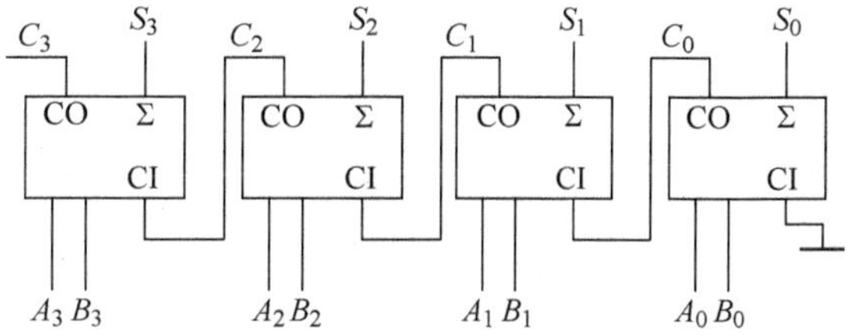

图 8-25　四位串行进位加法器的结构图

2. 超前进位加法器

为了提高运算速度，减小或消除由于进位信号逐级传递所消耗的时间，引入超前进位加法器，其运算方法是在运算过程中，各级进位信号同时送到各位加法器的进位输入端，而无需从最低位开始向高位逐位传递，这就有效地提高了运算速度。

从表 8-9 给出的全加器的真值表中可以看出，在两种情况下会有进位信号产生。第一种是 $AB=1$，这时 $C_0=1$，第二种是 $A+B=1$ 且 $C_1=1$，也产生 $C_0=1$ 的信号。于是两个多位数相加，第 i 位产生的进位输出表达式为

$$(C_0)_i = A_iB_i + (A_i + B_i)(C_1)_i \tag{8-4}$$

由式（8-4）可知，任一位的进位输出只取决于两个加数及最低位的进位输入，而与中间各位的进位输出无关。超前进位加法器就是利用了这一关系同时计算出各位的进位输出，并同时加到各位加法器的进位输入端的。图 8-26 是一个四位超前进位加法器的结构图。

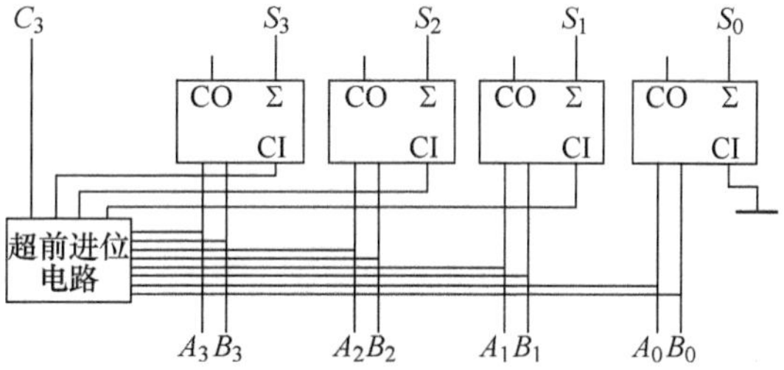

图 8-26　四位超前进位加法器的结构图

超前进位加法器的特点是运算速度快，但电路结构复杂，特别是加法器的位数增加时，电路的复杂程度也随之急剧上升。

模块 8.6　综合技能训练

任务 8.6.1　译码器及其应用

一、实验目的

1）掌握中规模集成译码器的逻辑功能和使用方法。

2）熟悉数码管的使用，了解七段数码显示电路的工作原理。

二、实验原理

译码器是一个多输入、多输出的组合逻辑电路。它的作用是把给定的代码进行“翻译”，变成相应的状态，使输出通道中相应的一路有信号输出。译码器在数字系统中有广泛的用途，不仅用于代码的转换、终端的数字显示，还用于数据分配、存储器寻址和组合控制信号等。不同的功能可选用不同种类的译码器。

译码器可分为通用译码器和显示译码器两大类，前者又分为变量译码器和代码变换译码器。

1. 变量译码器

变量译码器（又称二进制译码器）用以表示输入变量的状态，如2-4 译码器、3-8 译码器和4-16 译码器。若用 n 个输入变量，则有 2^n 个不同的组合状态，就有 2^n 个输出端供其使用。而每一个输出所代表的函数对应于 n 个输入变量的最小项。

以3-8 译码器74LS138 为例进行分析，图8-27 为其逻辑图及引脚排列。

其中 A_2、A_1、A_0 为地址输入端，$\overline{Y_0}\sim\overline{Y_7}$为译码输出端，$S_1$、$S_2$、$S_3$ 为使能端。

当 $S_1=1$，$\overline{S_2}+\overline{S_3}=0$ 时，器件处于正常译码状态，地址码所指定的输出端有信号（为0）输出，其他所有输出端均无信号（全为1）输出。当 $S_1=0$，$\overline{S_2}+\overline{S_3}=\times$时，或 $S_1=\times$，$\overline{S_2}+\overline{S_3}=1$ 时，译码器被禁止，所有输出同时为1。

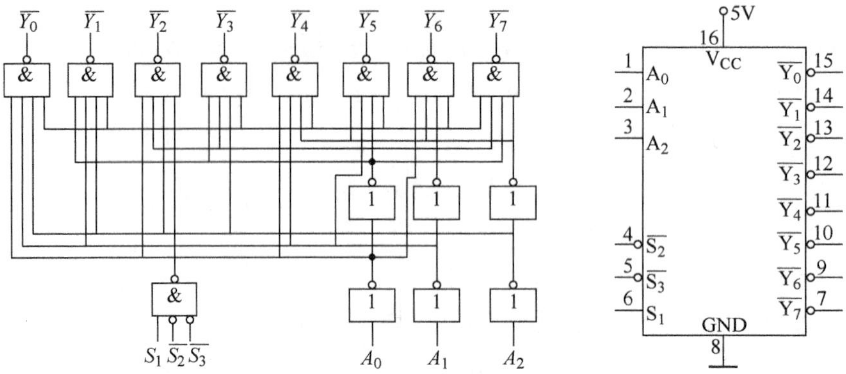

a) 逻辑图　　b) 引脚排列

图 8-27　3-8 译码器 74LS138 的逻辑图及引脚排列

表8-10 为74LS138 的功能表。

表 8-10　74LS138 的功能表

输入					输出							
S_1	$\overline{S_2}+\overline{S_3}$	A_2	A_1	A_0	$\overline{Y_0}$	$\overline{Y_1}$	$\overline{Y_2}$	$\overline{Y_3}$	$\overline{Y_4}$	$\overline{Y_5}$	$\overline{Y_6}$	$\overline{Y_7}$
1	0	0	0	0	0	1	1	1	1	1	1	1
1	0	0	0	1	1	0	1	1	1	1	1	1
1	0	0	1	0	1	1	0	1	1	1	1	1
1	0	0	1	1	1	1	1	0	1	1	1	1
1	0	1	0	0	1	1	1	1	0	1	1	1
1	0	1	0	1	1	1	1	1	1	0	1	1

（续）

输　入					输　出							
S_1	$\overline{S_2}+\overline{S_3}$	A_2	A_1	A_0	$\overline{Y_0}$	$\overline{Y_1}$	$\overline{Y_2}$	$\overline{Y_3}$	$\overline{Y_4}$	$\overline{Y_5}$	$\overline{Y_6}$	$\overline{Y_7}$
1	0	1	1	0	1	1	1	1	1	1	0	1
1	0	1	1	1	1	1	1	1	1	1	1	0
0	×	×	×	×	1	1	1	1	1	1	1	1
×	1	×	×	×	1	1	1	1	1	1	1	1

二进制译码器实际上也是负脉冲输出的脉冲分配器。若利用使能端中的一个输入端输入数据信息，器件就成为一个数据分配器，如图8-28所示。若在S_1输入端输入数据信息，$\overline{S_2}+\overline{S_3}=0$，地址码所对应的输出是$S_1$数据信息的反码；若从$\overline{S_2}$端输入数据信息，令$S_1=1$、$\overline{S_3}=0$，地址码所对应的输出就是$\overline{S_2}$端数据信息的原码。若数据信息是时钟脉冲，则数据分配器便成为时钟脉冲分配器。

二进制译码器可以根据输入地址的不同组合译出唯一地址，故可用作地址译码器。接成多路分配器，可将一个信号源的数据信息传输到不同的地点。

二进制译码器还能方便地实现逻辑函数，如图8-29所示，实现的逻辑函数为

$$Z=\overline{A}\,\overline{B}\,\overline{C}+\overline{A}B\,\overline{C}+A\,\overline{B}\,\overline{C}+ABC$$

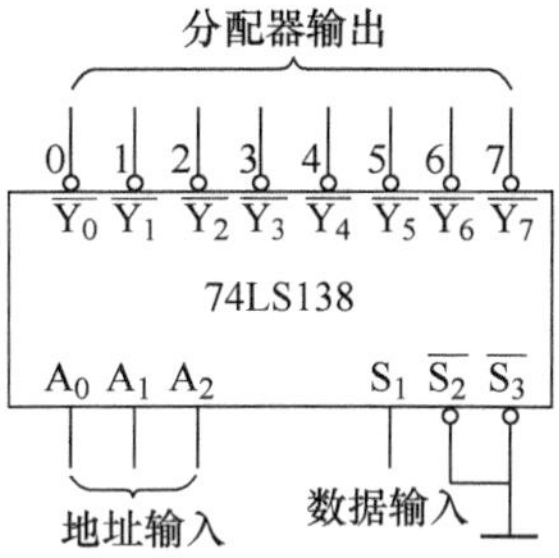

图8-28　作数据分配器

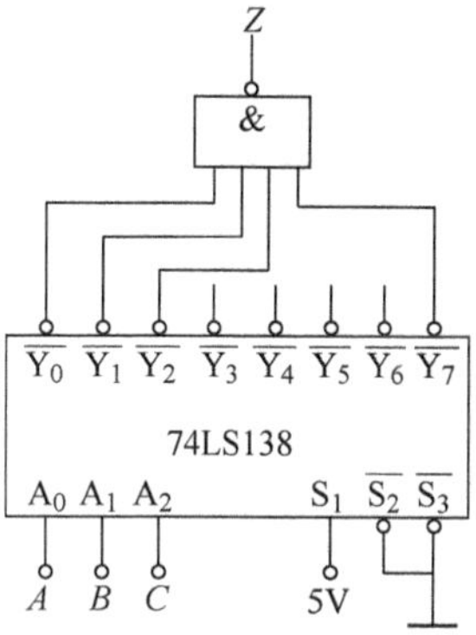

图8-29　实现逻辑函数

利用使能端能方便地将两个3-8译码器组合成一个4-16译码器，如图8-30所示。

2. 数码显示译码器

（1）七段发光二极管（LED）数码管　LED数码管是目前最常用的数字显示器，图8-31a、b为共阴极数码管和共阳极数码管的电路，图8-31c为两种不同出线形式的引出脚功能图。

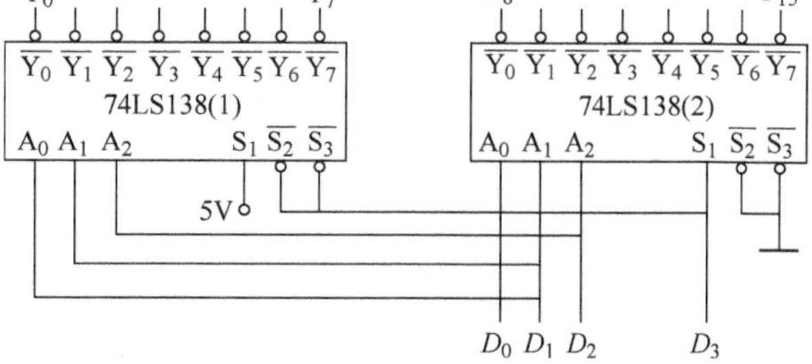

图8-30　用两片74LS138组合成4-16译码器

一个LED数码管可用来显示一位0～9十进制数和一个小数点。小型数码管（0.5in（1in＝0.0254m）和0.36in）每段发光二极管的正向压降，随显示光（通常为红、绿、黄、橙色）的颜色不同略有差别，通常约为2～2.5V，每个发光

二极管的点亮电流在 5 ~ 10mA。LED 数码管要显示 BCD 码所表示的十进制数就需要有一个专门的译码器，该译码器不但要完成译码功能，还要有相当的驱动能力。

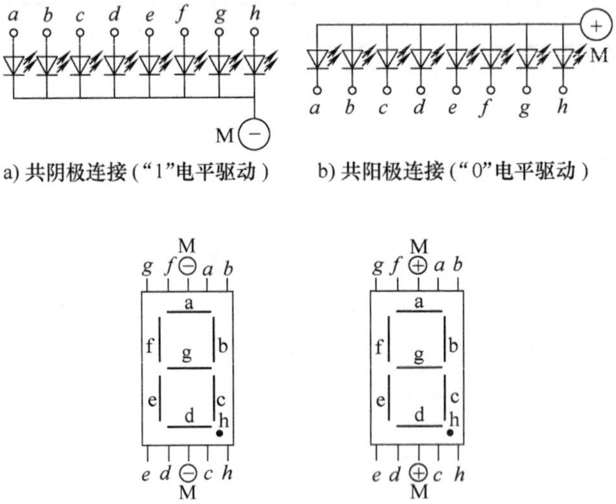

a) 共阴极连接（“1”电平驱动）　b) 共阳极连接（“0”电平驱动）

c) 符号及引脚功能

图 8-31　LED 数码管

（2）BCD 码七段译码驱动器　此类译码器型号有 74LS47（共阳）、74LS48（共阴）、CC4511（共阴）等，本实验采用 CC4511 BCD 码锁存/七段译码/驱动器。驱动共阴极 LED 数码管。图 8-32 所示为 CC4511 的引脚排列。

其中，A、B、C、D 是 BCD 码输入端；a、b、c、d、e、f、g 是译码输出端，输出“1”有效，用来驱动共阴极 LED 数码管；$\overline{LT}$是测试输入端，$\overline{LT}$ = “0”时，译码输出全为“1”；$\overline{BI}$是消隐输入端，$\overline{BI}$ = “0”时，译码输出全为“0”；LE 是锁定端，LE = “1”时，译码器处于锁定（保持）状态，译码输出保持在 LE = 0 时的数值，LE = 0 为正常译码。

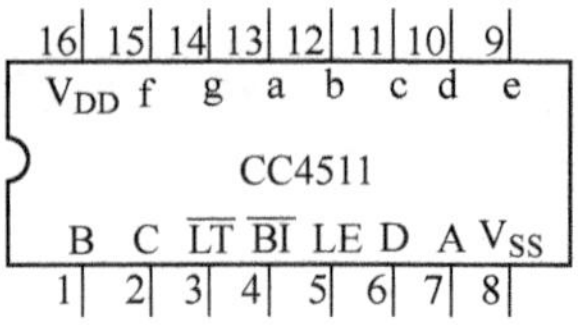

图 8-32　CC4511 引脚排列

表 8-11 为 CC4511 功能表。CC4511 内接有上拉电阻，故只需在输出端与数码管笔段之间串入限流电阻即可工作，如图 8-32 所示。译码器还有拒伪码功能，当输入码超过 1001 时，输入全为“0”，数码管熄灭。

表 8-11　CC4511 功能表

输入							输出							
LE	$\overline{BI}$	$\overline{LT}$	D	C	B	A	a	b	c	d	e	f	g	显示字符
×	×	0	×	×	×	×	1	1	1	1	1	1	1	8
×	0	1	×	×	×	×	0	0	0	0	0	0	0	消隐
0	1	1	0	0	0	0	1	1	1	1	1	1	0	0
0	1	1	0	0	0	1	0	1	1	0	0	0	0	1
0	1	1	0	0	1	0	1	1	0	1	1	0	1	2
0	1	1	0	0	1	1	1	1	1	1	0	0	1	3
0	1	1	0	1	0	0	0	1	1	0	0	1	1	4

（续）

输入							输出							
LE	$\overline{BI}$	$\overline{LT}$	D	C	B	A	a	b	c	d	e	f	g	显示字符
0	1	1	0	1	0	1	1	0	1	1	0	1	1	5
0	1	1	0	1	1	0	0	0	1	1	1	1	1	6
0	1	1	0	1	1	1	1	1	1	0	0	0	0	7
0	1	1	1	0	0	0	1	1	1	1	1	1	1	8
0	1	1	1	0	0	1	1	1	1	0	0	1	1	9
0	1	1	1	0	1	0	0	0	0	0	0	0	0	消隐
0	1	1	1	0	1	1	0	0	0	0	0	0	0	消隐
0	1	1	1	1	0	0	0	0	0	0	0	0	0	消隐
0	1	1	1	1	0	1	0	0	0	0	0	0	0	消隐
0	1	1	1	1	1	0	0	0	0	0	0	0	0	消隐
0	1	1	1	1	1	1	0	0	0	0	0	0	0	消隐
1	1	1	×	×	×	×	锁存							锁存

在本数字电路实验装置上已完成了译码器 CC4511 和数码管 BS202 之间的连接。实验时，只要接通 5V 电源和将十进制数的 BCD 码接至译码器的相应输入端 A、B、C、D 即可显示 0 ~ 9 的数字。四位数码管可接受四组 BCD 码输入。CC4511 与 LED 数码管的连接如图 8-33 所示。

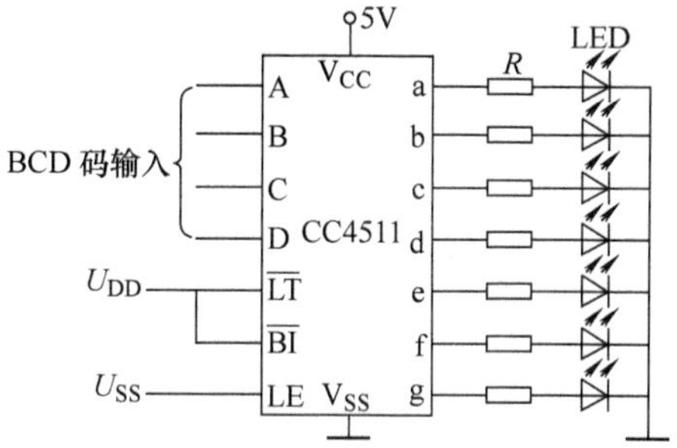

图 8-33　CC4511 驱动一位 LED 数码管

三、实验设备与器件

5V 直流电源、双踪示波器、连续脉冲源、逻辑电平开关、逻辑电平显示器、拨码开关组、数码显示译码器、74LS138 ×2、CC4511。

四、实验内容与步骤

1）数码拨码开关的使用。将实验装置上的四组拨码开关的输入 A_i、B_i、C_i、D_i 分别接至 4 组显示译码/驱动器 CC4511 的对应输入口，LE、$\overline{BI}$、$\overline{LT}$接至三个逻辑开关的输出插口，接上显示器的 5V 电源，然后按功能表 8-11 输入的要求按动四个数码的增减键（“+”与“-”键），同时操作与 LE、$\overline{BI}$、$\overline{LT}$对应的三个逻辑开关，观测拨码盘上的四位数与 LED 数码管显示的对应数字是否一致，并观察译码显示是否正常。

2）74LS138 译码器逻辑功能测试。将译码器使能端 S_1、$\overline{S_2}$、$\overline{S_3}$及地址端 A_2、A_1、A_0 分别接至逻辑电平开关输出口，八个输出端$\overline{Y_7}$ ~ $\overline{Y_0}$依次连接在逻辑电平显示器的八个输入口上，拨动逻辑电平开关，按表 8-10 逐项测试 74LS138 的逻辑功能。

3）用 74LS138 构成的时序脉冲分配器。参照图 8-28 和实验原理说明，时钟脉冲 CP 的频率约为 10kHz，要求画出分配器输出端$\overline{Y_0}$ ~ $\overline{Y_7}$端的输出波形，注意输出波形与 CP 输入波形之间的相位关系。

4）用两片 74LS138 组合成一个 4-16 译码器，并测试其逻辑功能。

五、预习内容

1）复习译码器和分配器的原理。

2）根据实验任务，画出所需的实验电路并记录表格。

六、实验报告要求

1）画出实验电路，把观察到的波形画在坐标纸上，并标上对应的地址码。

2）对实验结果进行分析、讨论。

任务 8.6.2　数据选择器及其应用

一、实验目的

1）掌握中规模集成数据选择器的逻辑功能及使用方法。

2）学习用数据选择器构成组合逻辑电路的方法。

二、实验原理

数据选择器又叫“多路开关”。数据选择器在地址码（或叫选择控制）电位的控制下，从几个数据输入中选择一个并将其送到一个公共的输出端。数据选择器的功能类似一个多掷开关，如图 8-34 所示，图中有四路数据 $D_0 \sim D_3$，通过选择控制信号 A_1、A_0（地址码）从四路数据中选中某一路数据送至输出端 Q。

数据选择器为目前逻辑设计中应用十分广泛的逻辑部件，它有 2 选 1、4 选 1、8 选 1、16 选 1 等类别。数据选择器的电路结构一般由与或门阵列组成，也有用传输门开关和门电路混合而成的。

1. 8 选 1 数据选择器 74LS151

74LS151 为互补输出的 8 选 1 数据选择器，其引脚排列如图 8-35，功能见表 8-12。

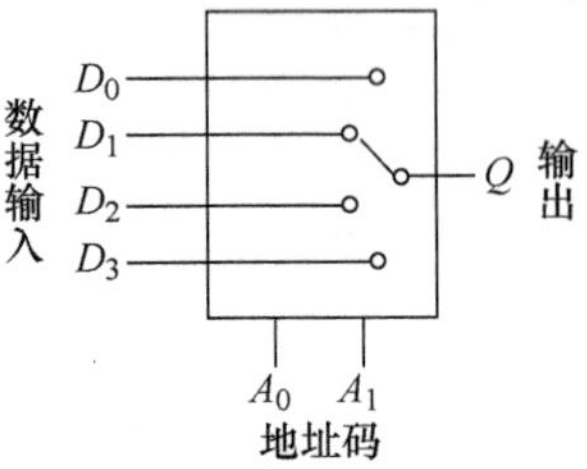

图 8-34　4 选 1 数据选择器示意图

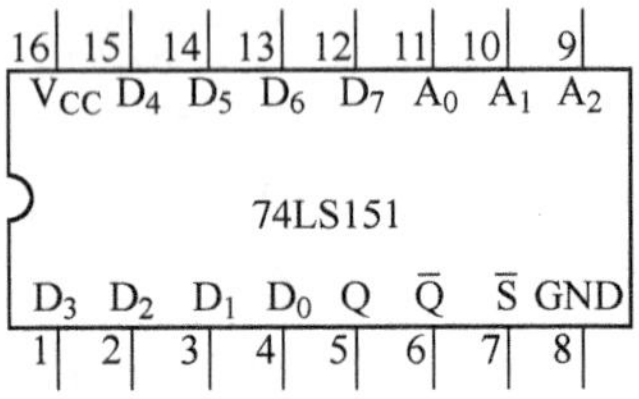

图 8-35　74LS151 引脚排列

表 8-12　74LS151 功能表

输入				输出		输入				输出	
$\overline{S}$	A_2	A_1	A_0	Q	$\overline{Q}$	$\overline{S}$	A_2	A_1	A_0	Q	$\overline{Q}$
1	×	×	×	0	1	0	1	0	0	D_4	$\overline{D_4}$
0	0	0	0	D_0	$\overline{D_0}$	0	1	0	1	D_5	$\overline{D_5}$
0	0	0	1	D_1	$\overline{D_1}$	0	1	1	0	D_6	$\overline{D_6}$
0	0	1	0	D_2	$\overline{D_2}$	0	1	1	1	D_7	$\overline{D_7}$
0	0	1	1	D_3	$\overline{D_3}$						

选择控制端（地址端）为 $A_2 \sim A_0$，按二进制译码，从 8 个输入数据 $D_0 \sim D_7$ 中，选择一个需要的数据送到输出端 Q，$\overline{S}$ 为使能端，低电平有效。

1）使能端 $\overline{S}=1$ 时，不论 $A_2 \sim A_0$ 状态如何，均无输出（$Q=0$，$\overline{Q}=1$），多路开关被禁止。

2）使能端 $\overline{S}=0$ 时，多路开关正常工作，根据地址码 A_2、A_1、A_0 的状态选择 $D_0 \sim D_7$ 中某一个通道的数据输送到输出端 Q。

若 $A_2A_1A_0=000$，则选择 D_0 数据到输出端，即 $Q=0$。

若 $A_2A_1A_0=001$，则选择 D_1 数据到输出端，即 $Q=D_1$，其余类推。

2. 双 4 选 1 数据选择器 74LS153

所谓双 4 选 1 数据选择器就是在一块集成芯片上有两个 4 选 1 数据选择器。74LS153 引脚排列如图 8-36 所示，功能见表 8-13。

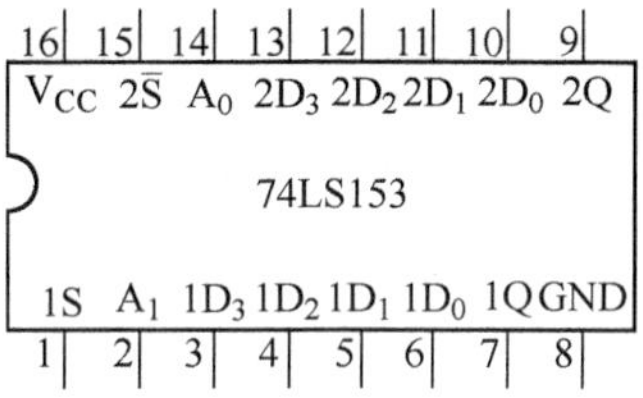

图 8-36 74LS153 引脚排列

表 8-13 74LS153 功能表

输入			输出
$\overline{S}$	A_1	A_0	Q
1	×	×	0
0	0	0	D_0
0	0	1	D_1
0	1	0	D_2
0	1	1	D_3

$1\overline{S}$、$2\overline{S}$ 为两个独立的使能端，A_1、A_0 为公用的地址输入端；$1D_0 \sim 1D_3$ 和 $2D_0 \sim 2D_3$ 分别为两个 4 选 1 数据选择器的数据输入端；Q_1、Q_2 为两个输出端。

1）当使能端 $1\overline{S}(2\overline{S})=1$ 时，多路开关被禁止，无输出，$Q=0$。

2）当使能端 $1\overline{S}(2\overline{S})=0$ 时，多路开关正常工作，根据地址码 A_1、A_0 的状态，将相应的数据 $D_0 \sim D_3$ 送到输出端 Q。

若 $A_1A_0=00$，则选择 D_0 数据到输出端，即 $Q=D_0$。

若 $A_1A_0=01$，则选择 D_1 数据到输出端，即 $Q=D_1$，其余类推。

数据选择器的用途很多，例如多通道传输、数码比较、并行码变串行码以及实现逻辑函数等。

3. 数据选择器的应用——实现逻辑函数

例 8-7 用 8 选 1 数据选择器 74LS151 实现函数 $F=A\overline{B}+\overline{A}B$。

解：（1）列出函数 F 的功能表，见表 8-14。

（2）将 A、B 加到地址端 A_1、A_0，而 A_2 接地，由表 8-14 可见，将 D_1、D_2 接“1”及 D_0、D_3 接地，其余数据输入端 $D_4 \sim D_7$ 都接地，则 8 选 1 数据选择器的输出 Q，便实现了函数 $F=A\overline{B}+\overline{A}B$。接线图如图 8-37 所示。

表 8-14 功 能 表

A	B	F
0	0	0
0	1	1
1	0	1
1	1	0

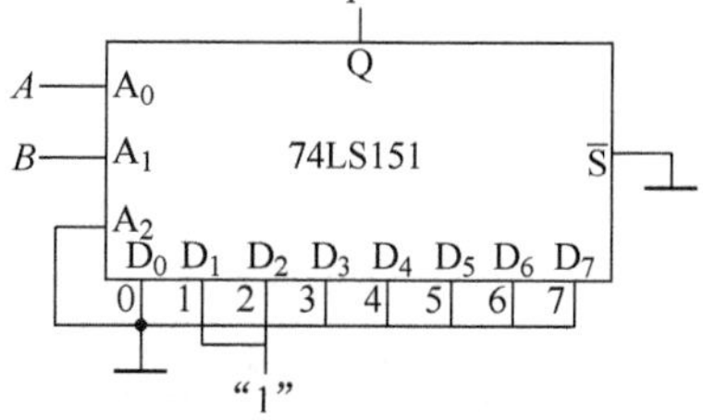

图 8-37 8 选 1 数据选择器实现 $F=A\overline{B}+\overline{A}B$ 的接线图

显然，当函数输入变量数小于数据选择器的地址端（A）时，应将不用的地址端及不用的数据输入端（D）都接地。

例 8-8　用双 4 选 1 数据选择器 74LS153 实现函数 $F=\overline{A}BC+A\overline{B}C+AB\overline{C}+ABC$。

解：函数 F 的功能表见表 8-15。

表 8-15　功　能　表

输入			输出	输入			输出
A	B	C	F	A	B	C	F
0	0	0	0	1	0	0	0
0	0	1	0	1	0	1	1
0	1	0	0	1	1	0	1
0	1	1	1	1	1	1	1

函数 F 有三个输入变量 A、B、C，而数据选择器有两个地址端 A_1、A_0，少于函数输入变量的个数，在设计时可任选 A 接 A_1，B 接 A_0。将函数功能表改画成表 8-16 的形式，由表中不难看出，$D_0=0$，$D_1=D_2=C$，$D_3=1$。

表　8-16

输入			输出	中选数据端	输入			输出	中选数据端
A	B	C	F		A	B	C	F	
0	0	0	0	$D_0=0$	1	0	0	0	$D_2=0$
		1	0				1	1	$D_2=1$
0	1	0	0	$D_1=0$	1	1	0	1	$D_3=0$
		1	1	$D_1=1$			1	1	

这样，4 选 1 数据选择器的输出便实现了函数 $F=\overline{A}BC+A\overline{B}C+AB\overline{C}+ABC$，接线图如图 8-38 所示。

当函数输入变量大于数据选择器地址端数时，随着选用函数输入变量作地址的方案不同，其设计结果也可能不同，因此需要对几种方案进行比较，以获得最佳方案。

三、实验设备与器件

5V 直流电源、逻辑电平开关、逻辑电平显示器、74LS151（或 CC4512）、74LS153（或 CC4539）。

四、实验内容与步骤

1. 测试数据选择器 74LS151 的逻辑功能

按图 8-39 接线，A_2、A_1、A_0 为地址端，也称选择控制端，$D_0\sim D_7$ 是数据输入端，使能端 $\overline{S}$ 接逻辑开关，输出端 Q 接逻辑电平显示器，按 74LS151 功能表逐项进行测试，记录测试结果。

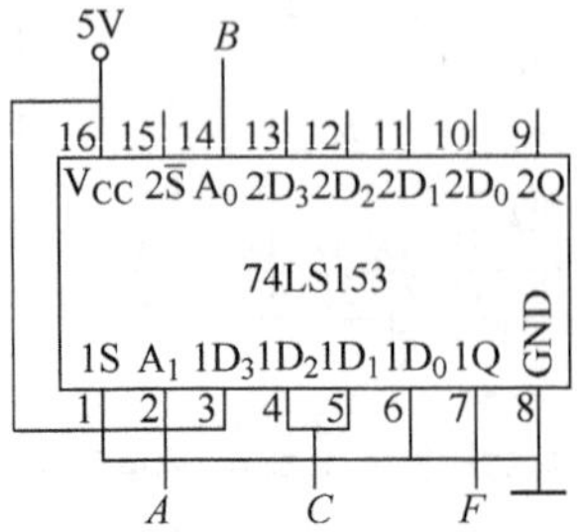

图 8-38　接线图

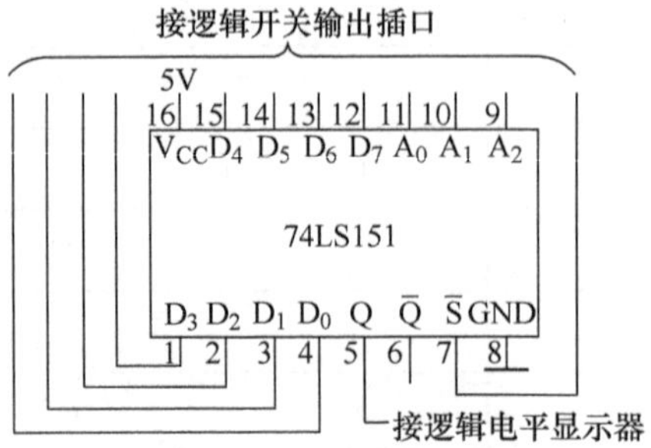

图 8-39　74LS151 逻辑功能测试图

2. 测试 74LS153 的逻辑功能

测试方法及步骤同上，记录之。

3. 用 8 选 1 数据选择器 74LS151 设计三输入多数表决电路

1）写出设计过程。

2）画出接线图，并在实验室连接电路进行测试。

3）验证逻辑功能。

4. 用 8 选 1 数据选择器 74LS151 实现逻辑函数 $F=A\overline{B}+\overline{A}C+B\overline{C}$

1）写出设计过程。

2）画出接线图，并在实验室连接电路进行测试。

3）验证逻辑功能。

5. 用双 4 选 1 数据选择器 74LS153 实现全加器

1）写出设计过程。

2）画出接线图，并在实验室连接电路进行测试。

3）验证逻辑功能。

五、实验报告要求

1）用数据选择器对实验内容进行设计，写出设计全过程，画出接线图。

2）判断实际测试结果与设计预期目标是否相符。

3）总结实验收获、体会。

六、预习内容

1）复习数据选择器的工作原理。

2）用数据选择器对实验内容中各函数式进行预设计。

练习与思考题

8.1　写出图 8-40 所示电路的表达式。

8.2　写出图 8-41 所示电路的输出函数表达式。

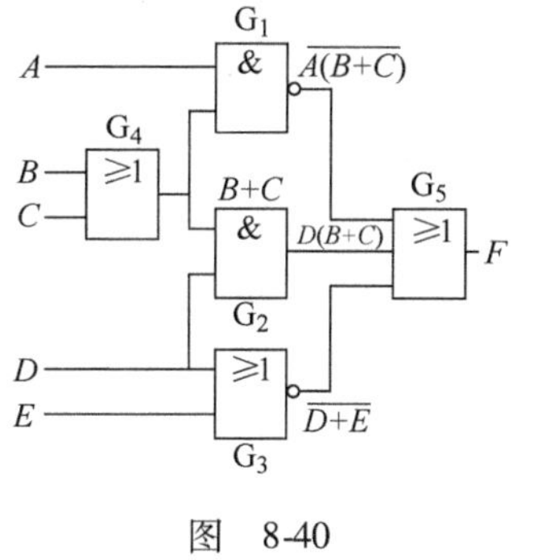

图　8-40

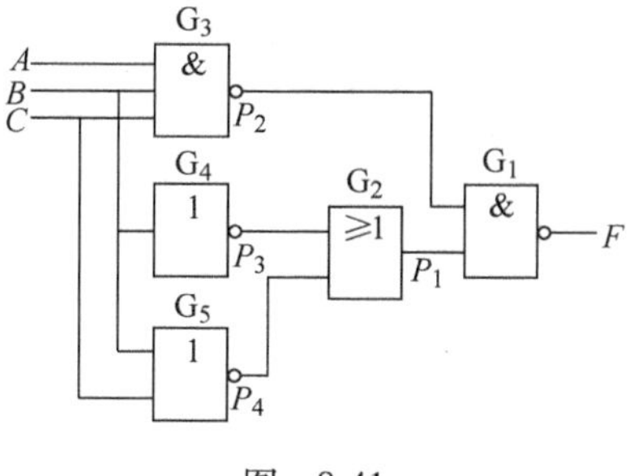

图　8-41

8.3　写出图 8-42 所示电路的输出函数表达式，并将其转换成与非逻辑门电路，写出与非逻辑门电路的输出函数表达式，画出电路图。

8.4　分析图 8-43 所示电路的逻辑功能。

8.5　设计一个多数表决器电路，电路有三个输入端，一个输出端，它的功能是输出电平与输入信号的多数电平一致。

8.6　设计一个楼梯开关系统，分别装在一、二、三楼的三个开关都能对楼梯上的同一盏灯进行控制。

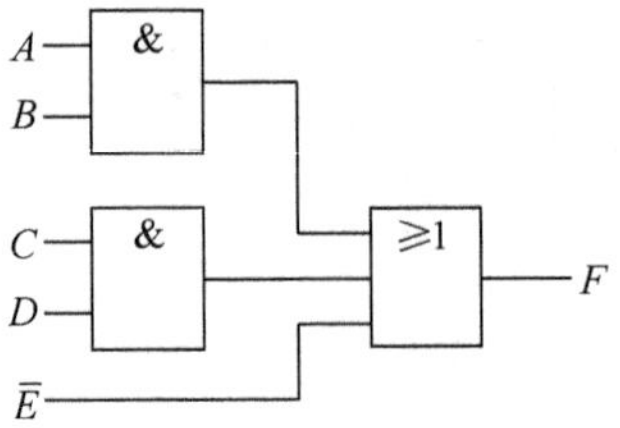

图　8-42

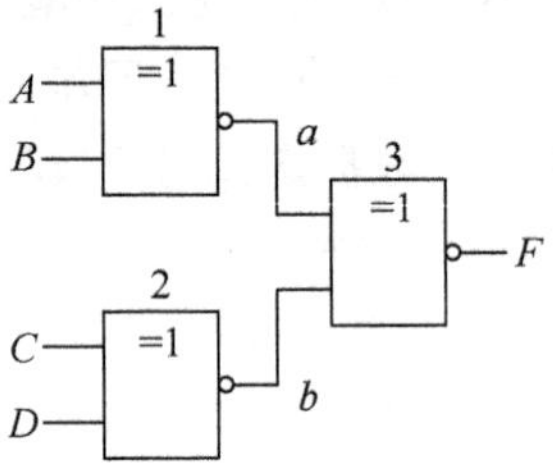

图　8-43

项目9　时序逻辑电路的设计与测试

知识目标： 掌握触发器的逻辑功能；
掌握时序逻辑电路的分析方法。
能力目标： 时序逻辑电路的设计方法；
分析问题和解决实际问题的能力。

模块9.1　触发器的逻辑功能测试

数字电路中需要将0、1信息保存起来，而触发器就是存储0、1信息的基本单元电路。触发器是一种有记忆功能、能存储一位二进制信息的逻辑电路。触发器属于双稳态电路，具有两个稳定的状态，分别表示二进制数码的0和1。在任一时刻，触发器只处于一种稳定状态，并长期保持下来。只有通过适当的信号注入方式，它才能从一种稳定状态翻转到另一种稳定状态。按照逻辑功能的不同，触发器可分为RS触发器、D触发器、JK触发器、T触发器。

任务9.1.1　RS触发器

一、基本RS触发器

基本RS触发器是一种最简单的触发器，它由输入端的输入信号直接控制，而没有时钟脉冲输入端CP（Clock Pulse）的控制。它是构成各种触发器的最基本单元。

1. 基本RS触发器的电路结构

基本RS触发器由两个“与非门”或两个“或非门”构成。这里只介绍“与非门”组成的基本RS触发器。

由两个“与非门”组成的基本RS触发器的逻辑图如图9-1a所示，它们的输入端和输出端交叉耦合，其逻辑符号如图9-1b所示。$\overline{S}$、$\overline{R}$为信号输入端，$\overline{S}$为置1端或置位端，$\overline{R}$为置0端或复位端，都是低电平有效；Q、$\overline{Q}$为输出端，常用Q端的状态作为触发器的状态。

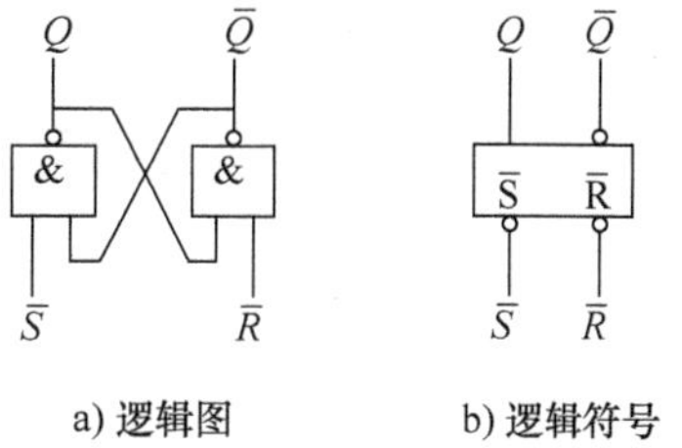

图9-1　“与非门”组成的基本RS触发器

2. 基本RS触发器的逻辑功能

在分析逻辑功能前先介绍两个术语。

现态：是指触发器接收输入信号之前的稳定状态，用Q^n表示。

次态：是指触发器接收输入信号变化后所处的新的稳定状态，常用Q^{n+1}表示。

基本RS触发器的逻辑功能见表9-1。其中，新的稳定状态Q^{n+1}不仅与输入状态有关，而且与触发器接收输入信号之前的原状态Q^n有关，在无外来触发信号作用时，电路保持原状态不变，所以分析时也要考虑这个状态变量。

表 9-1　“与非门”组成的基本 RS 触发器的特性表

输入		现态	次态	说　明	输入		现态	次态	说　明
R	S	Q^n	Q^{n+1}		R	S	Q^n	Q^{n+1}	
0	0	0	×	状态不定，不允许	1	0	0	1	置 1
		1	×				1	1	
0	1	0	0	置 0	1	1	0	0	状态保持不变
		1	0				1	1	

由表 9-1 可知，在外加触发信号有效时，电路可以触发翻转，实现置 0 或置 1。

3. 基本 RS 触发器的功能描述

触发器的功能描述主要有状态转换真值表、驱动表（激励表）、特性方程、状态转换图等。

基本 RS 触发器的状态转换真值表见表 9-2，驱动表（激励表）见表 9-3，状态转换图如图 9-2 所示。

表 9-2　状态转换真值表

R	S	Q^n	Q^{n+1}	功能	R	S	Q^n	Q^{n+1}	功能
0	0	0	×	不定	1	0	0	1	置 1
		1	×				1	1	
0	1	0	0	置 0	1	1	0	0	保持
		1	0				1	1	

表 9-3　状态驱动表

$Q^n \to Q^{n+1}$	R	S	$Q^n \to Q^{n+1}$	R	S
0→0	×	1	1→0	0	1
0→1	1	0	1→1	1	×

由图 9-3 给出的卡诺图化简得到基本 RS 触发器的特性方程为

$$\begin{cases} Q^{n+1} = \overline{S} + RQ^n \\ R + S = 1 \text{ 或 } \overline{R} \cdot \overline{S} = 1 \text{（约束条件）} \end{cases} \tag{9-1}$$

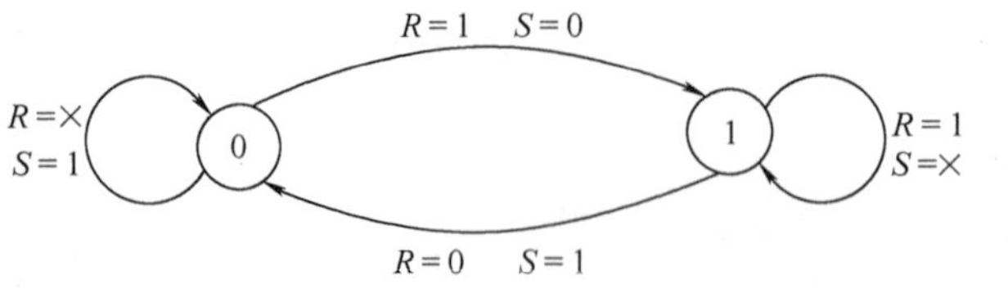

图 9-2　基本 RS 触发器的状态转换图

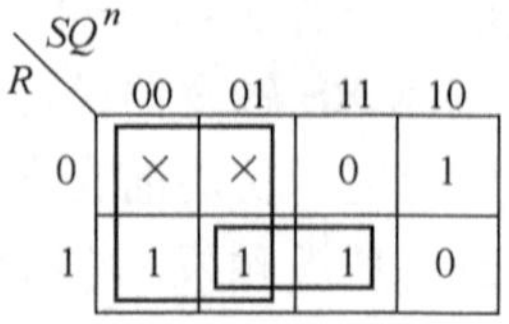

图 9-3　基本 RS 触发器的卡诺图

基本 RS 触发器的波形图如图 9-4 所示。

4. 基本 RS 触发器要点归纳

1）基本 RS 触发器是属于一种无节拍翻转的触发器，一个触发器能存储一位二进制数，它的电路比较简单，但却是构成其他触发器的基础。

2）基本 RS 触发器最大的缺点就是输入信号之间有约束条件，在数字电路应用中受到制约。

二、同步 RS 触发器

基本 RS 触发器是由输入信号端的信号直接控制的。在实际的数字电路中，触发器的工作状态不仅要由输入信号端的信号来控制，还需要触发器按一定的节奏翻转，所以还要加一个时钟控制端 *CP* 脉冲（周期性连续脉冲），并且可以同时控制多个触发器作同步翻转。

1. 同步 RS 触发器的电路结构

同步 RS 触发器的逻辑电路结构如图 9-5a 所示。*CP* 为时钟控制输入端，与非门 G_1、G_2 组成基本触发器，与非门 G_3、G_4 组成输入控制电路。G_3、G_4 是由时钟脉冲 *CP* 控制的，具有时钟脉冲控制的触发器又称为时钟触发器。图 9-5 所示的时钟电平控制为高电平有效，即在 $CP=1$ 期间接收输入信号；在 $CP=0$ 时状态保持不变。电路的逻辑符号如图 9-5b 所示。

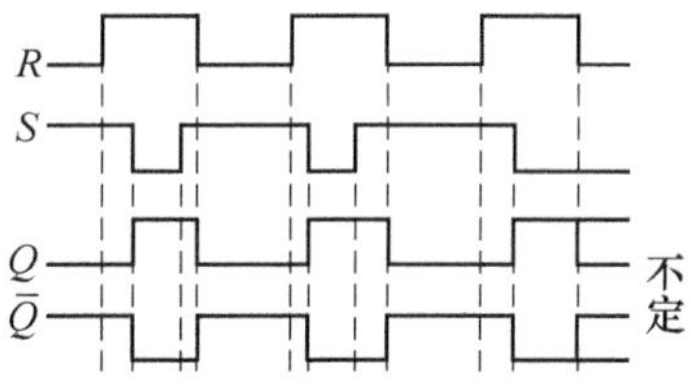

图 9-4　基本 RS 触发器的波形图

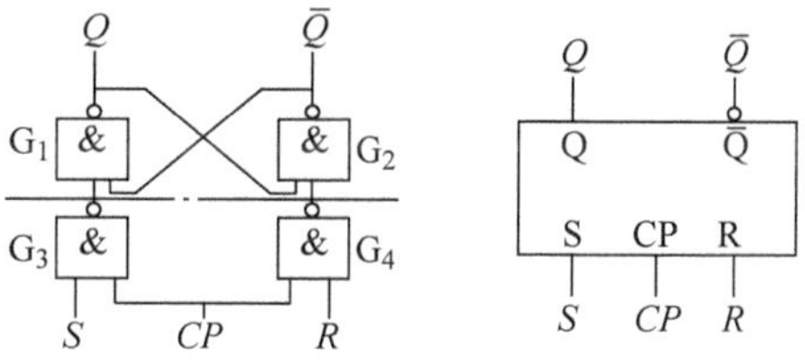

a) 逻辑电路结构　　b) 逻辑电路符号

图 9-5　同步 RS 触发器

2. 同步 RS 触发器的逻辑功能

当 $CP=0$ 时，G_3 和 G_4 被封锁，不管 *R* 端和 *S* 端的信号如何变化，输出都为 1，触发器保持原状态不变，即 $Q^{n+1}=Q^n$。

当 $CP=1$ 时，G_3 和 G_4 解除封锁，*R*、*S* 端的输入信号才能通过由 G_1、G_2 组成的基本 RS 触发器，使状态发生翻转。电路的逻辑功能见表 9-4。

表 9-4　同步 RS 触发器的特性表

输入		现态	次态	说　明	输入		现态	次态	说　明
R	*S*	Q^n	Q^{n+1}		*R*	*S*	Q^n	Q^{n+1}	
0	0	0	0	状态保持不变	1	0	0	0	置 0
		1	1				1	0	
0	1	0	1	置 1	1	1	0	×	状态不定，不允许
		1	1				1	×	

3. 同步 RS 触发器的功能描述

同步 RS 触发器同样有状态转换真值表、驱动表（激励表）、特性方程、状态转换图等几种功能描述。

1）同步 RS 触发器的状态转换真值表见表 9-5。

2）同步 RS 触发器的状态转换驱动表见表 9-6。

表 9-5 同步 RS 触发器的真值表

CP	R	S	Q^n	Q^{n+1}	功能	CP	R	S	Q^n	Q^{n+1}	功能
↑	0	0	0	0	保持	↑	1	0	0	0	置 0
			1	1					1	0	
	0	1	0	1	置 1		1	1	0	×	不定
			1	1					1	×	

表 9-6 状态转换驱动表

$Q^n \to Q^{n+1}$	R	S	$Q^n \to Q^{n+1}$	R	S
0→0	×	0	1→0	1	0
0→1	0	1	1→1	0	×

3）根据表 9-5 所示的状态转换真值表画出卡诺图，如图 9-6 所示。

同步 RS 触发器的特性方程为

$$\begin{cases} Q^{n+1} = S + \overline{R}Q^n \\ RS = 0 \end{cases} \tag{9-2}$$

4）同步 RS 触发器的状态转换图如图 9-7 所示。

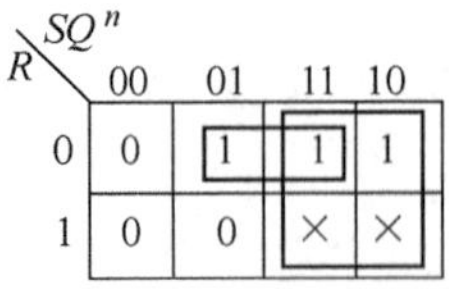

图 9-6 同步 RS 触发器的卡诺图

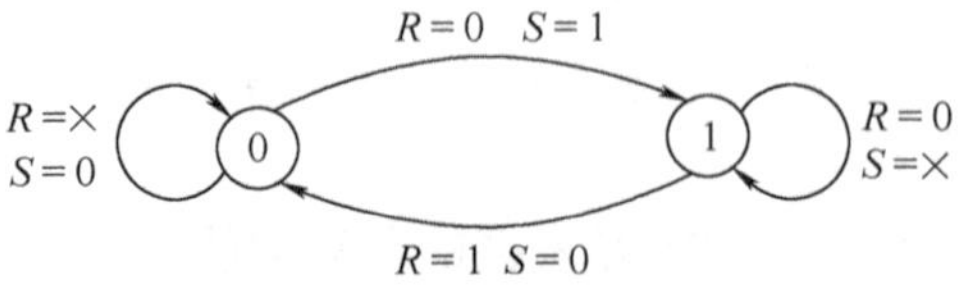

图 9-7 同步 RS 触发器的状态转换图

4. 同步 RS 触发器要点归纳

1）同步 RS 触发器与基本 RS 触发器相比较，虽然增加了时间控制端，但仍存在空翻现象。正常情况下，在一个 CP 脉冲的作用下，触发器的状态只能翻转一次。而空翻现象是指在一个 CP 脉冲作用期间，触发器的状态产生两次或以上翻转。

2）同步 RS 触发器与基本 RS 触发器一样，输入信号 R、S 之间有约束条件，否则会出现触发器次态不定的现象。因此，同步 RS 触发器在数字电路应用中同样受到制约。

任务 9.1.2 同步 D 触发器

为了解决同步 RS 触发器同时出现 R、S 都为 1 时次态不确定的问题，只需在同步 RS 触发器的基础上，对其控制电路稍作改变，即在 R、S 输入端之间加一个非门，构成一个单输入触发器，这种触发器称作同步 D 触发器。

1. 同步 D 触发器的电路结构

同步 D 触发器的电路结构如图 9-8a 所示。它是将输入信号 D 转换成一对相反的信号，分别送至同步 RS 触发器的两个输入端，使同步 RS 触发器的两个输入信号只能是 01 或者 10 两种组合，不会出现 R、S 都为 1 时次态不确定的问题，从而消除了状态不确定现象。其逻辑符号如图 9-8b 所示。

2. 同步 D 触发器的逻辑功能

同步 D 触发器受时钟电平控制，高电平有效，即在 $CP=1$ 期间接收输入信号；在 $CP=0$ 时状态保持。当 CP 由 0 变为 1 时，触发器状态翻转到和 D 的状态一致；当 CP 由 1 变为 0 时，触发器状态保持原态不变。其逻辑功能见表 9-7。

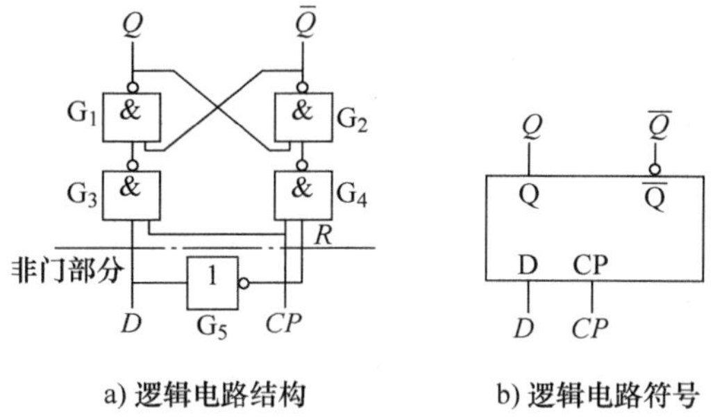

a) 逻辑电路结构　b) 逻辑电路符号

图 9-8　同步 D 触发器

表 9-7　同步 D 触发器的特性表

输入	现态	次态	说　明
D	Q^n	Q^{n+1}	
0	0	0	输出状态与 D 一致
	1	0	
1	0	1	
	1	1	

3. 同步 D 触发器的逻辑描述

同步 D 触发器的功能描述同样有状态转换真值表、驱动表（激励表）、特性方程、状态转换图等，它们分别如下所述。

1）同步 D 触发器的状态转换真值表见表 9-8。

2）同步 D 触发器的状态转换驱动表见表 9-9。

表 9-8　同步 D 触发器的真值表

D	Q^n	Q^{n+1}	功能
0	0	0	保持
	1	0	
1	0	1	
	1	1	

表 9-9　状态转换驱动表

$Q^n \to Q^{n+1}$	D
0→0	0
0→1	1
1→0	0
1→1	1

3）根据图 9-9 画出的卡诺图得到状态转换图，如图 9-10 所示。

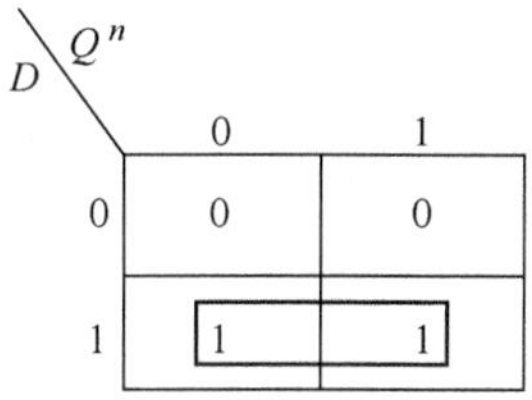

图 9-9　同步 D 触发器的卡诺图

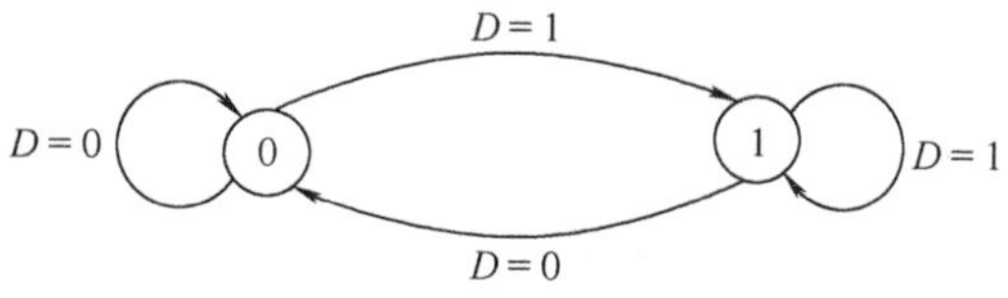

图 9-10　同步 D 触发器的状态转换图

4）同步 D 触发器的特性方程为

$$Q^{n+1}=D \tag{9-3}$$

4. 同步 D 触发器要点归纳

1）输入端只有一个输入信号 D，输入信号不存在约束条件，解决了触发器次态不定的现象。

2）同步 D 触发器仍存在空翻现象。

模块 9.2　触发器空翻现象的处理

为了克服触发器存在的空翻现象，要求在一个 CP 脉冲的作用周期内，触发器的状态只能翻转一次。为此，又设计出多种能解决空翻问题的触发器，如边沿触发器、主从触发器等。边沿触发器只在时钟脉冲 CP 的上升沿和下降沿时刻才有效，电路状态才能发生翻转，从而没有空翻现象。这里介绍常用的主从 RS 触发器、主从 JK 触发器和 T 触发器。

任务 9.2.1　主从 RS 触发器

为了解决同步 RS 触发器的空翻问题，只需在同步 RS 触发器的基础上，将两个同步 RS 触发器串联起来，由一个从触发器和一个主触发器组成一个新的触发器，称为主从 RS 触发器。

1. 主从 RS 触发器的电路结构

主从 RS 触发器的电路逻辑图及逻辑符号如图 9-11 所示。在图 9-11a 中，上半部分构成从触发器，下半部分构成主触发器，它是将时钟脉冲 CP 经过非门 G 转换成一对相反的信号，一路直接加到主触发器，另一路经过 G 反相后加到从触发器。这样使主、从触发器分别工作在不同的时间区域，即主、从触发器所要求的时钟脉冲彼此反相。

2. 主从 RS 触发器的逻辑功能

当 $CP=1$ 时，主触发器工作，其逻辑关系与同步 RS 触发器完全一致。此时从触发器被封锁，不管 Q_m 和 $\overline{Q_m}$ 如何变化，整个主从 RS 触发器的输出 Q、$\overline{Q}$ 保持原来的状态不变。

当 CP 由 1 变为 0 时，主触发器被封锁，不受 R、S 信号变化的影响，它的输出 Q_m、$\overline{Q_m}$ 保持原状态不变。此时从触发器被打开，它的状态由主触发器的输出 Q_m、$\overline{Q_m}$ 决定，即主触发器中存放的信息将移送到从触发器中。

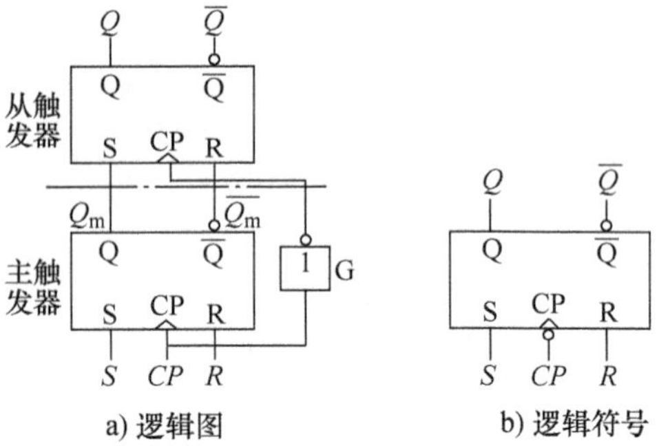

图 9-11　主从 RS 触发器

通过以上分析可知，主从 RS 触发器的逻辑功能与同步 RS 触发器相同。它的工作方式分成两步：第一步是 CP 脉冲由 0 变为 1，即上升沿到来时，主触发器接收输入端 R、S 的信号，但整个触发器的状态保持不变；第二步是 CP 时钟脉冲由 1 变为 0，即下降沿到来时，主触发器被封锁，这时将主触发器原存储的信息送入从触发器中，使整个主从 RS 触发器的状态随之翻转。由此，主从两个触发器交替工作，解决了触发器空翻这一问题，电路的逻辑功能见表 9-10。

3. 主从 RS 触发器的功能描述

主从 RS 触发器的真值表见表 9-11，状态转换驱动表见表 9-12。

主从 RS 触发器的特性方程为

$$\begin{cases} Q^{n+1}=S+\overline{R}Q^n \\ RS=0\ （约束条件） \end{cases} \tag{9-4}$$

表 9-10　主从 RS 触发器的特性表

CP	输入		现态	次态	说　明
	R	*S*	Q^n	Q^{n+1}	
↓	0	0	0	0	其逻辑关系与同步 RS 触发器完全一致。只是在 *CP* 时钟脉冲由 1 变为 0（即下降沿到来）时，才将主触发器原存储的信息送入从触发器中，使整个主从 RS 触发器的状态随之改变
			1	1	
	0	1	0	1	
			1	1	
	1	0	0	0	
			1	0	
	1	1	0	×	
			1	×	

表 9-11　主从 RS 触发器的真值表

R	*S*	Q^n	Q^{n+1}	功能
0	0	0 1	0 1	保持
0	1	0 1	1 1	置 1
1	0	0 1	0 0	置 0
1	1	0 1	× ×	不定

表 9-12　状态转换驱动表

$Q^n \to Q^{n+1}$	*R*　*S*
0→0	×→0
0→1	0→1
1→0	1→0
1→1	0→×

4. 主从 RS 触发器要点归纳

1）主从 RS 触发器的逻辑功能和同步 RS 触发器相同，因此，它们的真值表、状态转换驱动表、特性方程、状态转换图也一样。

2）时钟脉冲边沿控制，下降沿触发。

3）主从 RS 触发器是主、从两个触发器交替工作，只能总是一个导通。所以，触发器的输入信号 *R*、*S* 无法直接影响输出端的状态，在一个 *CP* 脉冲的作用周期内，触发器的状态只能翻转一次，所以解决了触发器空翻这一问题。

任务 9.2.2　主从 JK 触发器

主从 RS 触发器解决了同步 RS 触发器的空翻问题，同步 D 触发器解决了同步 RS 触发器的输入信号之间存在约束的问题。主从 JK 触发器可以同时解决上述两个问题。

1. 主从 JK 触发器的电路结构

主从 JK 触发器是基于主从 RS 触发器进行改进的，它由主触发器、从触发器和非门三部分组成。利用触发器输出 Q、$\overline{Q}$ 端不会出现同时为 1 的现象，将 Q 端反馈到 R 输入端，将 $\overline{Q}$ 端反馈到 S 输入端，如图 9-12a 所示。这样使得 R、S 端不会有同时为 1 的现象出现，解决了输入信号之间存在约束的问题。在主触发器的输入部分增加了 J、K 两个输入端。Q 端和 $\overline{Q}$ 端是主从 JK 触发器的输出端，其逻辑符号如图 9-12b 所示。

2. 主从 JK 触发器的逻辑功能

主从 JK 触发器是以双拍工作方式进行工作的，它在一个时钟脉冲 CP 作用下的工作过程分为两个阶段：第一步，当时钟脉冲 CP 到来时，主触发器在 CP 的上升沿（高电平）接收输入信号，并暂存到主触发器中，此时从触发器被封锁，保持原来的状态不变；第二步，在时钟脉冲 CP 的下降沿主触发器开始被封锁，不受输入信号变化的影响，保持原来的状态不变，主触发器状态传送到从触发器，使整个触发器翻转到新的状态。

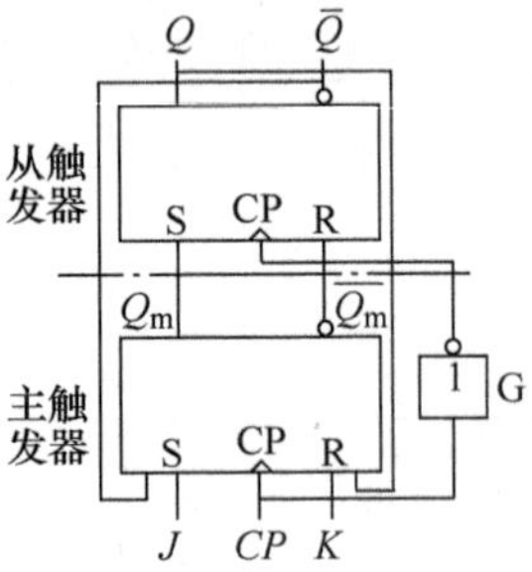

a) 逻辑图

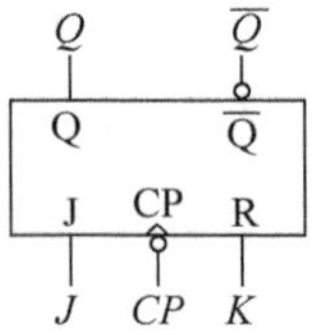

b) 逻辑符号

图 9-12　主从 JK 触发器

由以上分析可知，主从 JK 触发器是在一个时钟脉冲 CP 作用下，使从触发器的状态最多改变一次，也就是整个触发器的状态更新是在 CP 的下降沿发生的，因此克服了空翻现象。主从 JK 触发器的逻辑功能见表 9-13。

3. 主从 JK 触发器的功能描述

主从 JK 触发器的真值表见表 9-14，状态转换驱动表见表 9-15。

表 9-13　主从 JK 触发器的特性表

CP	输入		现态	次态	说明
	J	K	Q^n	Q^{n+1}	
↓	0	0	0	0	保持
			1	1	
	0	1	0	0	置 0
			1	0	
	1	0	0	1	置 1
			1	1	
	1	1	0	1	翻转
			1	0	

表 9-14　主从 JK 触发器的真值表

J	K	Q^n	Q^{n+1}	功能
0	0	0 1	0 1	保持
0	1	0 1	0 0	置 0
1	0	0 1	1 1	置 1
1	1	0 1	1 0	翻转

主从 JK 触发器的特性方程为

$$Q^{n+1}=J\cdot\overline{Q^n}+\overline{K}\cdot Q^n \tag{9-5}$$

主从 JK 触发器的状态转换图如图 9-13 所示。

表 9-15　状态转换驱动表

$Q^n \to Q^{n+1}$	J　K
0→0	0→×
0→1	1→×
1→0	×→1
1→1	×→0

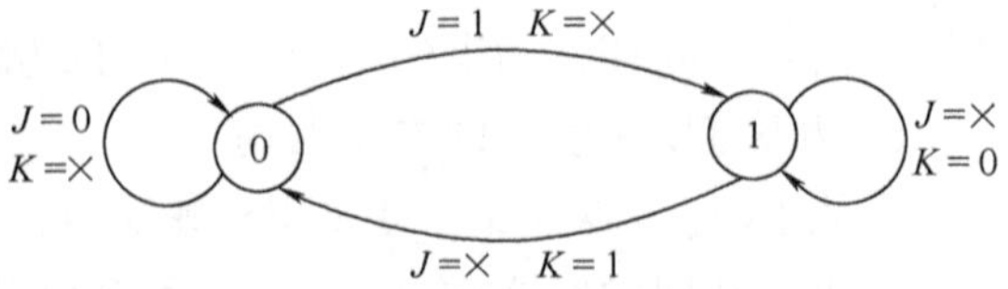

图 9-13　主从 JK 触发器的状态转换图

4. 主从 JK 触发器要点归纳

1）时钟脉冲 CP 控制，下降沿到来有效。

2）输入信号 J、K 之间无约束条件。

3）触发器不存在空翻现象。

4）当输入条件决定的新状态与原状态一致时，触发器的状态不随 CP 的到来而翻转。

任务 9.2.3　T 触发器

主从 JK 触发器虽然解决了输入信号之间存在的约束和空翻问题，但当输入条件决定的新状态与原状态一致时，触发器的状态不会随 CP 的到来而翻转，而 T 触发器能解决这个问题。

1. T 触发器的电路结构

只要将主从 JK 触发器的两个输入端 J 和 K 连接起来作为一个输入端 T，就构成了 T 触发器。T 触发器只有一个控制端，其逻辑图和逻辑符号如图 9-14 所示。

2. T 触发器的逻辑功能

T 触发器的逻辑功能见表 9-16。

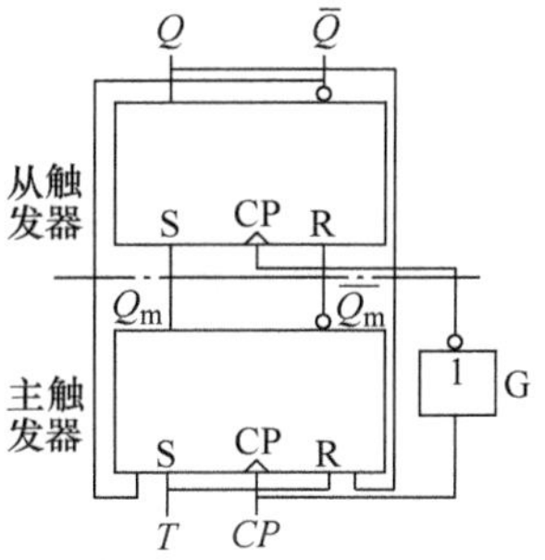

a) 逻辑图

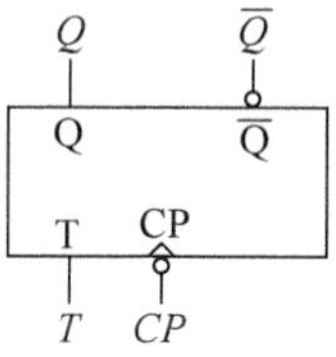

b) 逻辑符号

图 9-14　T 触发器

表 9-16　T 触发器的逻辑功能

CP	输入 T	现态 Q^n	次态 Q^{n+1}	说明
↓	0	0	0	保持
		1	1	
	1	0	1	翻转
		1	0	

3. T 触发器的功能描述

T 触发器的状态转换驱动表见表 9-17。

T 触发器的特性方程为

$$Q^{n+1}=T\cdot\overline{Q^n}+\overline{T}\cdot Q^n=T\oplus Q^n \tag{9-6}$$

T 触发器的状态转换图如图 9-15 所示。

表 9-17　T 触发器的状态转换驱动表

$Q^n \to Q^{n+1}$	T	$Q^n \to Q^{n+1}$	T
0→0	0	1→0	1
0→1	1	1→1	0

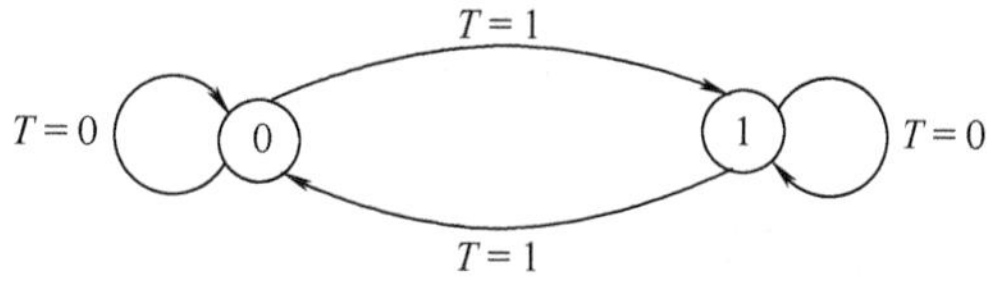

图 9-15　T 触发器的状态转换图

4. T 触发器要点归纳

1）T 触发器只有一个控制端，可将主从 JK 触发器的 J 和 K 端连成 T 端。

2）输入信号无约束条件。

3）触发器不存在空翻现象。

4）如果将 T 触发器的 T 端设为 1，就构成了 T′触发器，则每来一个 CP 脉冲，触发器的状态都会翻转，构成了计数状态。

模块 9.3　时序逻辑电路的分析与设计

任务 9.3.1　时序电路的结构框图

1. 时序电路与组合电路的比较

时序电路是具有记忆功能的电路器件，它的电路结构是由门电路和存储电路构成的，而组合逻辑电路只由门电路构成。

2. 时序电路框图及相关信号

时序电路的框图如图 9-16 所示，其中，X 为时序电路的外部输入信号；Z 为时序电路的外部输出信号；W 为时序电路内部存储电路的输入信号，同时也是内部组合逻辑电路的输出信号；Y 为时序电路内部存储电路的输出信号，同时也是内部组合逻辑电路的输入信号。

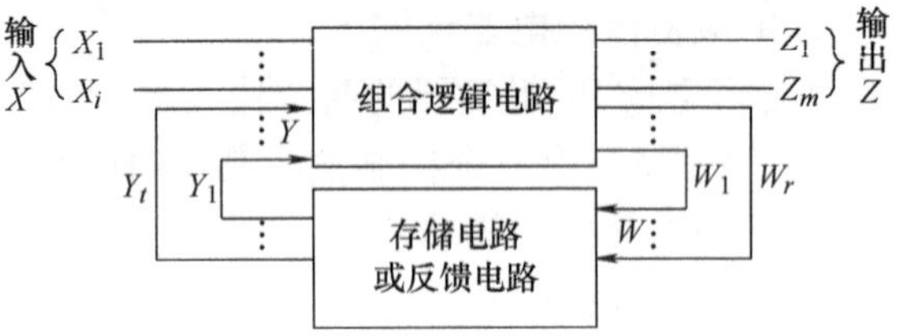

图 9-16　时序电路的框图

从上述信号分析关系可以得出这样一个结论：时序电路的输出不仅与电路的输入有关，而且与电路的状态有关。

任务 9.3.2　时序电路的状态表和状态图

时序电路分为同步时序电路和异步时序电路。在同步时序电路中，各个触发器的时钟脉冲一致，电路用一个统一的时钟脉冲，每来一个时钟脉冲，电路的状态仅改变一次。如果能描述一系列时钟脉冲作用下时序电路状态转换的全过程，对时序电路的逻辑功能和工作情况就会很清晰，而状态表和状态图可起到这个作用。下面介绍同步时序电路分析与设计常用的表示形式：状态转换表和状态转换图。

1. 状态转换真值表

状态转换真值表（状态转换表）类似于组合逻辑电路中的真值表，它是将时序逻辑电路的输入变量、现态变量、次态变量和输出变量写入表格而形成的。例如分析时序逻辑电路，将一个时序电路处于现态 Q^n 的数据填入表中，当输入为 X 时，输出为 Z，在时钟脉冲 CP 的作用下，电路进入次态 Q^{n+1}，将相关数据都填入该表中，就形成了一个状态转换真值表。

2. 状态转换图

状态转换图类似于组合逻辑电路中的状态转换图，是用来描述时序逻辑电路的输入变量、现态变量、次态变量和输出变量之间关系的一种图形。

图 9-17 是时序逻辑电路的状态转换图的一个示例，图中的圆圈代表时序电路的状态，带箭头的线表示状态转移关系，线的侧旁数字 X/Z 是引起这一转移的输入条件和相应的输出标注。

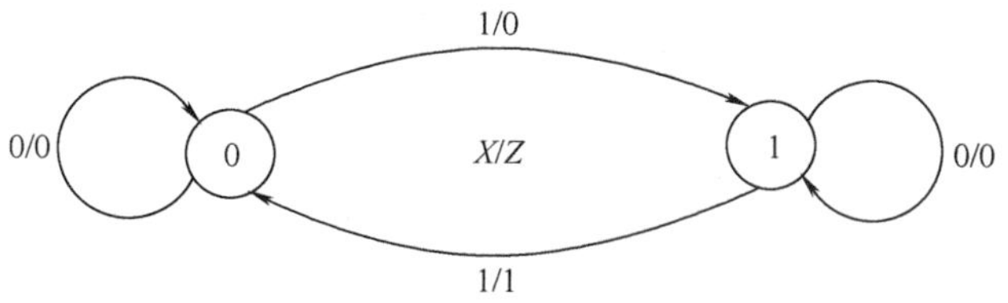

图9-17　时序逻辑电路的状态转换图示例

任务9.3.3　同步时序电路分析方法

时序电路分析方法是根据给定的电路，写出它的方程，列出状态转换真值表，再画出状态转换图，而后分析出它的功能。

同步时序电路分析法的一般步骤：

1）由给定的同步时序电路，确定输入信号和输出信号并列出各类方程，方程主要有三种。

①输出方程：同步时序电路的输出逻辑表达式，一般指各触发器的现态。

②驱动方程：存储电路中各触发器输入端的逻辑表达式。

③状态方程：将驱动方程代入相应触发器的特性方程中，得到该触发器的次态方程。同步时序电路的状态方程由触发器次态方程组合而成。

2）列状态转换真值表。将触发器的现态和外部输入信号的各种取值组合，代入状态方程、输出方程，求出相应的次态和输出。将外部输入信号、现态、次态和输出列入表内，得到同步时序电路的状态转换真值表。

3）根据状态转换真值表画出状态转换图。

4）电路逻辑功能的分析说明。

根据上述分析结果，为使结果更直观，可用文字、图表来说明电路的逻辑功能。

任务9.3.4　同步时序电路分析举例

例9-1　分析图9-18所示时序电路的逻辑功能，列出状态转换真值表，并画出状态转换图。

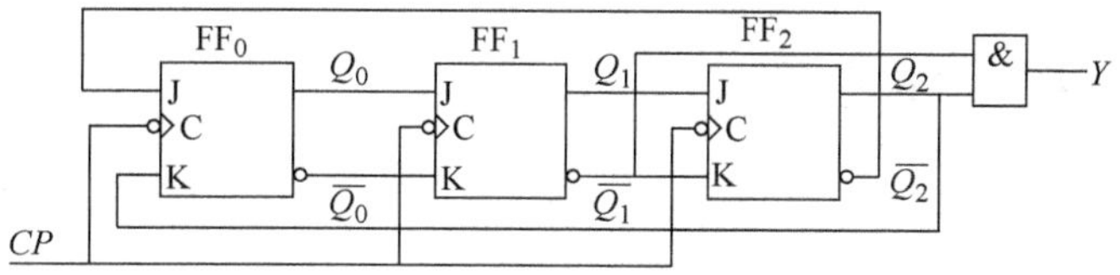

图9-18　例9-1图

解：在该电路中时钟脉冲 *CP* 连接到了三个 JK 触发器的时钟脉冲输入端，因此，该电路是同步时序电路。根据分析步骤先列出各类方程式。

（1）列出三种主要方程。

1）输出方程为

$$Y=\overline{Q_1^n}\cdot Q_2^n$$

2）驱动方程为
$$\begin{cases} J_2 = Q_1^n, & K_2 = \overline{Q_1^n} \\ J_1 = Q_0^n, & K_1 = \overline{Q_0^n} \\ J_0 = \overline{Q_2^n}, & K_0 = Q_2^n \end{cases}$$

3）JK 触发器的特性方程为　$Q^{n+1} = J \cdot \overline{Q^n} + \overline{K} \cdot Q^n$

将对应的驱动方程分别代入特性方程中，整理得到各个触发器的状态方程为
$$\begin{cases} Q_2^{n+1} = Q_1^n \\ Q_1^{n+1} = Q_0^n \\ Q_0^{n+1} = \overline{Q_2^n} \end{cases}$$

（2）列出状态转换表。例 9-1 电路的状态转换表见表 9-18。

表 9-18　例 9-1 电路的状态转换表

时钟	现态			次态			输出
CP	Q_2^n	Q_1^n	Q_0^n	Q_2^{n+1}	Q_1^{n+1}	Q_0^{n+1}	Y
1	0	0	0	0	0	1	0
2	0	0	1	0	1	1	0
3	0	1	0	1	0	1	0
4	0	1	1	1	1	1	0
5	1	0	0	0	0	0	1
6	1	0	1	0	1	0	1
7	1	1	0	1	0	0	0
8	1	1	1	1	1	0	0

（3）画出状态转换图。例 9-1 电路的状态转换图如图 9-19 所示。

（4）电路逻辑功能的分析说明。

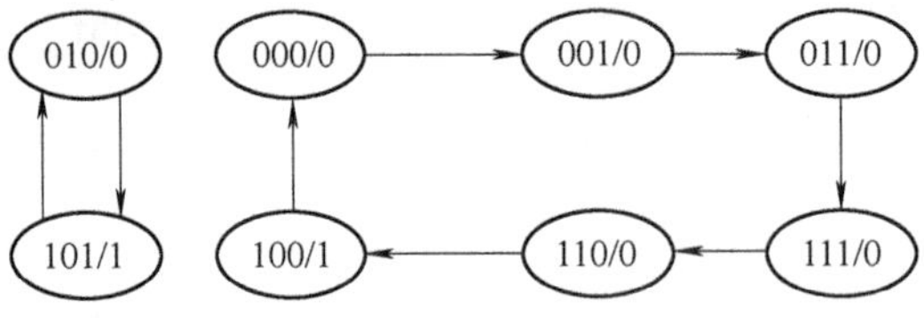

图 9-19　例 9-1 电路的状态转换图

从图 9-19 的状态图可以发现，现态 000 到次态 001、现态 001 到次态 011 往下不断移动，有 6 个状态 000→001→011→111→110→100→000 形成闭环，正好是 0 ~ 5 这 6 个十进制数字的格雷码，随着时钟脉冲 CP 的输入，这 6 个状态之间不停地转换，并且是递增的过程，初步可以判断该电路是一个六进制格雷码同步加法计数器。当对第 6 个脉冲计数时，计数器又重新从 000 开始计数，并产生输出 $Y = 1$。这里要注意的是，格雷码是一种无权码，它有多种形式，它的特点是任意两组相邻代码之间只有一位不同，其余各位都相同。格雷码的特性使它作为计数电路计数时，电路每次状态更新只有一位代码变化，因此减少了计数错误。

模块 9.4　计数器及其应用

在数字电路中，将记忆数字脉冲个数的操作叫做计数，能实现计数功能的时序电路就称

为计数器。计数器可用于计数、分频、定时、数字测量、运算和控制等领域，它是一种应用十分广泛的时序电路，例如它可以组成数字时钟等实用电路。

任务 9.4.1　计数器的分类

1. 同步二进制加法计数器

同步二进制加法计数器中用到的触发器一般由 T 触发器组成，图 9-20 给出了一个四位同步二进制加法计数器，由 4 个 T 形的 JK 触发器和两个与门组成，电路的触发状态 $Q_3Q_2Q_1Q_0$ 作为输出脉冲个数。将图 9-20 中各触发器的输入信号 J_i 和 K_i 输入端相连，形成各个共同输入端 T_i。

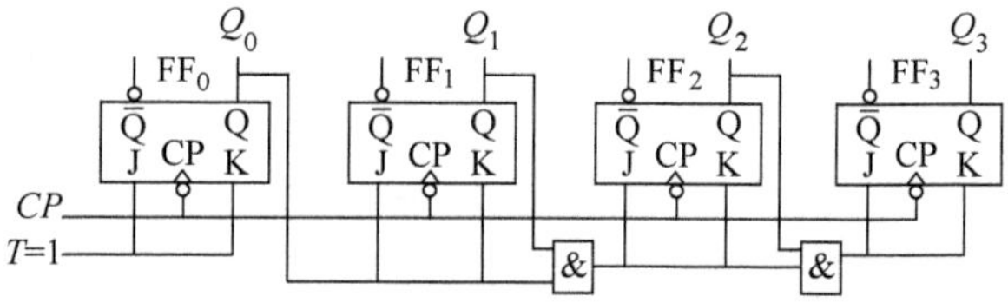

图 9-20　四位同步二进制加法计数器电路图

各触发器驱动方程表达式为

$$J_0 = K_0 = T_0 = 1$$
$$J_1 = K_1 = T_1 = Q_0$$
$$J_2 = K_2 = T_2 = Q_1Q_0$$
$$J_3 = K_3 = T_3 = Q_2Q_1Q_0$$

已知 JK 触发器的特性方程为

$$Q^{n+1} = J \cdot \overline{Q^n} + \overline{K} \cdot Q^n$$

并知道 $T = J = K$，将对应的驱动方程分别代入特性方程中，整理得到各个触发器的状态方程为

$$Q_0^{n+1} = \overline{Q_0^n}$$
$$Q_1^{n+1} = Q_0^n\overline{Q_1^n} + \overline{Q_0^n}Q_1^n$$
$$Q_2^{n+1} = Q_1^nQ_0^n\overline{Q_2^n} + \overline{Q_1^nQ_0^n}Q_2^n$$
$$Q_3^{n+1} = Q_2^nQ_1^nQ_0^n\overline{Q_3^n} + \overline{Q_2^nQ_1^nQ_0^n}Q_3^n$$

设计数器电路初始状态为0000，由电路的状态列出该计数器的状态转换表，见表 9-19。

表 9-19　四位同步二进制加法计数器状态转换表

计数序号	$Q_3^nQ_2^nQ_1^nQ_0^n$	$Q_3^{n+1}Q_2^{n+1}Q_1^{n+1}Q_0^{n+1}$	计数序号	$Q_3^nQ_2^nQ_1^nQ_0^n$	$Q_3^{n+1}Q_2^{n+1}Q_1^{n+1}Q_0^{n+1}$
0	0 0 0 0	0 0 0 1	9	1 0 0 1	1 0 1 0
1	0 0 0 1	0 0 1 0	10	1 0 1 0	1 0 1 1
2	0 0 1 0	0 0 1 1	11	1 0 1 1	1 1 0 0
3	0 0 1 1	0 1 0 0	12	1 1 0 0	1 1 0 1
4	0 1 0 0	0 1 0 1	13	1 1 0 1	1 1 1 0
5	0 1 0 1	0 1 1 0	14	1 1 1 0	1 1 1 1
6	0 1 1 0	0 1 1 1	15	1 1 1 1	0 0 0 0
7	0 1 1 1	1 0 0 0	16	0 0 0 0	
8	1 0 0 0	1 0 0 1			

由表 9-19 可知，当输入到第 16 个计数脉冲后返回到初始状态 0000，因此该电路是一个

十六进制计数器。

2. 集成同步二进制计数器

集成四位同步二进制计数器 74LS163 是一个中规模集成电路，其引脚排列如图 9-21 所示。其中，$\overline{CR}$为同步清零输入端；CP 为时钟输入端；$D_0\sim D_3$ 为并行数据输入端；CT_P 为计数使能端；CT_T 为计数使能端；$\overline{LD}$为同步预置控制端；$Q_0\sim Q_3$ 为输出端；CO 为进位输出端。74LS163 的状态转换表见表 9-20。

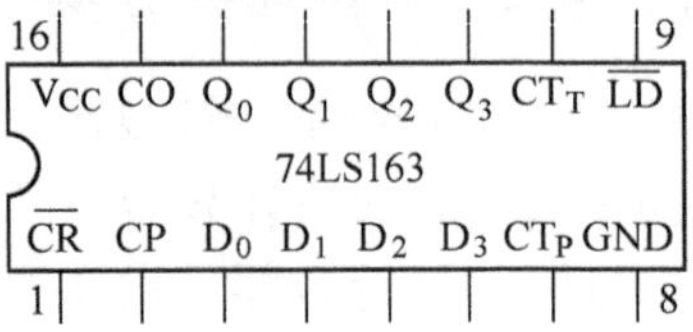

图 9-21　74LS163 外部引脚排列

表 9-20　四位同步二进制计数器 74LS163 的状态转换表

输入									输出			
$\overline{CR}$	$\overline{LD}$	CT_P	CT_T	CP	D_0	D_1	D_2	D_3	Q_0	Q_1	Q_2	Q_3
0	×	×	×	×	×	×	×	×	0	0	0	0
1	0	×	×	↑	d_0	d_1	d_2	d_3	d_0	d_1	d_2	d_3
1	1	1	1	↑	×	×	×	×	加法计数			
1	1	0	×	×	×	×	×	×	保持			
1	1	×	0	×	×	×	×	×	保持			

任务 9.4.2　计数器的应用

用集成计数器可以构成任意进制的计数器，这是一种集成计数器的重要应用。若已有 N 进制计数器，要得到 M 进制计数器，当 M 小于 N 时，常采用清零法和预置数法来实现其功能。

例 9-2　试用 74LS163 采用清零法设计一个十一进制加法计数器。

解： 十一进制计数的范围为 0 ~ 10，即逢 11 清零，用清零法得出的电路如图 9-22 所示。当 Q_0、Q_1、Q_2、Q_3 为 1010 时，通过与非门电路，使清零信号$\overline{CR}=0$，数据输出为 0000，然后开始计数，实现 0 ~ 10 的计数，即十一进制加法计数器。

例 9-3　试用 74LS163 采用预置数法设计一个十一进制加法计数器。

解： 十一进制计数的范围为 0 ~ 10，用预置数法得出的电路如图 9-23 所示。图中，将 D_0、D_1、D_2、D_3 接地，当 Q_0、Q_1、Q_2、Q_3 为 1010 时，通过与非门电路，使置数信号$\overline{LD}=0$。

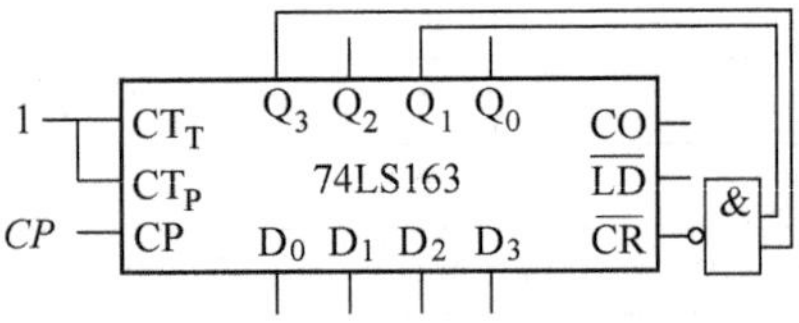

图 9-22　例 9-2 用清零法得出的电路

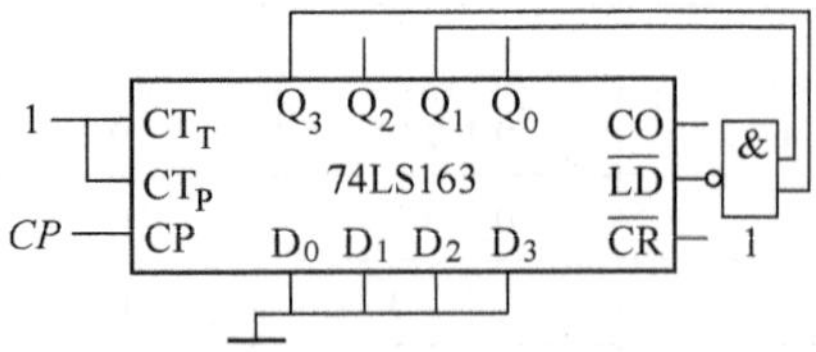

图 9-23　例 9-3 用预置数法得出的电路

同步并行置入控制端置数为 0000，然后开始计数，实现 0 ~ 10 的计数，即十一进制加法计数器。同步计数器也可称为并行计数器。

模块 9.5　寄存器及其应用

在数字电路系统中都必须将需要处理的数据和代码先寄存起来，寄存器就是用来存放二进制代码。寄存器主要是由触发器组合起来的。一个触发器可以存储 1 位二进制代码，因此存放 n 位二进制代码的寄存器，需用 n 个触发器来构成。

任务 9.5.1　寄存器

按照功能的不同，寄存器能存放数据，还可将寄存器移位。寄存器可分为基本寄存器和移位寄存器两大类。基本寄存器只能并行送入数据及并行输出，存储单元可用同步触发器、主从触发器和边沿触发器。而移位寄存器中的数据可以并行输入、并行输出，也可以串行输入、串行输出，还可以用其他更灵活的方式混合输入、输出，因此移位寄存器使用十分灵活，用途也很广泛，其存储单元常用主从触发器和边沿触发器。

1. 移位寄存器

具有移位功能的寄存器称为移位寄存器。在时钟的控制下，移位寄存器寄存的数据依次向左或向右移位。根据移位方向的不同，有左移寄存器、右移寄存器和双向移位寄存器之分。将若干触发器串接在一起就构成了一个移位寄存器。

由 4 个边沿 D 触发器组成的四位右移寄存器如图 9-24 所示。设四位右移寄存器的初始状态 $Q_3Q_2Q_1Q_0$ 为 0000，由右移串入端 D_i 输入 1101，在 4 个移位时钟脉冲的作用下，1101 全部输入到该四位右移寄存器。在 4 个移位脉冲的作用下，1101 由 $Q_3Q_2Q_1Q_0$ 并行输出。

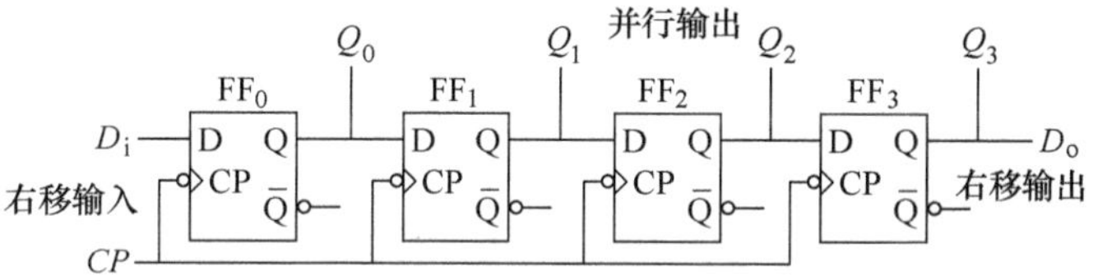

图 9-24　四位右移寄存器

串入并出的四位右移寄存器电路的状态转换表见表 9-21。

表 9-21　四位右移寄存器电路的状态转换表

输入		现态	次态	说明	输入		现态	次态	说明
D_i	CP	$Q_0^nQ_1^nQ_2^nQ_3^n$	$Q_0^{n+1}Q_1^{n+1}Q_2^{n+1}Q_3^{n+1}$		D_i	CP	$Q_0^nQ_1^nQ_2^nQ_3^n$	$Q_0^{n+1}Q_1^{n+1}Q_2^{n+1}Q_3^{n+1}$	
0	↑	0000	1000	右移输入 1101	0	↑	1011	0101	右移输入 1101
0	↑	1000	1100		0	↑	0101	0010	
0	↑	1100	0110		0	↑	0010	0001	
0	↑	0110	1011		0	↑	0001	0000	

2. 集成双向移位寄存器

集成 4 位双向移位寄存器 74LS194 是一个中规模集成电路。74LS194 在 M_1 和 M_0 的控制下可完成数据的并行输入、右移串行输入、左移串行输入、保持等功能。它的引脚排列及逻辑符号如图 9-25 所示，其见表 9-22。

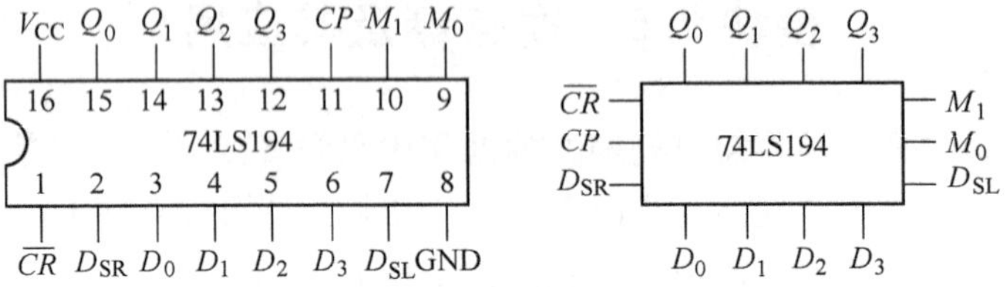

a) 引脚排列　　b) 逻辑符号

图 9-25　74LS194 集成双向移位寄存器

表 9-22　74LS194 的功能表

功能	输入										输出			
	CP	$\overline{CR}$	M_1	M_0	D_{SR}	D_{SL}	D_0	D_1	D_2	D_3	Q_0	Q_1	Q_2	Q_3
清除	×	0	×	×	×	×	×	×	×	×	0	0	0	0
送数	↑	1	1	1	×	×	A	B	C	D	A	B	C	D
右移	↑	1	0	1	D_{SR}	×	×	×	×	×	D_{SR}	Q_0^n	Q_1^n	Q_2^n
左移	↑	1	1	0	×	D_{SL}	×	×	×	×	Q_1^n	Q_2^n	Q_3^n	D_{SL}
保持	↑	1	0	0	×	×	×	×	×	×	Q_0^n	Q_1^n	Q_2^n	Q_3^n
保持	0	1	×	×	×	×	×	×	×	×	Q_0^n	Q_1^n	Q_2^n	Q_3^n

任务 9.5.2　寄存器的应用

寄存器的应用非常广泛，特别是移位寄存器，可以很方便地构成移位寄存器类型的计数器、分频器等，这里简单介绍一下移位寄存器的应用。

例 9-4　实现环形计数器：将 74LS194 适当连接构成一个环形移位四进制计数器，实现计数器输出状态 $Q_0Q_1Q_2Q_3$ 为 0011→1001→1100→0110 的转换。

解：由 74LS194 的状态表可知，要满足计数状态变化序列，只要将移位寄存器最高位的输出接至右移串行数据输入端，就可以实现上述功能。先将 Q_3 与 D_{SR} 相连，再将 $D_0D_1D_2D_3$ 接 0011，便可实现环形计数。逻辑电路图如图 9-26 所示。

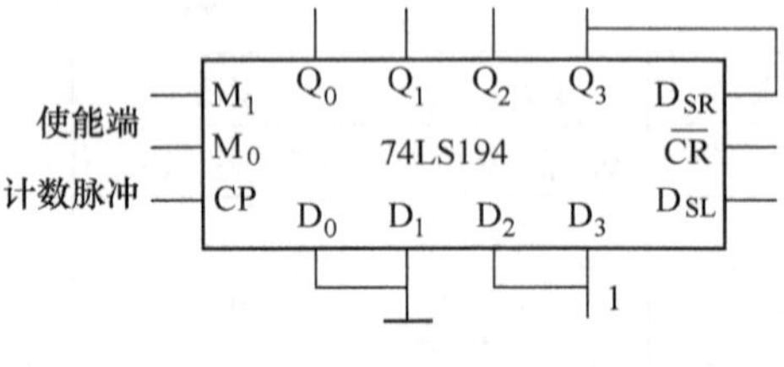

图 9-26　例 9-4 的逻辑电路图

实现环形计数工作时，电路必须设置适当的初态。先设置使能端选择位 $M_1M_0=11$，74LS194 移位寄存器工作在并行输入方式，此时计数器的状态置为 0011，然后再设置使能端选择位 $M_1M_0=01$。74LS194 移位寄存器工作在右移方式，在计数脉冲作用下，循环右移实现环形移位四进制计数。

模块9.6　综合技能训练

任务9.6.1　计数器及其应用

一、实验目的

1）学习用集成触发器构成计数器的方法。

2）掌握中规模集成计数器的使用及功能测试方法。

3）运用集成计数计构成 $1/N$ 分频器。

二、实验原理

计数器是一个用以实现计数功能的时序部件，它不仅可用来计脉冲数，还常用作数字系统的定时、分频和执行数字运算以及其他特定的逻辑功能。计数器种类很多。按构成计数器中的各触发器是否使用一个时钟脉冲源来分，有同步计数器和异步计数器。根据计数制的不同，分为二进制计数器、十进制计数器和任意进制计数器。根据计数的增减趋势，又分为加法计数器、减法计数器和可逆计数器。还有可预置数计数器和可编程序功能计数器等。目前，无论是TTL还是CMOS集成电路，都有品种较齐全的中规模集成计数器。使用者只要借助于器件手册提供的功能表和工作波形图以及引出端的排列，就能正确地运用这些器件。

1. 用D触发器构成异步二进制加/减计数器

图9-27是用四个D触发器构成的四位二进制异步加法计数器，它的连接特点是将每个D触发器接成T′触发器，再由低位触发器的 $\overline{Q}$ 端和高一位的 CP 端相连接。

若将图9-27稍加改动，即将低位触发器的 Q 端与高一位的 CP 端相连接，即构成了一个四位二进制减法计数器。

2. 中规模十进制计数器

CC40192是同步十进制可逆计数器，具有双时钟输入，并具有清除和置数等功能，其引脚排列如图9-28所示。

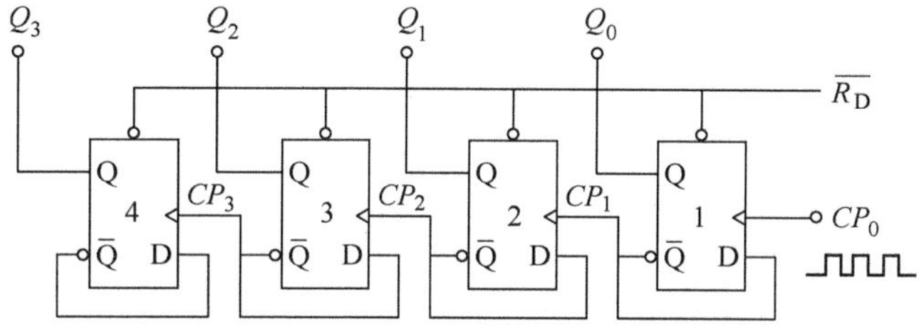

图9-27　四位二进制异步加法计数器

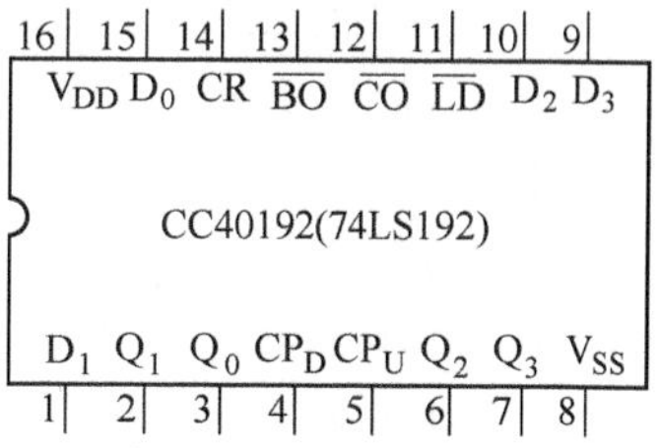

图9-28　CC40192引脚排列

图中，$\overline{LD}$是置数端；CP_U 是加计数端；CP_D 是减计数端；$\overline{CO}$是非同步进位输出端；$\overline{BO}$是非同步借位输出端；D_0、D_1、D_2、D_3 是计数器输入；Q_0、Q_1、Q_2、Q_3 是数据输出端；CR 是清除端。

CC40192（同74LS192，二者可互换使用）的功能见表9-23。

说明如下：

当清除端 CR 为高电平“1”时，计数器直接清零；CR 置低电平则执行其他功能。

表 9-23　CC40192 的功能

输入								输出			
CR	$\overline{LD}$	CP_U	CP_D	D_3	D_2	D_1	D_0	Q_3	Q_2	Q_1	Q_0
1	×	×	×	×	×	×	×	0	0	0	0
0	0	×	×	d	c	b	a	d	c	b	a
0	1	↑	1	×	×	×	×	加计数			
0	1	1	↑	×	×	×	×	减计数			

当 CR 为低电平，置数端$\overline{LD}$也为低电平时，数据直接从置数端 D_0、D_1、D_2、D_3 置入计数器。

当 CR 为低电平，$\overline{LD}$为高电平时，执行计数功能。执行加计数时，减计数端 CP_D 接高电平，计数脉冲由 CP_U 输入；在计数脉冲上升沿进行 8421 码十进制加法计数。执行减计数时，加计数端 CP_U 接高电平，计数脉冲由减计数端 CP_D 输入，表 9-24 为 8421 码十进制加、减计数器的状态转换表。

表 9-24　8421 码十进制加、减计数器的状态转换表

加计数 →

输入脉冲数		0	1	2	3	4	5	6	7	8	9
输出	Q_3	0	0	0	0	0	0	0	0	1	1
	Q_2	0	0	0	0	1	1	1	1	0	0
	Q_1	0	0	1	1	0	0	1	1	0	0
	Q_0	0	1	0	1	0	1	0	1	0	1

← 减计数

3. 计数器的级联使用

一个十进制计数器只能表示 0 ~ 9 十个数，为了扩大计数范围，常用多个十进制计数器级联使用。

同步计数器往往设有进位（或借位）输出端，故可选用其进位（或借位）输出信号驱动下一级计数器。

图 9-29 是由 CC40192 利用进位输出$\overline{CO}$控制高一位的 CP_U 端构成的加数级联电路。

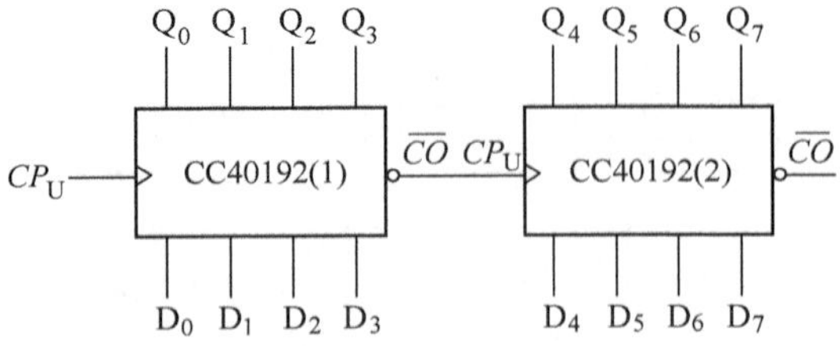

图 9-29　CC40192 级联电路

4. 实现任意进制计数

（1）用复位法获得任意进制计数器　假定已有 N 进制计数器，而需要得到一个 M 进制计数器时，只要 $M < N$，用复位法使计数器计数到 M 时置“0”，即获得 M 进制计数器。如图 9-30 所示为一个由 CC40192 十进制计数器接成的六进制计数器。

（2）利用预置功能获得 M 进制计数器　图 9-31 为用三个 CC40192 组成的 421 进制计

数器。

外加的由与非门构成的锁存器可以克服器件计数速度的离散性，保证在反馈置“0”信号作用下计数器可靠置“0”。

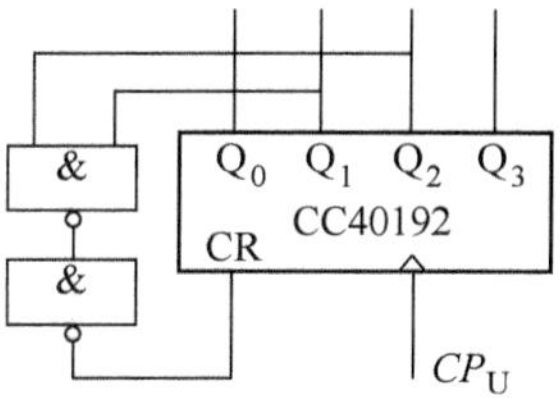

图9-30　六进制计数器

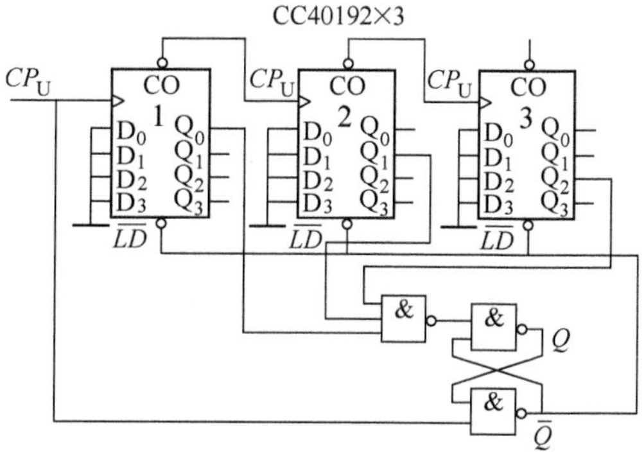

图9-31　421进制计数器

图9-32是一个特殊十二进制的计数器电路方案。在数字钟里，对时位的计数序列是1、2、…11，12、1、…是十二进制的，且无0数。如图9-32所示，当计数到13时，通过与非门产生一个复位信号，使CC40192（2）（时十位）直接置成0000，而CC40192（1），即时的个位直接置成0001，从而实现了1～12计数。

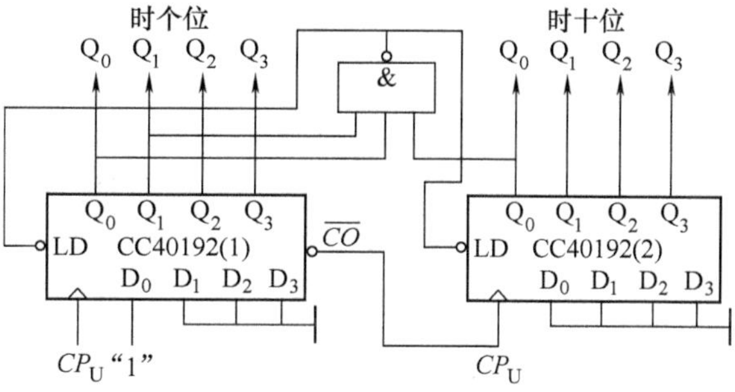

图9-32　特殊十二进制计数器

三、实验设备与器件

5V直流电源、双踪示波器、连续脉冲源、单次脉冲源、逻辑电平开关、逻辑电平显示器、译码显示器、CC40192×3（74LS192）。

四、实验内容

1）如图9-29所示，用两片CC40192组成两位十进制加法计数器，输入10Hz连续计数脉冲，进行由00～99累加计数，并记录之。

2）将两位十进制加法计数器改为两位十进制减法计数器，实现由99～00递减计数，记录之。

3）按图9-30所示的电路进行实验，组成六进制计数器，记录之。

4）按图9-31或图9-32所示的电路进行实验，组成十二进制计数器，记录之。

5）设计一个数字钟移位六十进制计数器，并进行实验。

五、实验预习要求

1）复习有关计数器部分内容。

2）绘出实验内容的详细电路图。

3）拟出各实验内容所需的测试记录表格。

4）查手册，给出并熟悉实验所用各集成块的引脚排列图。

六、实验报告

1）画出实验电路图，记录、整理实验现象及实验所得的有关波形，对实验结果进行分析。

2）总结使用集成计数器的体会。

任务 9. 6. 2　移位寄存器及其应用

一、实验目的

1）掌握中规模四位双向移位寄存器的逻辑功能及使用方法。

2）熟悉移位寄存器的应用，实现数据的串行、并行转换和构成环行计数器。

二、实验原理

1. 移位寄存器

移位寄存器是一个具有移位功能的寄存器，是指寄存器中所存的代码能够在移位脉冲的作用下依次左移或右移。既能左移又能右移的称为双向移位寄存器，只需要改变其左、右移的控制信号便可实现双向移位要求。移位寄存器根据寄存器存取信息的方式不同分为串入串出、串入并出、并入串出、并入并出四种形式。

本实验选用的四位双向通用移位寄存器，型号为 74LS194 或 CC40194，两者功能相同，可互换使用，其逻辑符号及引脚排列如图 9-33 所示。其中，*SR* 是右移串行输入端；*SL* 是左移串行输入端。表 9-25 为 74LS194 模式控制及状态输出表。

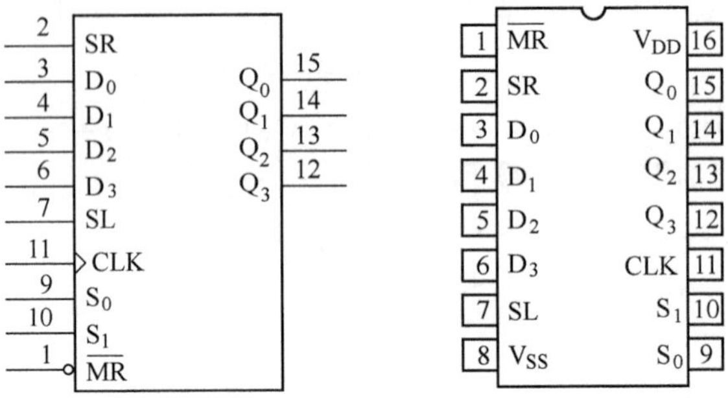

图 9-33　74LS194（或 CC40194）的逻辑符号及引脚排列

表 9-25　74LS194 模式控制及状态输出表

CLK	$\overline{MR}$	S_1	S_0	功能	$Q_3Q_2Q_1Q_0$
×	0	×	×	清除	$\overline{MR}=0$，使 $Q_3Q_2Q_1Q_0=0000$，寄存器正常工作时，$\overline{MR}=1$
↑	1	1	1	送数	*CLK* 上升沿作用后，并行输入数据送入寄存器 $Q_3Q_2Q_1Q_0=D_3D_2D_1D_0$，此时串行数据（*SR*、*SL*）被禁止
↑	1	0	1	右移	串行输入数据送至右移输入端 *SR*，*CLK* 上升沿进行右移 $Q_3Q_2Q_1Q_0=Q_3^nQ_2^nQ_1^nQ_0^n1$ 或 $Q_3Q_2Q_1Q_0=Q_3^nQ_2^nQ_1^nQ_0^n$
↑	1	1	0	左移	串行输入数据送至左移输入端 *SL*，*CLK* 上升沿进行左移 $Q_3Q_2Q_1Q_0=1Q_3^nQ_2^nQ_1^nQ_0^n$ 或 $Q_3Q_2Q_1Q_0=0Q_3^nQ_2^nQ_1^nQ_0^n$
↑	1	0	0	保持	*CLK* 作用后寄存器内容保持不变
↓	1	×	×	保持	$Q_3Q_2Q_1Q_0=Q_3^nQ_2^nQ_1^nQ_0^n$

2. 其他寄存器

移位寄存器应用很广，可构成移位寄存器型计数器、顺序脉冲发生器和串行累加器；可用作数据转换，即把串行数据转换为并行数据，或把并行数据转换为串行数据等。

（1）环形计数器　把移位寄存器的输出反馈到它的串行输入端，就可以进行循环移位，如图9-34所示。

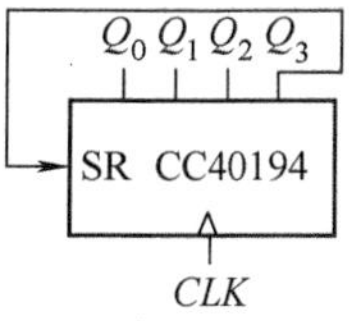

图9-34　环形计数器

将输出端 Q_3 与输入端 SR 相连后，在时钟脉冲的作用下 $Q_0Q_1Q_2Q_3$ 将依次右移。同理，将输出端 Q_0 与输入端 SL 相连后，在时钟脉冲的作用下 $Q_0Q_1Q_2Q_3$ 将依次左移。

（2）实现数据串、并转换

1）串行/并行转换器。串行/并行转换是指串行输入的数据，经过转换电路之后变成并行输出。图9-35是用两片74LS194构成的七位串行/并行转换电路。

电路中 S_0 端接高电平1，S_1 受 Q_7 控制，两片寄存器连接成串行输入右移工作模式。Q_7 是转换结束标志。当 $Q_7=1$ 时，S_1 为0，使之成为 $S_1S_0=01$ 的串入右移工作方式。当 $Q_7=0$ 时，S_1 为1，有 $S_1S_0=11$，则串行送数结束，标志着串行输入的数据已转换成为并行输出。

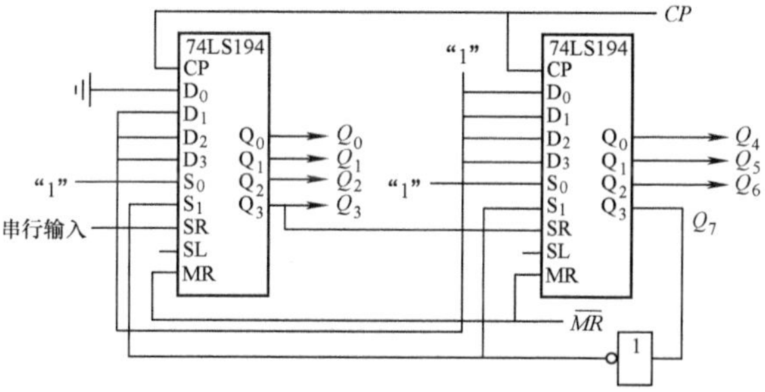

图9-35　七位串行/并行转换电路

2）并行/串行转换器。并行/串行转换是指并行输入的数据，经过转换电路之后变成串行输出。下面是用两片74LS194构成的七位并行/串行转换电路，如图9-36所示。与图9-35相比，它多了两个与非门，而且还多了一个转换启动信号（负脉冲或低电平），工作方式同样为右移。

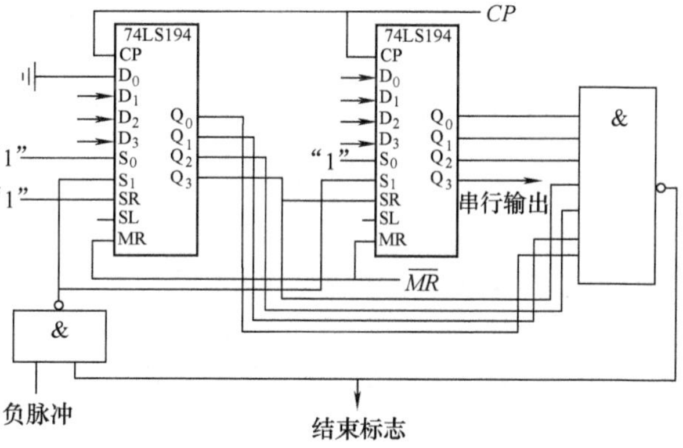

图9-36　七位并行/串行转换器

对于中规模的集成移位寄存器，其位数往往以四位居多，当所需要的位数多于四位时，可以将几片集成移位寄存器用级联的方法来扩展位数。

三、实验仪器

5V直流电源、单次脉冲源、逻辑电平开关、逻辑电平显示器、两片74LS194（或CC40194）、74LS74（或CC4013）、全加器74LS183。

四、实验内容及步骤

1. 测试74LS194（或CC40194）的逻辑功能

$\overline{CR}$、S_1、S_0、S_L、S_R、D_3、D_2、D_1、D_0 分别接逻辑电平开关；$Q_3Q_2Q_1Q_0$ 用LED电平显示，CP 接单次脉冲源。按表9-26进行逐项对比测试。

表　9-26

清除	模式		时钟	串行控制		输入	输出	功能总结
$\overline{CR}$	S_1	S_0	CP	S_L	S_R	$D_3D_2D_1D_0$	$Q_3Q_2Q_1Q_0$	
0	×	×	×	×	×	××××		
1	1	1	↑	×	×	$d\ c\ b\ a$		
1	0	1	↑	×	0	××××		
1	0	1	↑	×	1	××××		
1	0	1	↑	×	0	××××		
1	0	1	↑	×	0	××××		
1	1	0	↑	1	×	××××		
1	1	0	↑	1	×	××××		
1	1	0	↑	1	×	××××		
1	1	0	↑	1	×	××××		
1	0	0	↑	×	×	××××		

2. 四位环形计数器

先用并行送数法预置寄存器为某二进制数码（如0100），然后进行右移循环，观察寄存器输出端状态的变化，记入表9-27中。

表　9-27

CP	Q_3	Q_2	Q_1	Q_0	CP	Q_3	Q_2	Q_1	Q_0
0	0	1	0	0	3				
1					4				
2									

3. 实现数据的串、并转换

（1）串行输入、并行输出　按图9-35连接实验电路，进行右移串入、并出实验，串入数码自定；改接电路用左移方式实现并行输出。自拟表格，记录之。

（2）并行输入、串行输出　按图9-36接线，进行右行并入、串出实验，并入数码自定。再改接电路用左移方式实现串行输出。自拟表格，记录之。

五、思考题

1）将移位寄存器中的数左移一次，若最高位不丢失，最低位补0，则该数是原数的多少？右移一次（最低位不丢失，最高位补0）又如何？

2）什么叫环形计数器？

练习与思考题

9.1　触发器电路如图9-37所示。试列出状态真值表，求出次态方程，画出状态转移图。

9.2　芯片CC4096为主从JK触发器（有J、K输入端）。试查阅电子器件手册，画出逻辑符号和功能表，并说明其逻辑功能。

9.3　设维持阻塞D触发器的初始状态$Q^n=0$。试画出如图9-38所示的在CP、D信号作用下触发器Q端的工作波形。

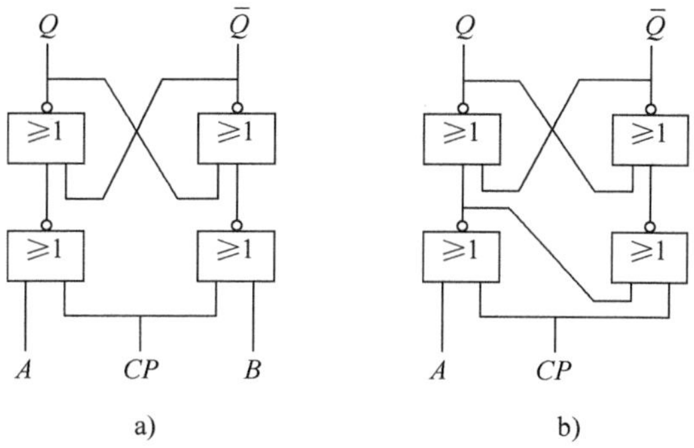

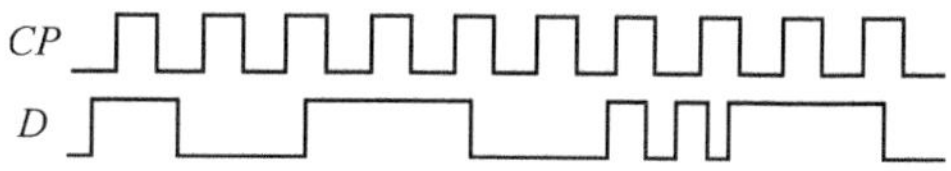

图　9-37　　　　　　　图　9-38

9.4　图9-39 中，各个触发器的初态 $Q^n=0$。在连续 4 个时钟脉冲作用下，试画出各触发器 Q 端的工作波形（设各触发器均为 TTL 电路）。

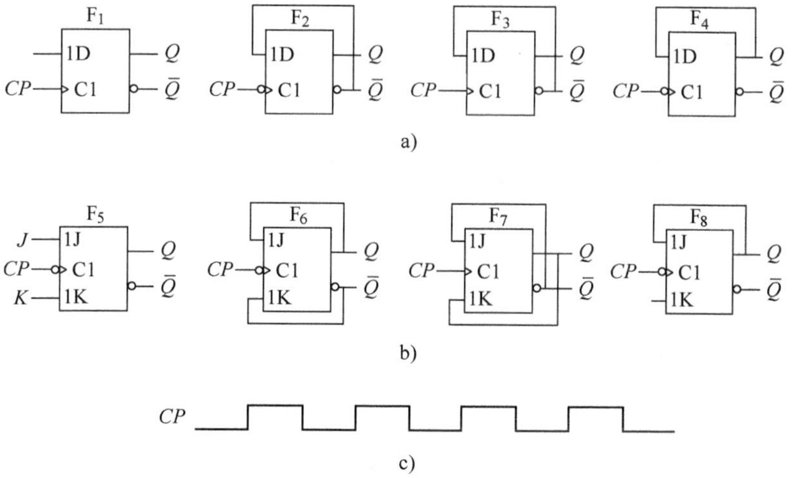

图　9-39

9.5　分析图 9-40 所示电路。

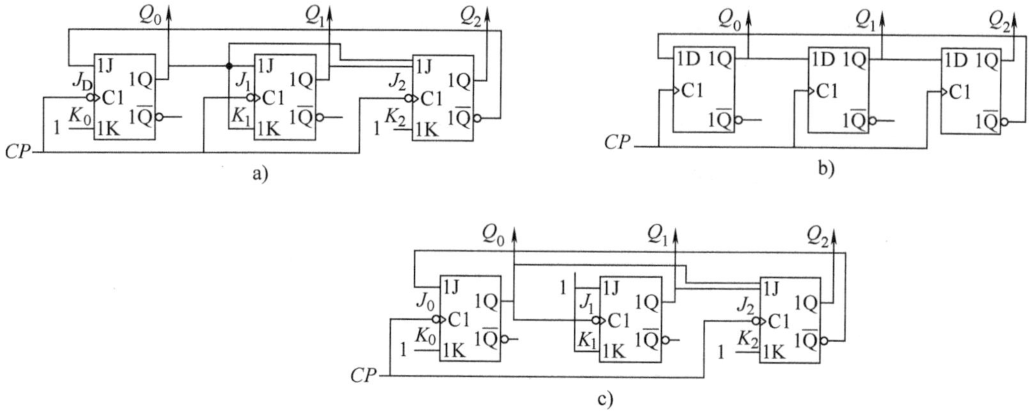

图　9-40

9.6　用 74LS163 组成十三进制计数器。

9.7　用 74LS163 组成五十八进制计数器。

项目 10　脉冲波形的产生与整形

知识目标： 掌握 555 定时器的工作原理；
掌握单稳态触发器的工作原理。

能力目标： 掌握 555 定时器的测试方法；
掌握单稳态触发器及施密特触发器的分析方法。

模块 10.1　矩形脉冲的参数分析

任务 10.1.1　常见的几种脉冲信号波形

“脉冲”是指脉动和短促的意思。通常人们所讨论的脉冲信号是指在短暂时间间隔内作用于电路的电压或电流。从广义来说，各种非正弦信号统称为脉冲信号。脉冲信号的波形多种多样，图 10-1 给出了几种常见的脉冲信号波形。

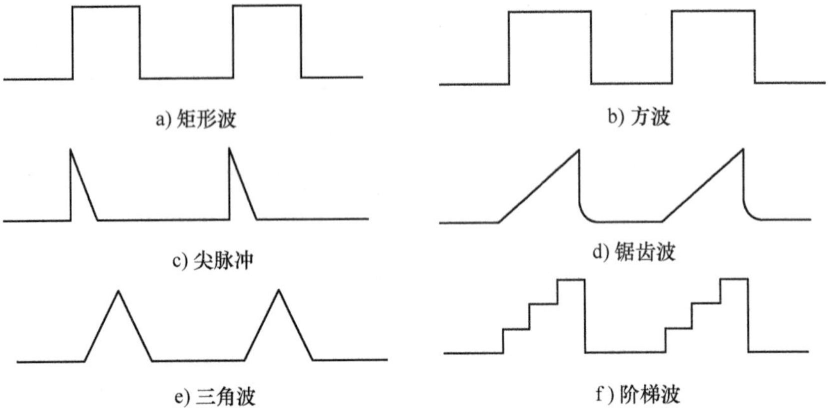

图 10-1　几种常见的脉冲信号波形

任务 10.1.2　脉冲波形参数

为了表征脉冲波形的特性，以便对它进行分析，这里仅以矩形脉冲波形为例，介绍脉冲波形的参数。如图 10-2 所示的矩形脉冲波形，可用以下几个主要参数表示：

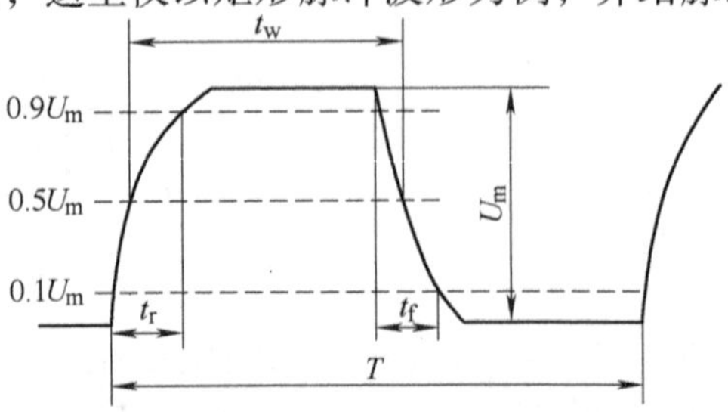

图 10-2　矩形脉冲波形的参数

1）脉冲幅度 U_m——脉冲电压的最大变化幅度。

2）脉冲宽度 t_w——从脉冲前沿 $0.5U_m$ 至脉冲后沿 $0.5U_m$ 的时间间隔。

3）上升时间 t_r——脉冲前沿从 $0.1U_m$ 上升到 $0.9U_m$ 所需要的时间。

4）下降时间 t_f——脉冲后沿从 $0.9U_m$ 下降到 $0.1U_m$ 所需要的时间。

5）脉冲周期 T——周期性重复的脉冲中，两个相邻脉冲上相对应点之间的时间间隔。有时也用脉冲重复频率 $f=1/T$ 表示，f 表示单位时间内脉冲重复变化的次数。

模块 10.2　555 定时器的分析与测试

555 定时器电路是一种中规模集成定时器，目前应用十分广泛。通常只需外接几个阻容元件，就可以构成各种不同用途的脉冲电路，如多谐振荡器、单稳态触发器以及施密特触发器等。

555 定时电路有 TTL 集成定时电路和 CMOS 集成定时电路，它们的逻辑功能与外引脚排列都完全相同。下面以 CMOS 集成定时器 CC7555 为例进行介绍。

图 10-3 所示为 CC7555 的电路和外引脚排列。由图 10-3a 可以看出，电路由电阻分压器、电压比较器、基本触发器、放电开关管和输出缓冲级等几部分组成。

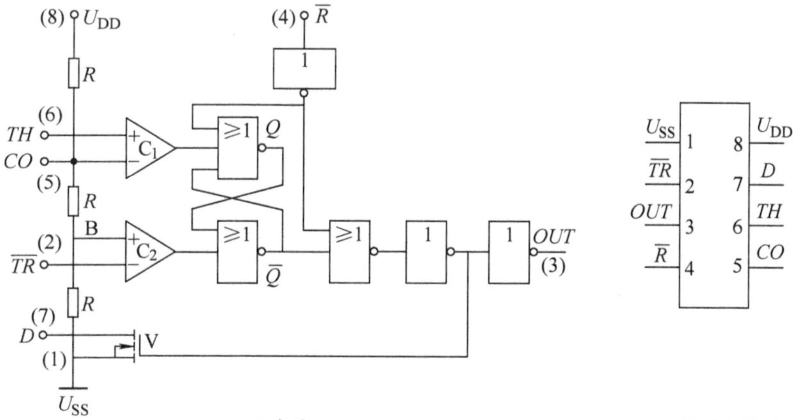

a) 电路　　b) 外引脚排列

图 10-3　CC7555 集成定时电路

1. 电阻分压器

电阻分压器由 3 个阻值相同的电阻串联构成，它为两个比较器 C_1 和 C_2 提供基准电平。如引脚 5 悬空，则比较器 C_1 的基准电平为$\frac{2}{3}U_{DD}$，比较器 C_2 的基准电平为$\frac{1}{3}U_{DD}$。如果在引脚 5 外接电压，则可改变两个比较器 C_1 和 C_2 的基准电平。当引脚 5 不外接电压时，通常接 0.01μF 的电容，再接地，以抑制干扰，起稳定电阻上的分压比的作用。

2. 比较器

比较器 C_1 和 C_2 是两个结构完全相同的高精度电压比较器。C_1 的引脚 6 称为高触发输入端（也称阈值输入端）TH，C_2 的引脚 2 称为低触发输入端$\overline{TR}$。当 6 脚电压 $U_6>\frac{2}{3}U_{DD}$时，C_1 输出高电平，否则，C_1 输出低电平；当 2 脚电压 $U_2>\frac{1}{3}U_{DD}$时，C_2 输出低电平，否则输出高电平。比较器 C_1 和 C_2 的输出直接控制基本 RS 触发器的状态。

3. 基本 RS 触发器

基本 RS 触发器由两个或非门组成，它的状态由两个比较器的输出控制。根据基本 RS 触发器的工作原理，就可以决定触发器输出端的状态。

$\overline{R}$ 端（引脚4）是专门设置的可由外电路置“0”的复位端。当 $\overline{R}=0$ 时，$Q=0$。平时 $\overline{R}=1$，即 $\overline{R}$ 端可接 $+U_{DD}$ 端。

4. 放电开关管和输出缓冲级

放电开关管是 N 沟道增强型 MOS 管，其栅极受基本 RS 触发器 $\overline{Q}$ 端状态的控制。若 $Q=0$，$\overline{Q}=1$，放电管 V 导通；若 $Q=1$，$\overline{Q}=0$，放电管 V 截止。

两级反相器构成输出缓冲级。采用反相器是为了提高电流驱动能力，同时隔离负载对定时器的影响。

根据上面的介绍，现将 555 定时器引出端的功能列于表 10-1。

表 10-1　555 定时器引出端功能说明

符号	功　能	符号	功　能
TH	高触发端	*OUT*	输出
$\overline{TR}$	低触发端	$\overline{R}$	复位
D	放电端	*CO*	控制电压

模块 10.3　单稳态触发器的分析

单稳态触发器是一种只有一个稳定状态的电路，它的另一个状态是暂稳态。在外加触发脉冲作用下，电路能够从稳定状态翻转到暂稳状态，经过一段时间后，靠电路自身的作用，将自动返回到稳定状态，并在输出端获得一个脉冲宽度为 t_w 的矩形波。在单稳态触发器中，输出的脉冲宽度 t_w 就是暂稳态的维持时间，其长短取决于电路自身的参数，而与触发脉冲无关。

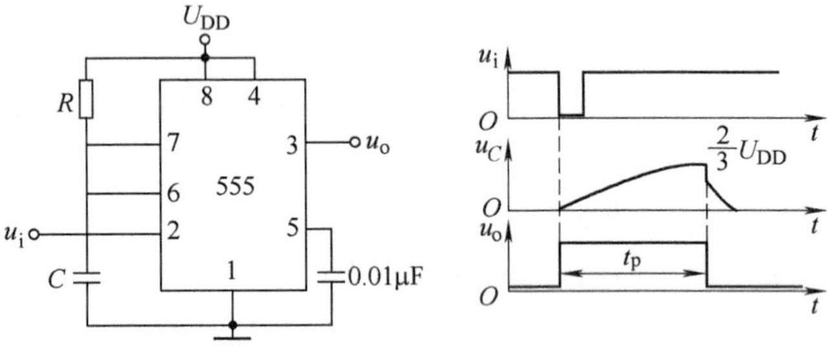

a) 电路　　　b) 波形

图 10-4　CC7555 构成的单稳态触发器

1. 电路组成

图 10-4a 是用 CC7555 构成的单稳态触发器。图中，*R*、*C* 为外接定时元件，输入触发信号 u_i 接在低触发 *TR* 端。

2. 工作原理

（1）电路的稳态　静态时，触发器信号 u_i 为高电平，因电容未充电，故 *TH* 端为低电平。根据 555 定时电路的工作原理可知，基本 RS 触发器处于保持状态。接通电源时，可能 $Q=0$，也可能 $Q=1$。如果 $Q=0$，放电管 V 导通，电容 *C* 被旁路而无法充电，因此电路就稳定在 $Q=0$，$\overline{Q}=1$ 的状态，输出 u_o 为低电平；如果 $Q=1$，$\overline{Q}=0$，那么放电管 V 截止，因此接通电源后，电路有一个逐渐稳定的过程：电源 $+U_{DD}$ 经电阻 *R* 对电容 *C* 充电，电容两端

电压 u_C 上升。

（2）在外加触发信号作用下，电路从稳态翻转到暂稳态 在触发脉冲 $u_i < \frac{1}{3}U_{DD}$ 作用下，由于电容未被充电，$u_C = 0$，故基本 RS 触发器翻转为 1 态，即 $Q = 1$，$Q = 0$，输出 u_o 为高电平，放电管 V 截止，电路进入暂稳态，定时开始。

在暂稳态期间，电源 $+U_{DD} \to R \to C \to$ 地，对电容充电，充电时间常数 $\tau = RC$，u_C 按指数规律上升，趋向 $+U_{DD}$ 值。

（3）自动返回过程 当电容两端电压 u_C 上升到 $\frac{2}{3}U_{DD}$ 后，TH 端为高电平（此时触发脉冲已消失，TR 端为高电平），则基本 RS 触发器又被置 0（$Q = 0$、$\overline{Q} = 1$），输出 u_o 变为低电平，放电管 V 导通，定时电容 C 充电结束，即暂稳态结束。

（4）恢复过程 由于放电管 V 导通，电容 C 经放电管放电，u_C 迅速下降到 0。这时，TH 端为低电平，$\overline{TR}$ 端为高电平，基本 RS 触发器状态不变，保持 $Q = 0$，$\overline{Q} = 1$，输出 u_o 为低电平。电路恢复到 $\overline{TR}$ 稳态时的 $u_C = 0$，u_o 为低电平的状态。当第二个触发脉冲到来时，又重复上述过程。工作波形如图 10-4b 所示。

3. 输出脉冲宽度 t_w

输出脉冲宽度按下式计算：

$$t_w = \tau \ln \frac{u_C(\infty) - u_C(0^+)}{u_C(\infty) - u_C(t_w)}$$

$$u_C(\infty) = +U_{DD} \quad u_C(0^+) = 0 \quad u_C(t_w) = \frac{2}{3}U_{DD}$$

$$t_w = RC\ln \frac{U_{DD} - 0}{U_{DD} - \frac{2}{3}U_{DD}} = RC\ln 3 \approx 1.1RC$$

输出脉冲宽度 t_w 与定时元件 R、C 的大小有关，而与电源电压、输入脉冲宽度无关，改变定时元件 R 和 C 可改变输出脉宽 t_w。如果利用外接电路改变 CO 端（5 号端）的电位，则可以改变单稳态电路的翻转电平，使暂稳态持续时间 t_w 改变。

注意，为了使电路正常工作，要求外加触发脉冲 u_i 的宽度应小于输出脉宽 t_w，且负脉冲 u_i 的数值一定要低于 $\frac{1}{3}U_{DD}$。

4. 单稳态触发器的应用

（1）脉冲的定时 由于单稳态触发器能产生一定宽度 t_w 的矩形输出脉冲，利用这个矩形脉冲去控制某电路，使它在 t_w 时间内动作（或不动作），这就是脉冲的定时。如图 10-5a 所示是利用输出宽度为 t_w 的矩形脉冲作为与门输入信号之一，只有在 t_w 时间内，与门才开门，信号 A 才能通过与门，波形如图 10-5b 所示。

（2）脉冲的延时 图 10-6a 所示电路利用单稳态电路的输出 u_o 作为其他电路的触发信号。由图 10-6b 可见，u_o 的下降沿比输入触发信号 u_i 的下降沿延迟了 t_w。因此，利用 u_o 下降沿去触发其他电路（如 JK 触发器），比用 u_i 下降沿触发时延迟了 t_w 时间，这就是单稳态电路的延时作用。

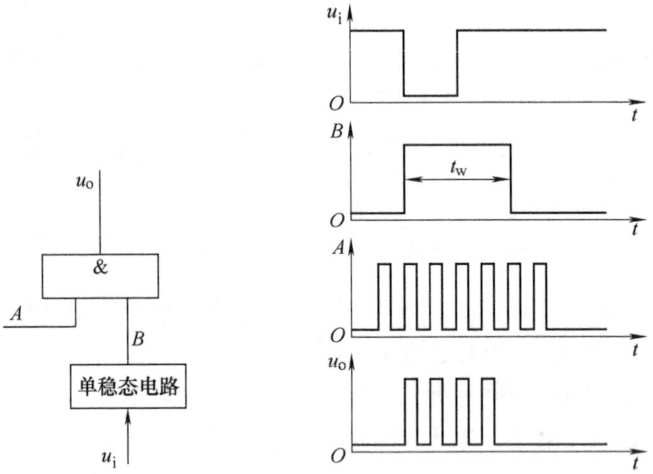

a) 逻辑图　　b) 波形

图 10-5　单稳态电路的定时作用

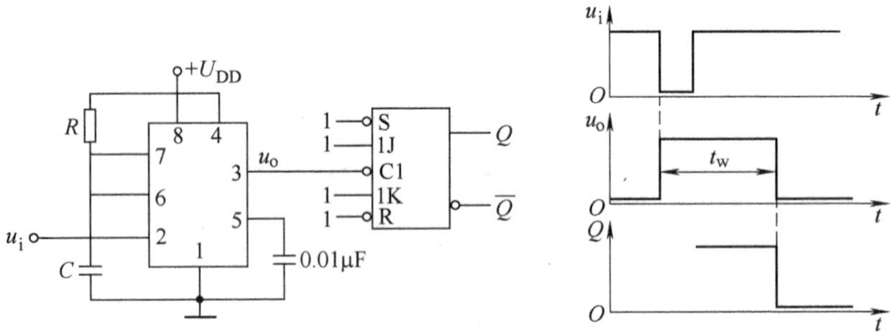

a) 逻辑图　　b) 波形

图 10-6　单稳态电路的延时作用

模块 10.4　多谐振荡器的分析

任务 10.4.1　电路组成

图 10-7a 所示为由 CC7555 集成定时器构成的多谐振荡器。电路中将高电平触发端和低电平触发端短接，并在放电回路中串入电阻 R_2。这里的 R_1、R_2 和 C 为外接电阻和电容，它们均是定时元件。图 10-7b 为工作波形。

任务 10.4.2　工作原理

由于接通电源后，电容两端电压 $u_C=0$，故 TH 端与 $\overline{TR}$ 端均为低电平，RS 触发器置 1（$Q=1$，$\overline{Q}=0$），输出 u_o 为高电平，放电管 V 截止。当电源刚接通时，电源经 R_1、R_2 对电

容 C 充电，使其电压 u_C 按指数规律上升，当 u_C 上升到$\frac{2}{3}U_{DD}$时，则 RS 触发器置 0（$Q=0$，$\overline{Q}=1$），输出 u_o 为低电平，放电管 V 导通，我们把 u_C 从$\frac{1}{3}U_{DD}$上升到$\frac{2}{3}U_{DD}$这段时间内电路的状态称为第一暂稳态，其维持时间 t_1 的长短与电容的充电时间有关。充电时间常数 $\tau_{充}=(R_1+R_2)C$。

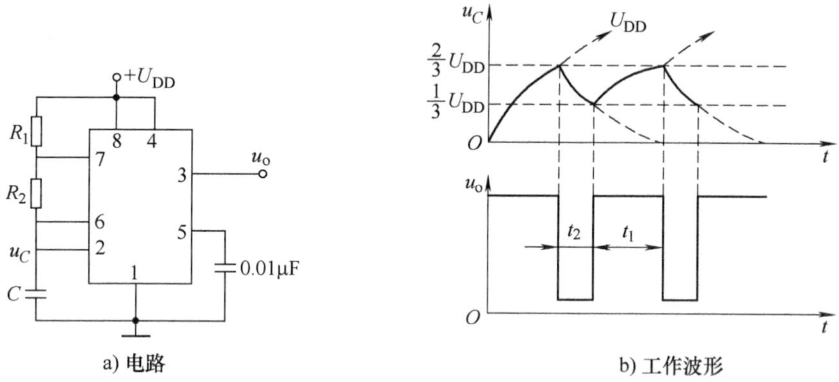

图 10-7　CC7555 构成的多谐振荡器

由于放电管 V 导通，电容 C 通过电阻 R_2 和放电管放电，电路进入第二暂稳态。放电时间常数 $\tau_{放}=R_2C$。随着 C 的放电，u_C 下降，当 u_C 下降到$\frac{1}{3}U_{DD}$时，RS 触发器置 1（$Q=1$，$\overline{Q}=0$），输出 u_o 高电平，放电管 V 截止，电容 C 放电结束，U_{DD}再次对电容 C 充电，电路又翻转到第一暂稳态。如此反复，则输出可得矩形波形。

由以上分析可知，电路靠电容 C 充电来维持第一暂稳态，其持续时间为 t_1。电路靠电容 C 放电来维持第二暂稳态，其持续时间为 t_2。电路一旦起振后，u_C 电压总是在（1/3 ~ 2/3）U_{DD}之间变化。

任务 10.4.3　电路振荡周期 *T*

电路振荡周期 T 按下式计算：

$$T=t_1+t_2$$

t_1 由电容 C 充电过程来决定，其中：

$$u_C(0^+)=\frac{1}{3}U_{DD}$$

$$u_C(\infty)=+U_{DD}$$

$$\tau_{充}=(R_1+R_2)C$$

则

$$t_1=(R_1+R_2)C\ln\frac{U_{DD}-\frac{1}{3}U_{DD}}{U_{DD}-\frac{2}{3}U_{DD}}=(R_1+R_2)C\ln 2\approx 0.7(R_1+R_2)C$$

t_2 由电容 C 放电过程来决定，其中：

$$u_C(0^+)=\frac{2}{3}U_{\rm DD}$$

$$u_C(\infty)=0$$

$$\tau_{放}=R_2C$$

$$t_2=R_2C\ln\frac{0-\frac{2}{3}U_{\rm DD}}{0-\frac{1}{3}U_{\rm DD}}=R_2C\ln2\approx0.7R_2C$$

则

$$T=t_1+t_2=0.7(R_1+R_2)C+0.7R_2C=0.7(R_1+2R_2)C$$

$$f=1/T=\frac{1}{0.7(R_1+2R_2)C}=\frac{1.43}{(R_1+2R_2)C}$$

显然，改变 R_1、R_2 和 C 的值，就可以改变振荡器的频率。如果利用外接电路改变 CO 端（5 号端）的电位，则可以改变多谐振荡器高触发端的电平，从而改变振荡周期 T。

图 10-7 所示的多谐振荡器电路，由于电容充、放电途径不同，因而 C 的充电和放电时间常数不同，使输出脉冲的宽度 t_1 和 t_2 也不同。在实际应用中，常常需要调节 t_1 和 t_2。在此，引进占空比的概念。输出脉冲的占空比为

$$D=\frac{t_1}{t_1+t_2}=\frac{R_1+R_2}{R_1+2R_2}$$

将图 10-7 所示电路稍加改动，就可得到占空比可调的多谐振荡器，如图 10-8 所示。在图 10-8 中加了电位器 RP，并利用二极管 V_1 和 V_2 将电容 C 的充电回路分开，充电回路为 R_1、V_1 和 C，放电回路为 C、V_2 和 R_2。该电路的振荡周期为

$$T=t_1+t_2=0.7\tau_{充}+0.7\tau_{放}=0.7(R_1+R_2)C$$

$$D=\frac{t_1}{t_1+t_2}=\frac{R_1}{R_1+R_2}$$

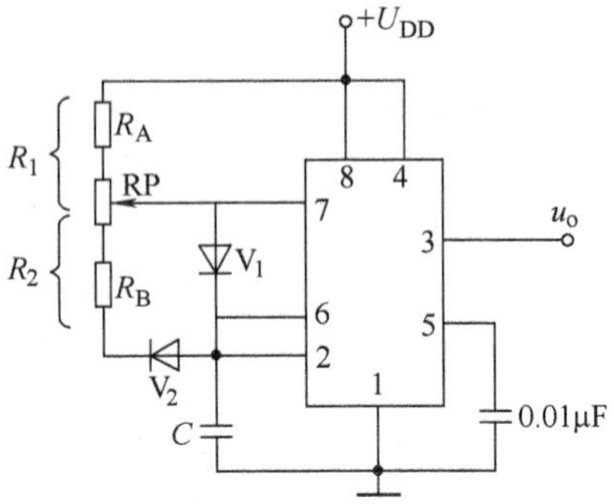

图 10-8　占空比可调的振荡器

调节电位器 RP 即可改变 R_1 和 R_2 的值，并使占空比 D 得到调节，当 $R_1=R_2$ 时，$D=1/2$（此时 $t_1=t_2$），电路输出方波。

模块 10.5　施密特触发器的分析

任务 10.5.1　电路组成

图 10-9a 是用 CC7555 构成的施密特触发器。它将高触发端 TH 和低触发端 $\overline{TR}$ 连接在一起作为电路输入端。

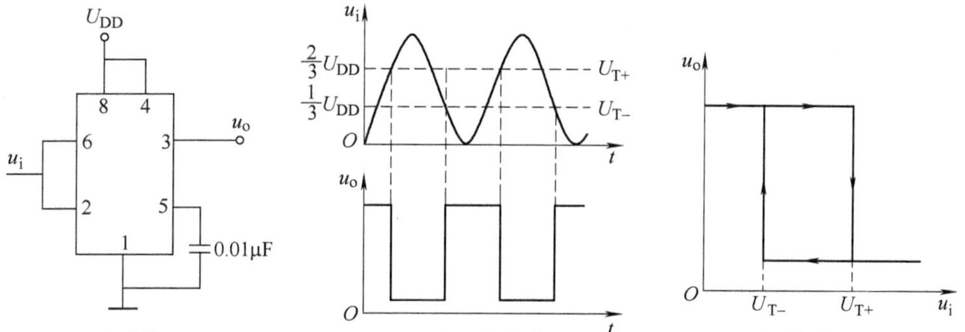

a) 电路　　b) 工作波形　　c) 电压传输特性曲线

图 10-9　CC7555 构成的施密特触发器

任务 10.5.2　工作原理

当输入信号 $u_i < \frac{1}{3}U_{DD}$时，基本 RS 触发器置 1，即 $\overline{Q}=0$，$Q=1$，输出 u_o 为高电平；若 u_i 增加，使得$\frac{1}{3}U_{DD} < u_i < \frac{2}{3}U_{DD}$时，电路维持原态不变，输出 u_o 仍为高电平；如果输入信号增加到 $u_i \geqslant \frac{2}{3}U_{DD}$时，RS 触发器置 0，即 $Q=0$，$\overline{Q}=1$，输出 u_o 为低电平；u_i 再增加，只要满足 $u_i \geqslant \frac{2}{3}U_{DD}$，电路维持该状态不变。若 u_i 下降，只要满足$\frac{1}{3}U_{DD} < u_i < \frac{2}{3}U_{DD}$，电路状态仍然维持不变；只有当 $u_i = \frac{1}{3}U_{DD}$时，触发器再次置 1，电路又翻转回输出为高电平的状态，工作波形如图 10-9b 所示。

显然，555 定时器构成的施密特触发器，u_i 上升时引起电路状态改变，由输出高电平翻转为输出低电平的输入电压称为上限触发门坎电平，用 U_{T+} 表示，$U_{T+} = \frac{2}{3}U_{DD}$；下降时引起电路由输出低电平翻转为输出高电平的输入电压称为下限触发电平，用 U_{T-} 表示，$U_{T-} = \frac{1}{3}U_{DD}$。两者之差称为回差电压，即

$$\Delta U_T = U_{T+} - U_{T-}$$

施密特触发器的电压传输特性称为回差特性，如图 10-9c 所示。回差特性是施密特触发器的固有特性。在实际应用中，可根据实际需要增大或减小回差电压 ΔU_T。在图 10-9 所示的电路中，如在控制电压端（引脚 5）外加一电压，则可达到改变回差电压的目的。

任务 10.5.3　施密特触发器的应用

施密特触发器的用途十分广泛，它主要用于波形变化、脉冲波形的整形及脉冲幅度鉴别等。

1. 波形变换

将变化缓慢的非矩形波变换为矩形波，如图 10-10 所示。

2. 脉冲整形

将一个不规则的或者在信号传送过程中受到干扰而变坏的波形经过施密特电路，可以得到良好的波形，这就是施密特电路的整形功能，如图 10-11 所示。

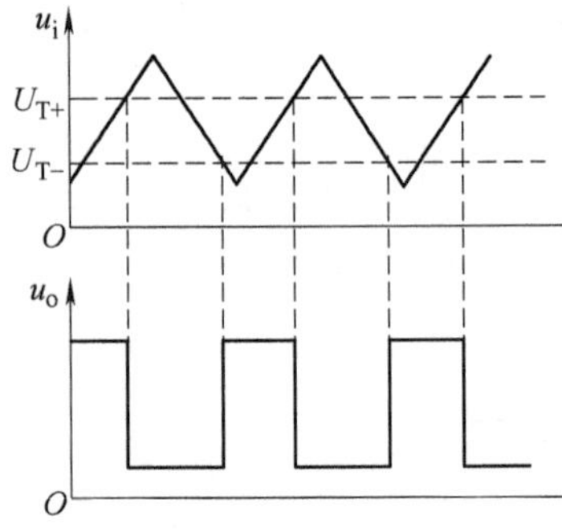

图 10-10　波形变换图

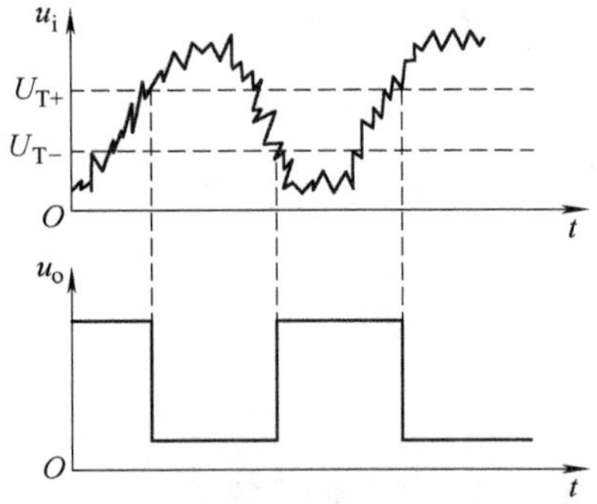

图 10-11　波形的整形

3. 脉冲幅度鉴别

利用施密特电路，可以从输入幅度不等的一串脉冲中，去掉幅度较小的脉冲，保留幅度超过 U_{T+} 的脉冲，这就是幅度鉴别，如图 10-12 所示。

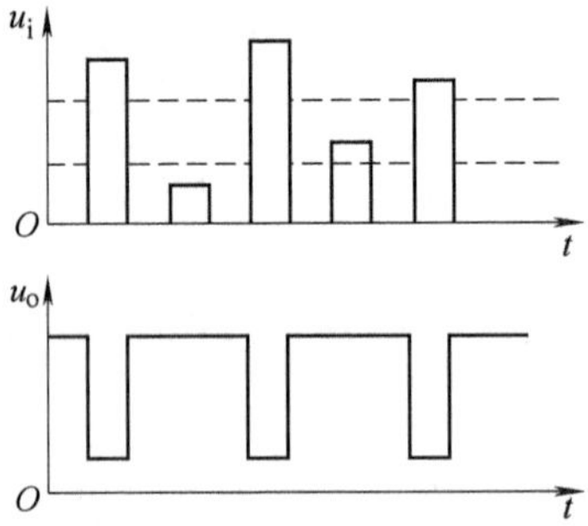

图 10-12　脉冲幅度鉴别

模块 10.6　综合技能训练

任务 10.6.1　555 时基电路及其应用

一、实验目的

1）熟悉 555 型集成时基电路结构、工作原理及其特点。

2）掌握 555 型集成时基电路的基本应用。

二、实验原理

集成时基电路又称为集成定时器或 555 电路，是一种数字、模拟混合型的中规模集成电路，应用十分广泛。它是一种产生时间延迟和多种脉冲信号的电路，由于内部电压标准使用了三个 5kΩ 电阻，故取名 555 电路，其电路类型有双极型和 CMOS 型两大类，二者的结构与工作原理类似。几乎所有的双极型产品型号最后的三位数码都是 555 或 556；所有的 CMOS 产品型号最后四位数码都是 7555 或 7556，二者的逻辑功能和引脚排列完全相同，易于互换。555 和 7555 是单定时器。556 和 7556 是双定时器。双极型的电源电压 $V_{CC}=5\sim15V$，输出的最大电流可达 200mA，CMOS 型的电源电压为 $3\sim18V$。

1. 555 电路的工作原理

555 电路的内部电路框图如图 10-13a 所示。它含有两个电压比较器、一个基本 RS 触发器、一个放电开关管 V，比较器的参考电压由三只 5kΩ 的电阻构成的分压器提供。它们分别使高电平比较器 A_1 的同相输入端和低电平比较器 A_2 的反相输入端的参考电平为 $\frac{2}{3}V_{CC}$ 和 $\frac{1}{3}V_{CC}$。A_1 与 A_2 的输出端控制 RS 触发器的状态和放电管的开关状态。当输入信号自 6 脚，即高电平触发输入并超过参考电平 $\frac{2}{3}V_{CC}$ 时，触发器复位，555 的输出端 3 脚输出低电平，同时放电开关管导通；当输入信号自 2 脚输入并低于 $\frac{1}{3}V_{CC}$ 时，触发器置位，555 的 3 脚输出高电平，同时放电开关管截止。

$\overline{R_D}$ 是复位端（4 脚），当 $\overline{R_D}=0$ 时，555 输出低电平。平时 $\overline{R_D}$ 端开路或接 V_{CC}。

V_C 是控制电压端（5 脚），平时输出 $\frac{2}{3}V_{CC}$ 作为比较器 A_1 的参考电平，当 5 脚外接一个输入电压时，即改变了比较器的参考电平，从而实现对输出的另一种控制；在不接外加电压时，通常接一个 0.01μF 的电容到地，起滤波作用，以消除外来的干扰，以确保参考电平的稳定。

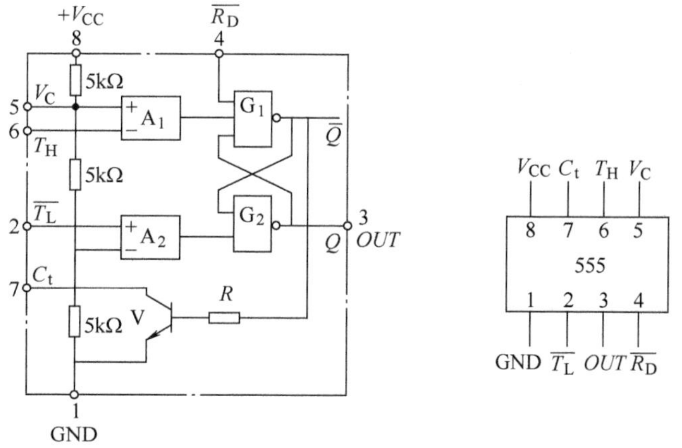

a) 内部框图　　b) 引脚排列

图 10-13　555 定时器内部框图及引脚排列

V 为放电管，当 V 导通时，将给接于 7 脚的电容提供低阻放电通路。

555 定时器主要是与电阻、电容构成充放电电路，并由两个比较器来检测电容上的电压，以确定输出电平的高低和放电开关管的通断。这就很方便地构成从微秒到数十分钟的延时电路，可方便地构成单稳态触发器、多谐振荡器、施密特触发器等脉冲产生或波形变换电路。

2. 555 定时器的典型应用

（1）构成单稳态触发器　图 10-14a 为由 555 定时器和外接定时元件 R、C 构成的单稳态触发器。触发电路由 C_1、R_1、V 构成，其中 V 为钳位二极管，稳态时 555 电路输入端处于电源电平，内部放电开关管 V_1 导通，输出端 F 输出低电平。当有一个外部负脉冲触发信号经 C_1 加到 2 端，并使 2 端电位瞬时低于 $\frac{1}{3}V_{CC}$ 时，低电平比较器动作，单稳态电路即开始一个暂态过程，电容 C 开始充电，V_C 按指数规律增长。当 V_C 充电到 $\frac{2}{3}V_{CC}$ 时，高电平比较器动作，比较器 A_1 翻转，输出 V_o 从高电平返回低电平，放电开关管 V_1 重新导通，电容 C 上的电荷很快经放电开关管放电，暂态结束，恢复稳态，为下个触发脉冲的来到做好准备。波形如图 10-14b 所示。

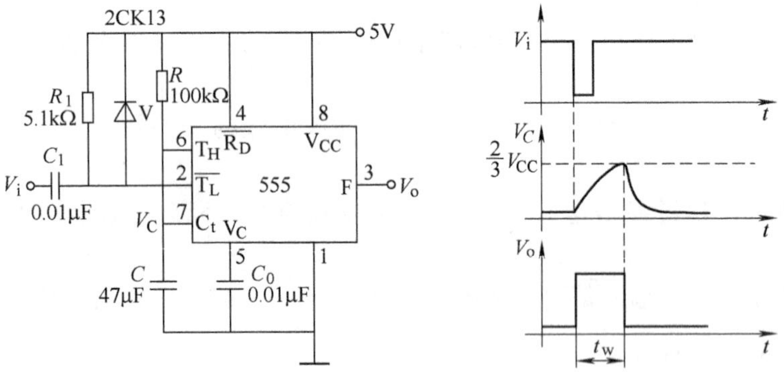

a) 电路　　b) 波形

图 10-14　单稳态触发器

暂稳态的持续时间 t_w（即为延时时间）决定于外接元件 R、C 值的大小：

$$t_w = 1.1RC$$

通过改变 R、C 的大小，可使延时时间在几个微秒到几十分钟之间变化。当这种单稳态电路作为计时器时，可直接驱动小型继电器，并可以使用复位端（4 脚）接地的方法来中止暂态，重新计时。此外，还需要用一个续流二极管与继电器线圈并接，以防继电器线圈的反电动势损坏内部功率管。

（2）构成多谐振荡器　如图 10-15a 所示，由 555 定时器和外接元件 R_1、R_2、C 构成多谐振荡器，2 脚与 6 脚直接相连。电路没有稳态，仅存在两个暂稳态，电路也不需要外加触发信号，利用电源通过 R_1、R_2 向 C 充电，以及 C 通过 R_2 向放电端 C_t 放电，使电路产生振荡。电容 C 在 $\frac{1}{3}V_{CC}$ 和 $\frac{2}{3}V_{CC}$ 之间充电和放电，其波形如图 10-15b 所示。输出信号的时间参

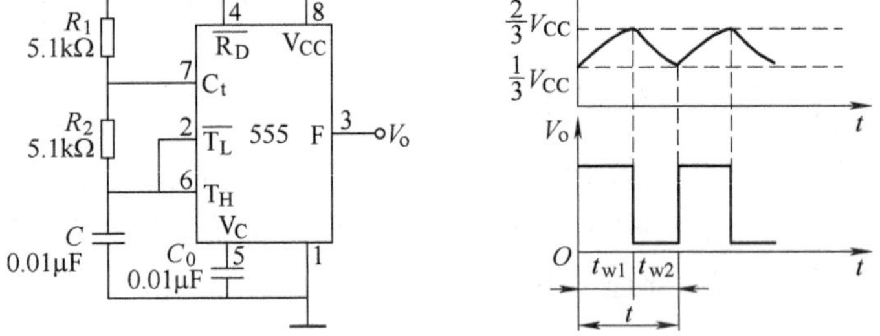

a) 电路　　b) 波形

图 10-15　多谐振荡器

数是 $T=t_{w1}+t_{w2}$，$t_{w1}=0.7(R_1+R_2)C$，$t_{w2}=0.7R_2C$，555 电路要求 R_1 与 R_2 均应大于或等于 1kΩ，但 R_1+R_2 应小于或等于 3.3MΩ。

外部元件的稳定性决定了多谐振荡器的稳定性，555 定时器配以少量的元件即可获得较高精度的振荡频率和具有较强的功率输出能力，因此这种形式的多谐振荡器应用很广。

（3）组成占空比可调的多谐振荡器　电路如图 10-16 所示，它比图 10-15 所示的电路增加了一个电位器和两个导引二极管。V_1、V_2 用来决定电容充、放电电流流经电阻的途径（充电时 V_1 导通，V_2 截止；放电时 V_2 导通，V_1 截止）。

占空比 $D=\dfrac{t_{w1}}{t_{w1}+t_{w2}}\approx\dfrac{0.7R_AC}{0.7C\ (R_A+R_B)}=\dfrac{R_A}{R_A+R_B}$。

可见，若取 $R_A=R_B$，电路即可输出占空比为 50% 的方波信号。

（4）组成占空比连续可调并能调节振荡频率的多谐振荡器　电路如图 10-17 所示。对 C_1 充电时，充电电流通过 R_1、V_1、RP_2 和 RP_1；放电时通过 RP_2、RP_2、V_2、R_2。当 $R_1=R_2$、RP_2 调至中心点时，因充放电时间基本相等，其占空比约为 50%，此时调节 RP_1 仅改变频率，占空比不变。若 RP_2 调至偏离中心点，再调节 RP_1，不仅振荡频率改变，而且对占空比也有影响。若 RP_1 不变，调节 RP_2，仅改变占空比，对频率无影响。因此，当接通电源后，应首先调节 RP_1，使频率至规定值，再调节 RP_2，以获得需要的占空比。若频率调节的范围比较大，还可以用波段开关改变 C_1 的值。

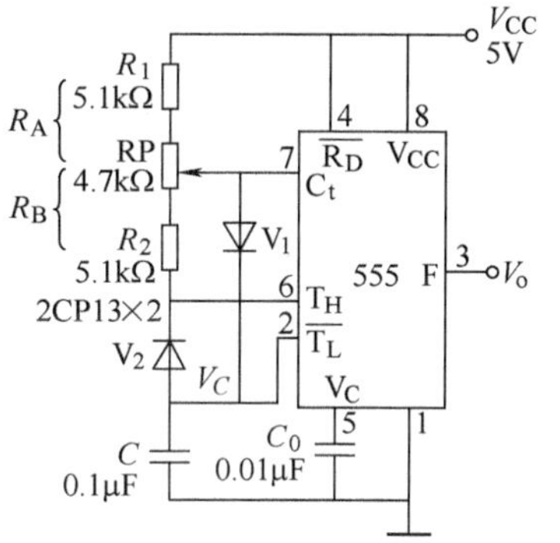

图 10-16　占空比可调的多谐振荡器

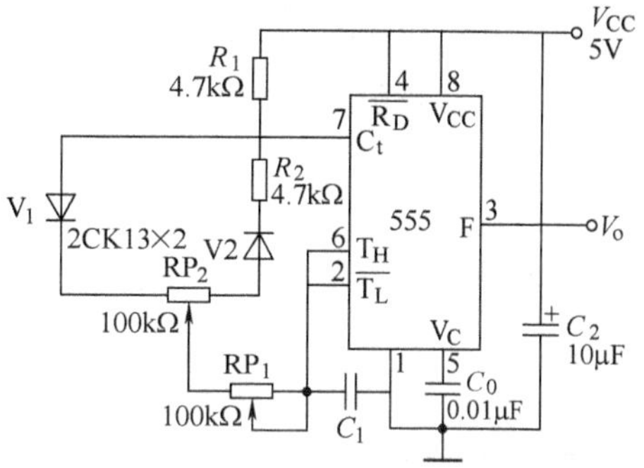

图 10-17　占空比与频率均可调的多谐振荡器

（5）组成施密特触发器　电路如图 10-18 所示，只要将 2、6 脚连在一起作为信号输入端，即得到施密特触发器。图 10-19 示出了 V_s，V_i 和 V_o 的波形变换图。

设被整形变换的电压为正弦信号 V_s，其正半波通过二极管 V 同时加到 555 定时器的 2 脚和 6 脚，得 V_i 为半波整流波形。当 V_i 上升到 $\dfrac{2}{3}V_{CC}$ 时，V_o 从高电平翻转为低电平；当 V_i 下降到 $\dfrac{1}{3}V_{CC}$ 时，V_o 又从低电平翻转为高电平。电路的电压传输特性曲线如图 10-20 所示。

回差电压 $\Delta V=\dfrac{2}{3}V_{CC}-\dfrac{1}{3}V_{CC}=\dfrac{1}{3}V_{CC}$。

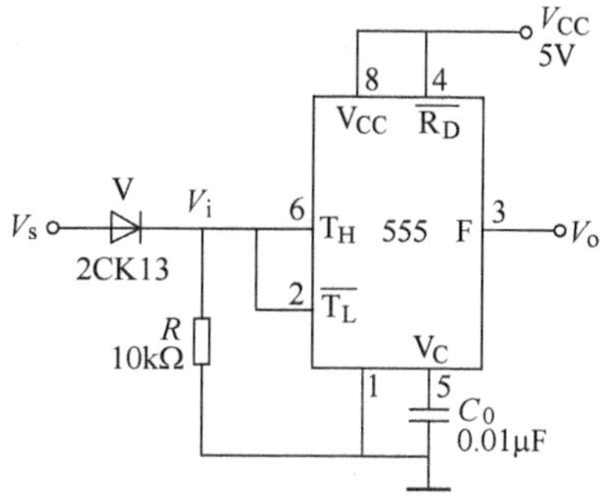

图 10-18　施密特触发器

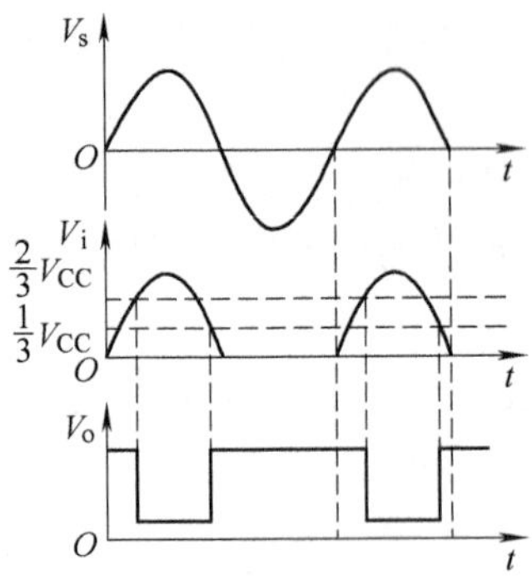

图 10-19　波形变换图

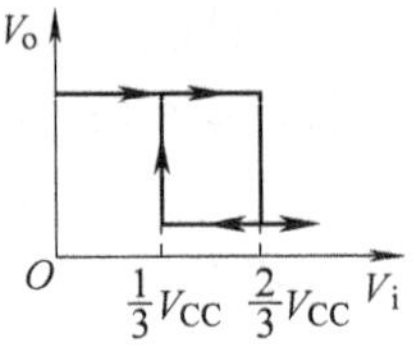

图 10-20　电压传输特性曲线

三、实验设备与器件

5V 直流电源、双踪示波器、连续脉冲源、单次脉冲源、音频信号源、数字频率计、逻辑电平显示器、555 ×2、2CK13 ×2、电位器、电阻、电容若干。

四、实验内容

1. 单稳态触发器

1）按图 10-14 连线，取 $R=100\text{k}\Omega$，$C=47\mu\text{F}$，输入信号 V_i 由单次脉冲源提供，用双踪示波器观测 V_i、V_C、V_o 的波形，测定幅度与暂稳时间。

2）将 R 改为 $1\text{k}\Omega$，C 改为 $0.1\mu\text{F}$，输入端加 1kHz 的连续脉冲，观测 V_i、V_C、V_o 的波形，测定幅度及暂稳时间。

2. 多谐振荡器

1）按图 10-15 接线，用双踪示波器观测 V_C 与 V_o 的波形，测定频率。

2）按图 10-16 接线，组成占空比为 50% 的方波信号发生器。观测 V_C、V_o 的波形，测定波形参数。

3）按图 10-17 接线，通过调节 RP_1 和 RP_2 来观测输出波形。

3. 施密特触发器

按图 10-18 接线，输入信号由音频信号源提供，预先调好 V_s 的频率为 1kHz，接通电源，逐渐加大 V_s 的幅度，观测输出波形，测绘电压传输特性，算出回差电压 ΔV。

4. 模拟声响电路

按图 10-21 接线，组成两个多谐振荡器，调节定时元件，使 Ⅰ 输出较低频率，Ⅱ 输出较高频率，连好线，接通电源，试听音响效果。调换外接阻容元件，再试听音响效果。

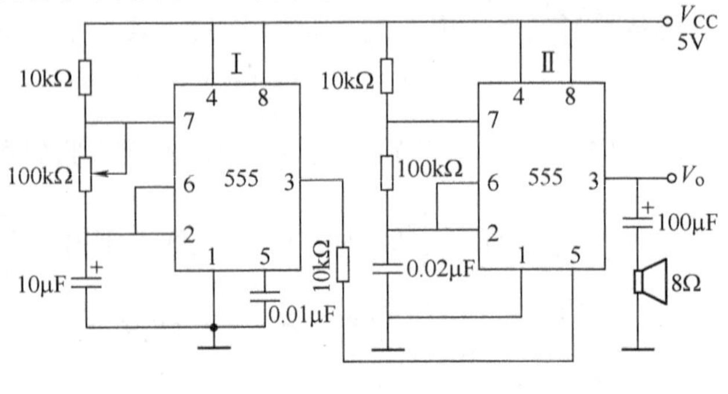

图 10-21　模拟声响电路

五、实验预习要求

1）复习有关 555 定时器的工作原理及其应用。

2）拟定实验中所需的数据、表格等。

3）如何用示波器测定施密特触

发器的电压传输特性曲线？

4）拟定各次实验的步骤和方法。

六、实验报告

1）绘出详细的实验电路图，定量绘出观测到的波形。

2）分析、总结实验结果。

任务 10.6.2　单稳态触发器与施密特触发器（脉冲延时与波形整形电路）

一、实验目的

1）掌握使用集成门电路构成单稳态触发器的基本方法。

2）熟悉集成单稳态触发器的逻辑功能及其使用方法。

3）熟悉集成施密特触发器的性能及其应用。

二、实验原理

在数字电路中常使用矩形脉冲作为信号进行信息传递，或作为时钟信号用来控制和驱动电路，使各部分协调动作。自激多谐振荡器是不需要外加信号触发的矩形波发生器。另一类是他励多谐振荡器，如单稳态触发器，它需要在外加触发信号的作用下输出具有一定宽度的矩形脉冲波；如施密特触发器（整形电路），它对外加输入的正弦波等波形进行整形，使电路输出矩形脉冲波。

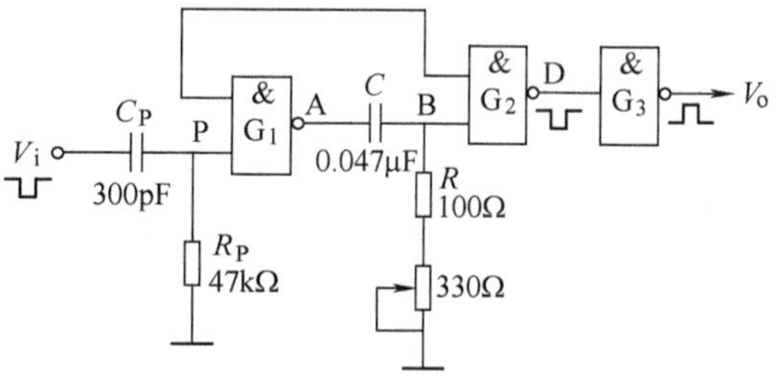

图 10-22　微分型单稳态触发器

1. 用与非门组成单稳态触发器

利用与非门作开关，依靠定时元件 *RC* 电路的充放电电路来控制与非门的启闭。单稳态电路有微分型与积分型两大类，这两类触发器对触发脉冲的极性与宽度有不同的要求。

（1）微分型单稳态触发器　如图 10-22 所示，该电路为负脉冲触发。其中 R_P、C_P 构成输入端微分隔直电路。

R、C 构成微分型定时电路，定时元件 R、C 的取值不同，输出脉宽 t_w 也不同，$t_w \approx (0.7 \sim 1.3)\ RC$。与非门 G_3 起整形、倒相作用。

图 10-23 为微分型单稳态触发器各点波形图，下面结合波形图说明其工作原理。

1）电路初始稳态（$t < t_1$）。稳态时 V_i 为高电平。适当选择电阻 R 的阻值，使与非门 G_2 输入电压 V_B 小于门的关门电平（$V_B < V_{off}$），则门 G_2 关闭，输出 V_D 为高电平。适当选择电阻 R_P 的阻值，使与非门 G_1 的输入电压 V_P 大于门的开门电平（$V_P > V_{on}$），于是 G_1 的两个输入端全为高电平，则 G_1 开启，输出 V_A 为低电平（为方便计，取 $V_{off} = V_{on} = V_T$）。

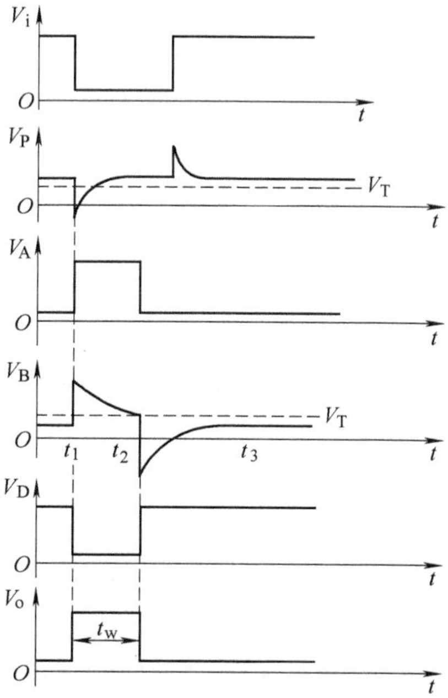

图 10-23　微分型单稳态触发器波形图

2）触发翻转（$t=t_1$ 时）。V_i 负跳变，V_p 也负跳变，门 G_1 输出 V_A 升高，经电容 C 耦合，V_B 也升高，门 G_2 输出 V_D 降低，正反馈到 G_1 输入端，结果使 G_1 输出 V_A 由低电平迅速上跳至高电平，G_1 迅速关闭；V_B 也上跳至高电平，G_2 输出 V_D 则迅速下跳至低电平，G_2 迅速开通。

3）暂稳状态（$t_1<t<t_2$）。$t>t_1$ 以后，G_1 输出高电平，对电容 C 充电，V_B 随之按指数规律下降，但只要 $V_B>V_T$，G_1 关、G_2 开的状态将维持不变，V_A、V_D 也维持不变。

4）自动翻转（$t=t_2$）。$t=t_2$ 时刻，V_B 下降至门的关门电平 V_T，G_2 输出 V_D 升高，G_1 输出 V_A，正反馈作用 使电路迅速翻转至 G_1 开启，G_2 关闭初始稳态。

暂稳态时间的长短，决定于电容 C 的充电时间常数 $t=RC$。

5）恢复过程（$t_2<t<t_3$）。电路自动翻转到 G_1 开启，G_2 关闭后，V_B 不是立即回到初始稳态值，这是因为电容 C 要有一个放电过程。

$t>t_3$ 以后，如 V_i 再出现负跳变，则电路将重复上述过程。

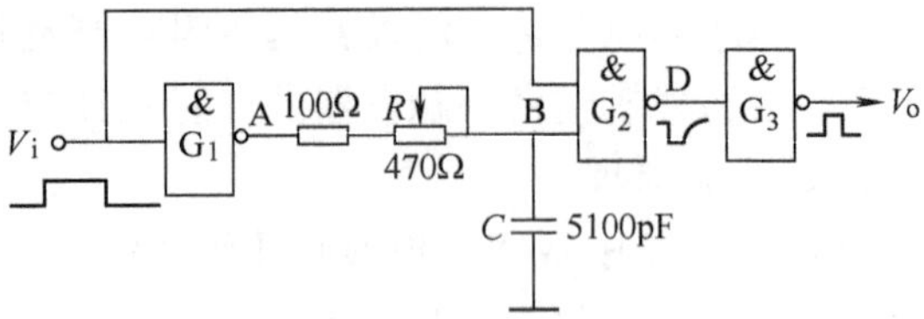

图 10-24　积分型单稳态触发器

如果输入脉冲宽度较小，则输入端就可省去 R_PC_P 微分电路了。

（2）积分型单稳态触发器　积分型单稳态触发器如图 10-24 所示。

电路采用正脉冲触发，工作波形如图 10-25 所示。电路的稳定条件是 $R\leqslant 1\text{k}\Omega$，输出脉冲宽度 $t_w\approx 1.1RC$。

单稳态触发器的共同特点是：触发脉冲未加入前，电路处于稳态。此时，可以测得各门的输入和输出电位。触发脉冲加入后，电路立刻进入暂稳态，暂稳态的时间，即输出脉冲的宽度 t_w 只取决于 RC 数值的大小，与触发脉冲无关。

2. 用与非门组成施密特触发器

施密特触发器能对正弦波、三角波等信号进行整形，并输出矩形波，图 10-26 是两种典型的电路。图 10-26a 中，门 G_1、G_2 是基本 RS 触发器，门 G_3 是反相器，二极管 V 起电平偏移作用，以产生回差电压，其工作情况如下：设 $V_i=0$，G_3 截止，$R=1$、$S=0$，$Q=1$、$\overline{Q}=0$，电路处于原态。V_i 由 0 上升到电路的接通电位 V_T 时，G_3 导通，$R=0$，$S=1$，触发器翻转为 $Q=0$、$\overline{Q}=1$ 的新状态。此后 v_i 继续上升，电路状态不变。在 v_i 由最大值下降到 V_T 值的时间内，R 仍等于 0、$S=1$，电路状态也不变。当 $V_i\leqslant V_T$ 时，G_3 由导通变为截止，而 $V_S=V_T+V_D$ 为高电平，因而 $R=1$、$S=1$，触发器状态仍保持。只有 v_i 降至使 $V_S=V_T$ 时，电路才翻回到 $Q=1$、$\overline{Q}=0$ 的原态。电路的回差 $\Delta V=V_D$。图 10-26b 是由电阻 R_1、R_2 产生回差的电路。

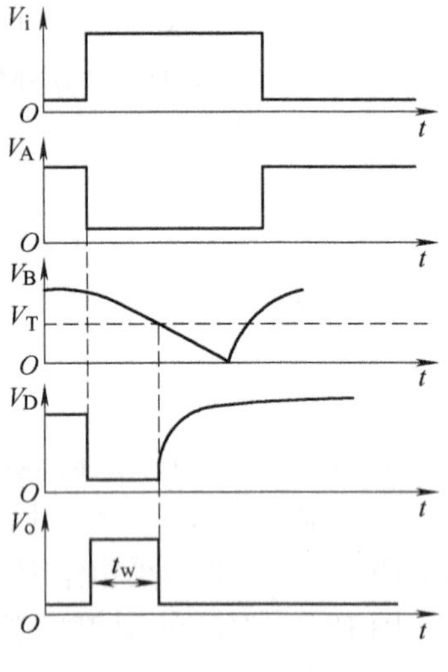

图 10-25　积分型单稳态触发器波形图

3. 集成双单稳态触发器 CC14528（CC4098）

（1）芯片功能介绍　图 10-27 为 CC14528（CC4098）的逻辑符号，表 10-2 为其功能表。

该器件能提供稳定的单脉冲，脉宽由外部电阻 R_X 和外部电容 C_X 决定，调整 R_X 和 C_X 可使 Q 端和 $\overline{Q}$ 端输出脉冲宽度有一个较宽的范围。本器件可采用上升沿触发（$+TR$），也可用下降沿触发（$-TR$），为使用带来很大的方便。在正常工作时，电路应由每一个新脉冲去触发。当采用上升沿触发时，为防止重复触发，$\overline{Q}$ 端必须连到（$-TR$）端。同样，在使用下降沿触发时，Q 端必须连到（$+TR$）端。

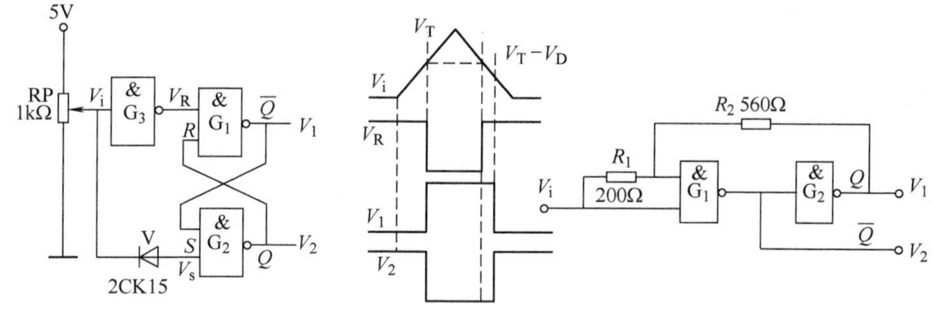

a) 由二极管V产生回差的电路　　b) 由二电阻R_1、R_2产生回差的电路

图 10-26　与非门组成施密特触发器

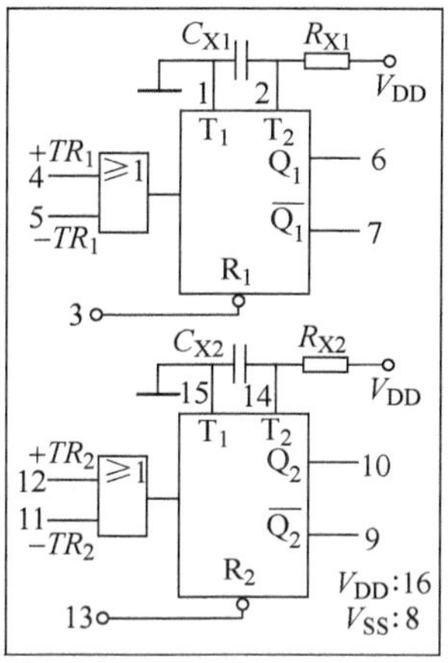

图 10-27　CC14528 的逻辑符号

表 10-2　功能表

输入			输出	
$+TR$	$-TR$	$\overline{R}$	Q	$\overline{Q}$
↑	1	1	⊓	⊔
↑	0	1	Q	$\overline{Q}$
1	↓	1	Q	$\overline{Q}$
0	↓	1	⊓	⊔
×	×	0	0	1

该单稳态触发器的时间周期约为 $T_X = R_X C_X$。所有的输出级都有缓冲级，以提供较大的驱动电流。

（2）应用举例

1）实现脉冲延迟，如图 10-28 所示。

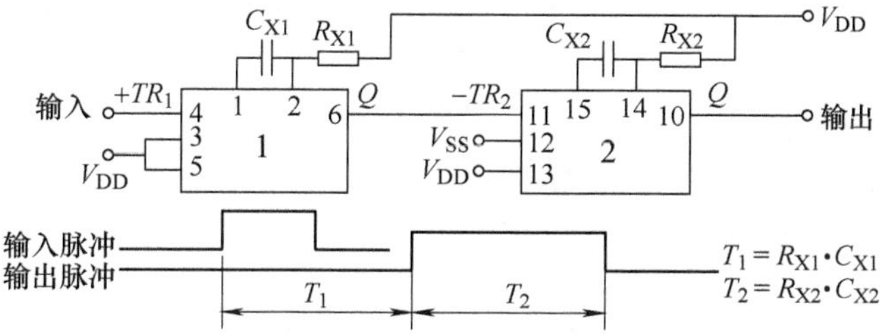

图 10-28　实现脉冲延迟

2）实现多谐振荡器，如图 10-29 所示。

4. 集成六施密特触发器 CC40106

图 10-30 为其引脚排列，它可用于波形的整形，也可作反相器或构成单稳态触发器和多谐振荡器。

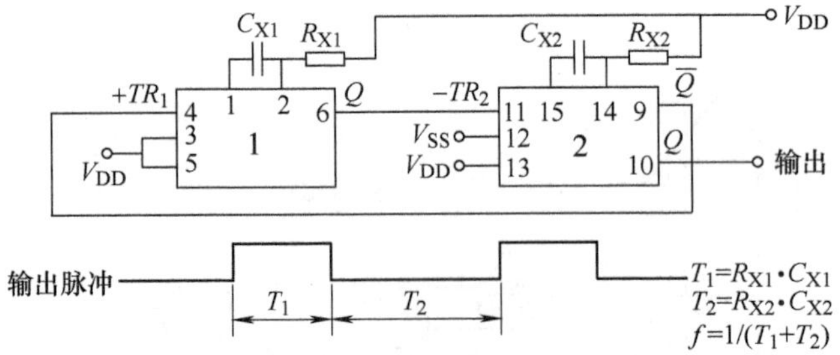

图 10-29　实现多谐振荡器

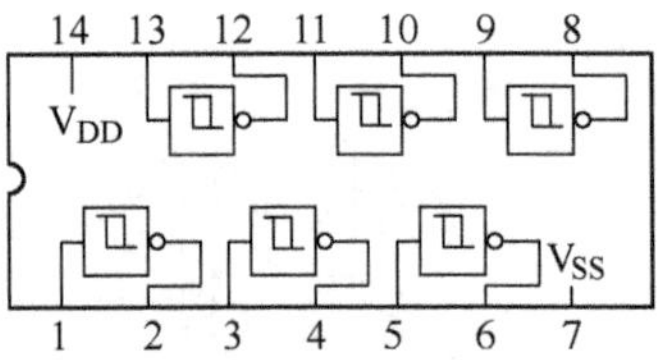

图 10-30　CC40106 引脚排列

（1）将正弦波转换为方波　波形图和电路图如图 10-31 所示。

（2）构成多谐振荡器　电路如图 10-32 所示。

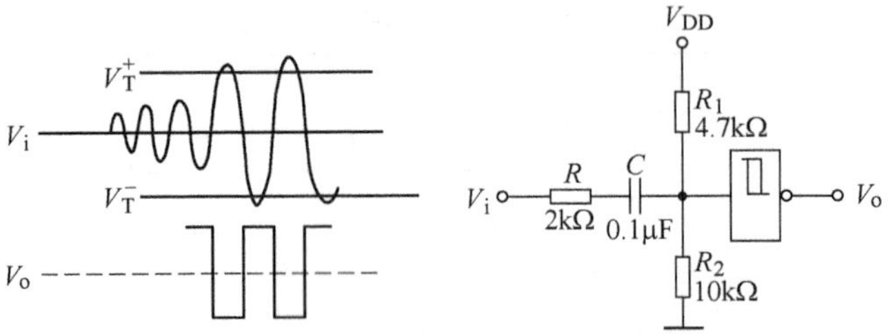

a) 波形图　　b) 电路图

图 10-31　正弦波转换为方波

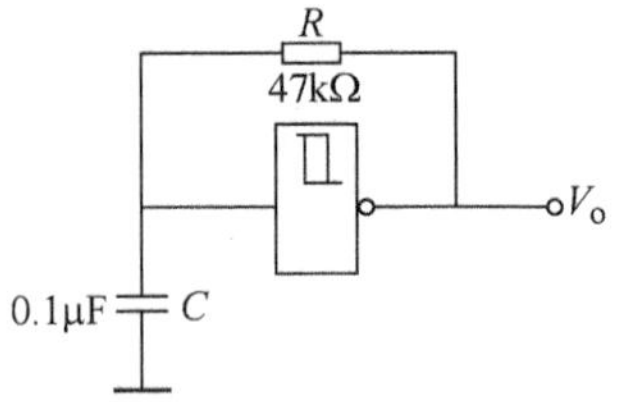

图 10-32　多谐振荡器

（3）构成单稳态触发器　图 10-33a 为下降沿触发，图 10-33b 为上升沿触发。

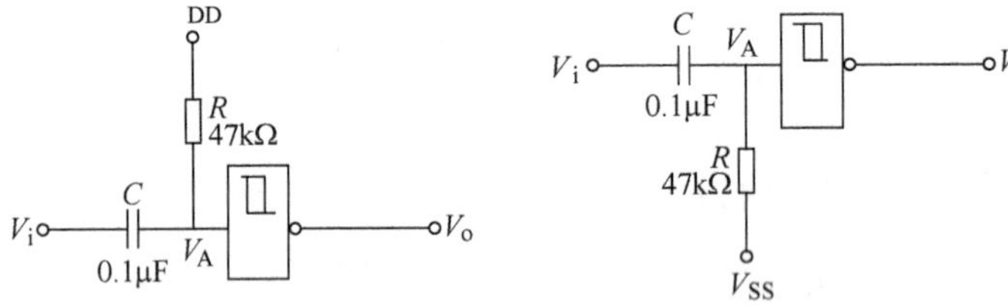

a) 下降沿触发　　b) 上升沿触发

图 10-33　单稳态触发器

三、实验设备与器件

5V 直流电源、双踪示波器、连续脉冲源、数字频率计、CC4011、CC14528、CC40106、2CK15、电位器、电阻、电容若干。

四、实验内容

1）按图 10-22 接线，输入 1kHz 连续脉冲，用双踪示波器观测 V_i、V_P、V_A、V_B、V_D 及 V_o 的波形，记录之。

2）改变 C 或 R 的值，重复实验1）的内容。

3）按图10-24接线，重复1）的实验内容。

4）按图10-26a接线，令 V_i 由0→5V变化，测量 V_1、V_2 的值。

5）按图10-28接线，输入1kHz连续脉冲，用双踪示波器观测输入、输出波形，测定 T_1 与 T_2。

6）按图10-29接线，用示波器观测输出波形，测定振荡频率。

7）按图10-32接线，用示波器观测输出波形，测定振荡频率。

8）按图10-31接线，构成整形电路，被整形信号可由音频信号源提供，图中串联的2kΩ电阻起限流保护作用。将正弦信号频率置1kHz，调节信号电压由低到高，观测输出波形的变化。记录输入信号为0、0.25V、0.5V、1.0V、1.5V、2.0V时的输出波形，记录之。

9）分别按图10-33接线，进行实验。

五、实验预习要求

1）复习有关单稳态触发器和施密特触发器的内容。

2）画出实验用的详细电路图。

3）拟定各次实验的方法、步骤。

4）拟好记录实验结果所需的数据、表格等。

六、实验报告

1）绘出实验电路图，用方格纸记录波形。

2）分析各次实验结果的波形，验证有关的理论。

3）总结单稳态触发器及施密特触发器的特点及其应用。

练习与思考题

10.1　电路如图10-34所示，已知 $U_{DD}=10V$，$R_1=11k\Omega$，要求单稳态触发器输出脉冲宽度为1s。试计算定时电容 C 的数值，并对应画出 u_i、u_C、u_o 的波形。

10.2　由555定时器构成的单稳态电路如图10-35a所示，试回答下列问题：

（1）该电路的暂稳态维持时间 $t_w=?$

（2）根据 t_w 的值，确定图10-35b中哪个波形适合作为电路的输入触发信号，并画出与其相对应的 u_C 和 u_o 的波形。

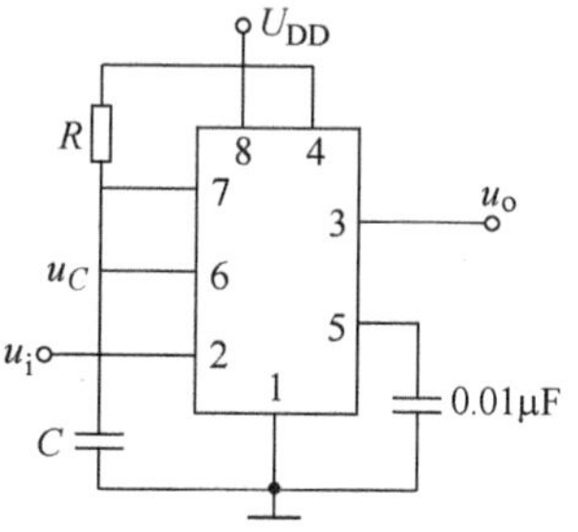

图　10-34

10.3　定时器构成的多谐振荡器如图10-36所示，$U_{DD}=10V$，$R_1=20k\Omega$，$R_2=80k\Omega$，$C=0.1\mu F$。求振荡周期，并对应画出 u_C 和 u_o 的电压波形。

10.4　用555定时器构成的多谐振荡器如图10-37所示。当电位器RP滑动臂移至上、下两端时，分别计算振荡频率和相应的占空比 D。

10.5　试用一个开关控制由CC7555定时器组成的多谐振荡器。当开关处于不同位置时，要求电路能实现：（1）无脉冲输出；（2）输出脉冲周期为 T；（3）输出脉冲周期为 $2T$。开关结构、位置可任意，试提出实现这三点要求的具体方案。

10.6　图10-38所示为一个两相时钟电路，请说明555定时器作何种电路使用，并画出 u_o、Q、$\overline{Q}$、Y_1 和 Y_2 的波形。

10.7　图10-39所示为由两个555定时器构成的模拟声响发生器。试分析电路的工作原理，定性画出

u_{o1}和u_{o2}的波形。

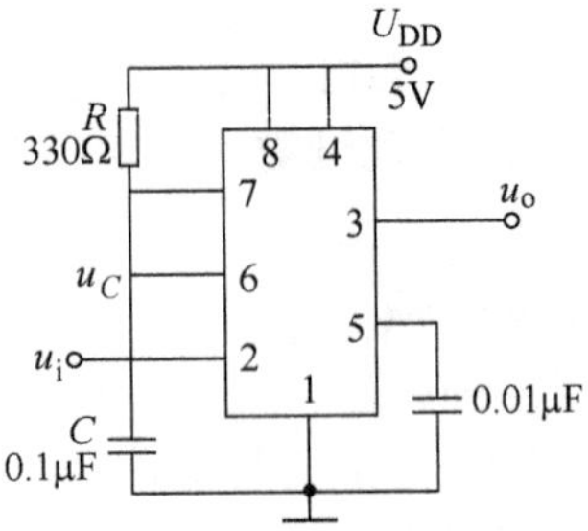

a)电路

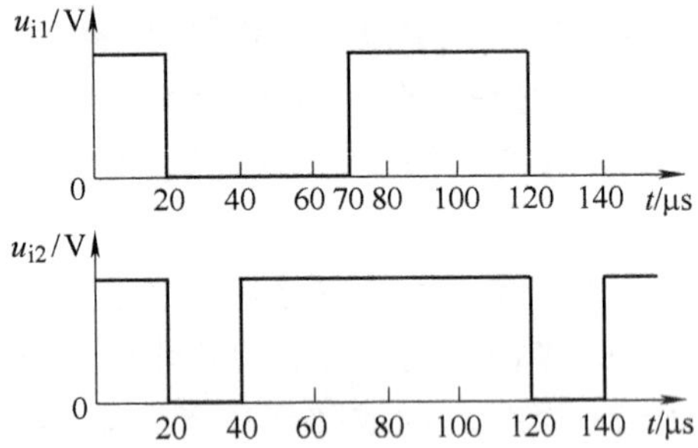

b)波形图

图　10-35

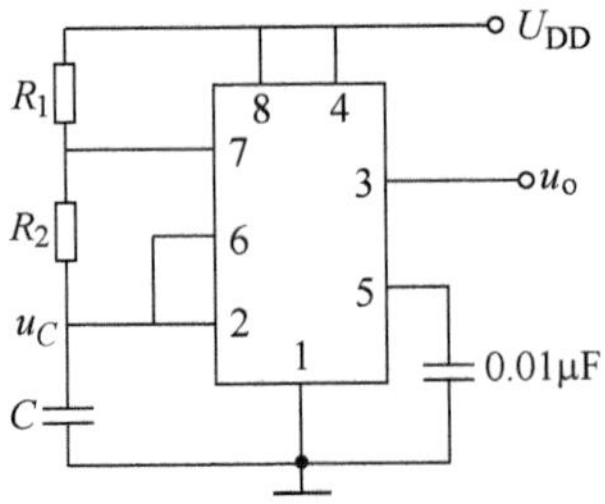

图　10-36

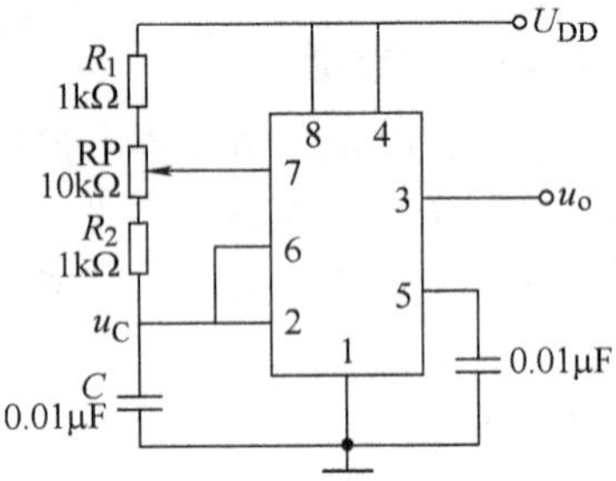

图　10-37

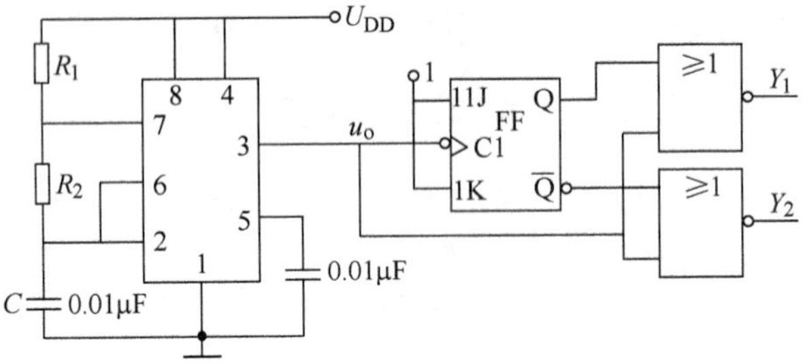

图　10-38

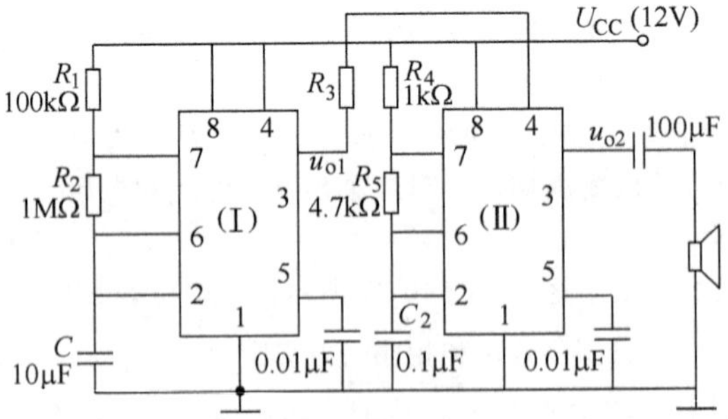

图　10-39

附　　录

附录 A　半导体器件与集成电路型号及命名

中国半导体器件是根据中华人民共和国国家标准 GB/T 249—1989《半导体分立器件型号命名方法》命名，通常由五个部分组成，具体的符号及其含义如下表：

1. 中国半导体器件型号组成部分的符号及其含义

第一部分		第二部分		第三部分		第四部分	第五部分
用阿拉伯数字表示器件的电极数目		用汉语拼音字母表示器件的材料和极性		用汉语拼音字母表示器件的类别		用阿拉伯数字表示序号	用汉语拼音字母表示规格号
符号	意义	符号	意义	符号	意义		
2	二极管	A	N 型，锗材料	P	小信号管		
		B	P 型，锗材料	V	混频检波管		
		C	N 型，硅材料	W	电压调整管和电压基准管		
		D	P 型，硅材料	C	变容管		
3	三极管	A	PNP 型，锗材料	Z	整流管		
		B	NPN 型，锗材料	L	整流堆		
		C	PNP 型，硅材料	S	隧道管		
		D	NPN 型，硅材料	K	开关管		
		E	化合物材料	X	低频小功率晶体管（$f_a < 3$MHz，$P_c < 1$W）		
				G	高频小功率晶体管（$f_a \geqslant 3$MHz，$P_c < 1$W）		
				D	低频大功率晶体管（$f_a < 3$MHz，$P_c \geqslant 1$W）		
				A	高频大功率晶体管（$f_a \geqslant 3$MHz，$P_c \geqslant 1$W）		
				T	闸流管		
				Y	体效应管		
				B	雪崩管		
				J	阶跃恢复管		

示例：锗 PNP 型高频小功率晶体管型号为

```
3 A G 11 C
│ │ │  │  └─规格号
│ │ │  └────序号
│ │ └───────高频小功率晶体管
│ └─────────PNP 型，锗材料
└───────────三极管
```

2. 中国半导体集成电路型号命名方法

GB/T 3430—1989 为我国半导体集成电路型号命名方法的现行国家标准，于 1989 年开始实施。我国集成电路器件型号由五个部分组成，其符号及意义如下：

第一部分		第二部分		第三部分	第四部分		第五部分	
用字母表示器件符号国家标准		用字母表示器件的类型		用阿拉伯数字表示器件的系列和品种代号	用字母表示器件的工作温度范围		用字母表示器件的封装	
符号	意义	符号	意义		符号	意义	符号	意义
C	中国制造	T	TTL 电路	其中 TTL 电路分为四个系列：	C	0 ~ 70℃	F	多层陶瓷扁平
		H	HTL 电路	1000—中速系列	G	-25 ~ 70℃	B	塑料扁平
		E	ECL 电路	2000—高速系列	L	-25 ~ 85℃	H	黑瓷扁平
		C	CMOS 电路	3000—肖特基系列	E	-40 ~ 85℃	D	多层陶瓷双列直插
		M	存储器	4000—低功耗肖特基系列	R	-55 ~ 85℃		
		μ	微型机电路		M	-55 ~ 125℃	J	黑瓷双列直插
		F	线性放大器		⋮		P	塑料双列直插
		W	稳压器				S	塑料单列直插
		D	音响电视电路				T	金属圆壳
		B	非线性电路				K	金属菱形
		J	接口电路				C	陶瓷芯片载体
		AD	A-D 转换器				E	塑料芯片载体
		DA	D-A 转换器				G	网络针栅阵列
		SC	通信专用电路				⋮	
		SS	敏感电路					
		SW	钟表电路					
		SJ	机电信电路					
		SF	复印机电路					

示例：

```
C T 4000 L J
│ │  │   │ └─封装：黑瓷双列直插
│ │  │   └───工作温度：-25 ~ 85℃
│ │  └───────系列：4 表示低功耗肖特基系列（四 2 输入与非门）
│ └──────────TTL 器件
└────────────中国制造
```

附录 B　硅半导体整流二极管选录

<table>
<tr><th rowspan="2">部标型号</th><th rowspan="2">旧型号</th><th rowspan="2">额定正向整流电流 I_F/A</th><th rowspan="2">正向压降(平均值) U_F/V</th><th colspan="3">反向电流 I_R/μA</th><th rowspan="2">不重复正向浪涌电流 I_{SVS}/A</th><th rowspan="2">工作频率 f/kHz</th><th rowspan="2">最高结温 T_{jM}/℃</th><th rowspan="2">散热器规格或面积</th></tr>
<tr><th>125℃</th><th>140℃</th><th>50℃</th></tr>
<tr><td>2CZ50</td><td></td><td>0.03</td><td rowspan="2">≤1.2</td><td rowspan="2">80</td><td rowspan="6"></td><td rowspan="4">5</td><td>0.6</td><td rowspan="11">3</td><td rowspan="6">150</td><td rowspan="5"></td></tr>
<tr><td>2CZ51</td><td></td><td>0.05</td><td>1</td></tr>
<tr><td>2CZ52A~H</td><td>2CP10~20</td><td>0.10</td><td rowspan="3">≤1.0</td><td rowspan="2">100</td><td>2</td></tr>
<tr><td>2CZ53C~K</td><td>2CP21~28</td><td>0.30</td><td>6</td></tr>
<tr><td>2CZ54B~G</td><td>2CP33A~I</td><td>0.50</td><td rowspan="2"></td><td rowspan="2">10</td><td>10</td></tr>
<tr><td>2CZ55C~M</td><td>2CZ11A~J</td><td>1</td><td rowspan="6">≤0.8</td><td>20</td><td>60mm×60mm×1.5mm 铝板</td></tr>
<tr><td>2CZ56C~K</td><td>2CZ12A~H</td><td>3</td><td rowspan="5"></td><td rowspan="2">100</td><td rowspan="2">20</td><td>65</td><td rowspan="5">140</td><td>80mm×80mm×1.5mm 铝板</td></tr>
<tr><td>2CZ57C~M</td><td>2CZ13B~K</td><td>5</td><td>105</td><td>100cm²</td></tr>
<tr><td>2CZ58</td><td>2CZ10</td><td>10</td><td>1500</td><td>30</td><td>210</td><td>200cm²</td></tr>
<tr><td>2CZ59</td><td>2CZ20</td><td>20</td><td>2000</td><td>40</td><td>420</td><td>400cm²</td></tr>
<tr><td>2CZ60</td><td>2CZ50</td><td>50</td><td>4000</td><td>50</td><td>900</td><td>600cm²</td></tr>
</table>

注：部标硅半导体整流二极管最高反向工作电压 U_{RM} 规定：

分档标志	A	B	C	D	E	F	G	H	J	K	L
U_{RM}/V	25	50	100	200	300	400	500	600	700	800	900
分档标志	M	N	P	Q	R	S	T	U	V	W	X
U_{RM}/V	1000	1200	1400	1600	1800	2000	2200	2400	2600	2800	3000

附录 C　国内某些硅稳压管的主要参数

<table>
<tr><th rowspan="2">部标型号</th><th rowspan="2">旧型号</th><th rowspan="2">最大耗散功率 P_{ZM}/mW</th><th rowspan="2">最大工作电流 I_{ZM}/mA</th><th rowspan="2">最高结温 T_{jM}/℃</th><th rowspan="2">稳定电压 U_Z/V</th><th rowspan="2">电压稳定系数 C_{TU}/(10^{-4}/℃)</th><th colspan="4">动态电阻</th></tr>
<tr><th>r_{Z1} /Ω</th><th>I_{Z1} /mA</th><th>r_{Z2} /Ω</th><th>I_{Z2} /mA</th></tr>
<tr><td>2CW50</td><td>2CW9</td><td rowspan="6">250</td><td>83</td><td rowspan="6">150</td><td>1.0~2.8</td><td rowspan="2">≥-9</td><td>300</td><td rowspan="6">1</td><td>50</td><td rowspan="6">10</td></tr>
<tr><td>2CW51</td><td>2CW7、2CW10</td><td>71</td><td>2.5~3.5</td><td>400</td><td>60</td></tr>
<tr><td>2CW52</td><td>2CW7A、2CW11</td><td>55</td><td>3.2~4.5</td><td>≥-8</td><td rowspan="2">550</td><td>7</td></tr>
<tr><td>2CW53</td><td>2CW7B、2CW12</td><td>41</td><td>4.0~5.8</td><td>-6~4</td><td>50</td></tr>
<tr><td>2CW54</td><td>2CW7C、2CW13</td><td>38</td><td>5.5~6.5</td><td>-3~5</td><td>500</td><td>30</td></tr>
<tr><td>2CW55</td><td>2CW7D、2CW4</td><td>33</td><td>6.2~7.5</td><td>≤6</td><td>400</td><td>15</td></tr>
</table>

（续）

部标型号	旧型号	最大耗散功率 P_{ZM}/mW	最大工作电流 I_{ZM}/mA	最高结温 T_{jM}/℃	稳定电压 U_Z/V	电压稳定系数 C_{TU}/(10^{-4}/℃)	动态电阻			
							r_{Z1} /Ω	I_{Z1} /mA	r_{Z2} /Ω	I_{Z2} /mA
2CW56	2CW7E、2CW15					≤7				
	2CW6A		27		7.0～8.8	≤8			15	
2CW57	2CW6B、2CW7F		26		8.5～9.5				20	
	2CW16									
2CW58	2CW7G、2CW17	250	23	150	9.2～10.5		400	1	25	5
	2CW6C					≤9				
2CW59	2CW6B		20		10.0～11.8				30	
2CW60	2CW6E、2CW19		19		11.5～12.5				40	
2CW72	2CW1		29		7.0～8.8	≤7	12		6	
2CW73	2CW2		25		8.5～9.5	≤8	18		10	
2CW74	2CW3		23		9.2～10.5		25		12	
2CW75	2CW4	250	21	150	10～11.8	≤9	30	1	15	5
2CW76	2CW5		20		11.5～12.5		35		18	
2CW77	2CW5		18		12.5～14	≤9.5			18	
2CW78	2CW6		14		13.5～17		45		21	

参 考 文 献

[1] 曹光越. 模拟电子技术基础 [M]. 北京. 机械工业出版社, 2008.

[2] 苏丽萍. 电子技术基础 [M]. 2版. 西安. 西安电子科技大学出版社, 2006.

[3] 李殷. 电工电子技术基础 [M]. 天津. 天津大学出版社, 2009.

[4] 周雪. 模拟电子技术 [M]. 西安. 西安电子科技大学出版社, 2005.